软土地基上紧邻建筑高填土设计技术研究

李亚明　贾水钟　蔡兹红　李　伟　著

中国建筑工业出版社

图书在版编目(CIP)数据

软土地基上紧邻建筑高填土设计技术研究/李亚明等著. —北京：中国建筑工业出版社，2013.11

ISBN 978-7-112-15988-8

Ⅰ.①软…　Ⅱ.①李…　Ⅲ.①软土地基-填土地基-园林建筑-建筑设计-研究　Ⅳ.①TU986.2②TU471.8③TU472

中国版本图书馆 CIP 数据核字(2013)第 246607 号

随着物质水平的提高与精神文化的要求不断发展，需要营造地形地貌的特大型生态公建（例如园林、主题乐园）类建筑正向规模化方向发展；地形中需要的高填方量与高度的增加，成为对邻近建筑物不利影响考虑的重要因素，给理论和实践都提出了新的挑战。上海辰山植物园建筑物邻近需要大规模的高填土工程，这在上海软土地区尚属首次尝试，没有成熟的经验借鉴。

本书结合辰山植物园高填土设计与施工的实践过程，针对软土地基上高填土对相邻建筑物的不利影响进行了详细研究；通过现场原位试验和数值模型试验相结合研究，系统深入地归纳了高填土对邻近桩基及地基的影响规律，特别是提出了高填方影响范围；提出了填土较高、工期较短时类似工程的地基处理方法及工序要求；重点就相应的有效防治措施进行了深入分析，与全过程工程监测结论对比及验证；提出了路堤桩复合地基结合桩基托板加筋复合挡墙技术，解决了高填土邻近建筑物不均匀沉降问题。

本书可供结构工程专业的研究、设计人员以及大专院校师生参考，也可为建筑师进行建筑创作提供结构工程师角度的视野。同时对业主、施工、监理、项目管理人员进行风险控制也有良好的借鉴作用。

责任编辑：滕云飞

责任设计：张　虹

责任校对：王雪竹　关　健

软土地基上紧邻建筑高填土设计技术研究

李亚明　贾水钟　蔡兹红　李　伟　著

*

中国建筑工业出版社出版、发行（北京西郊百万庄）

各地新华书店、建筑书店经销

北京科地亚盟排版公司制版

北京建筑工业印刷厂印刷

*

开本：787×1092 毫米　1/16　印张：13　字数：323 千字

2014 年 1 月第一版　2014 年 1 月第一次印刷

定价：**53.00** 元

ISBN 978-7-112-15988-8

(24788)

目　录

第一章　软土地基上高填土对紧邻建筑物的不利影响研究概述

1.1　软土地基及高填方概念

1. 软土地基的概念

（1）软弱地基系指主要由淤泥、淤泥质土、冲填土、杂填土或其他高压缩性土层构成的地基。——《建筑地基基础设计规范》GB 50007—2011

（2）《公路路基设计规范》JTG D30—2004 中软土的鉴别依据见表 1-1。

软土鉴别依据　　表 1-1

土　类	天然含水量（%）		天然孔隙比	直剪内摩擦角（°）	十字板剪切强度（kPa）	压缩系数 $a_{0.1\sim0.2}$（MPa^{-1}）
黏质土、有机质	≥35	≥液限	≥1.0	<5	<35	>0.5
粉质土	≥30		≥0.90	<8		>0.3

（3）天然孔隙比大于或等于 1.0，且天然含水量大于液限的细粒土应判定为软土，包括淤泥、淤泥质土、泥炭、泥炭质土等。——《岩土工程勘察规范》GB 50021—2001（2009 版）

软土是一种区域性的特殊土，是在一定的地质条件下形成的，具有变形大、承载力低等特点。

上海地区地基土总体而言，松软土层较厚，基岩埋深由西南向东北方向趋深。一般工程场地上部第$③_1$层灰色淤泥质粉质黏土和第$③_2$层灰色黏土层的工程性质较差，呈流～软塑状，高压缩性，易发生蠕变，是场地主要软弱层。

2. 高填方的概念

高填方概念多用于公路路基工程之中。

原《公路路基施工技术规范》JTJ 033—95 的定义为：水稻田及常年积水地带，用细粒土填筑的路堤，高度在 6m 以上，其他地带填土或填石路堤高度在 20m 以上，称之为高填方路堤。在新版《公路路基施工技术规范》JTG F10—2006 中有关高填方路基的具体高度已经没有具体说明。

《公路路基设计规范》JTG D30—2004 规定，当边坡高度超过 20m 的路堤为高边坡路堤；另外规定，“高速公路和一级公路通过湿陷性黄土和压缩性较高的黄土地段时，可根据路堤填高、受水湿浸的可能性及湿陷后危害程度和修复的难易程度，按表 7.9.4-2 确定湿陷性黄土处理深度”。在相应的表内规定：>4m 为高路堤，≤4m 为低路堤。

应该说，“高填方”概念中具体的填土高度与工程性质、地质条件、填土性质等很多因素相关。

本书中所指“高填方工程”的特点是填方高度大，未经处理的天然地基承载力难以满足填方自重等荷载；高填方引起的填筑体的自身压缩沉降及地基沉降较大。

1.2　高填方对紧邻建筑物的危害性

一起社会影响面广、后果恶劣的工程事故实例就可见其严重的危害性。2009 年 6 月 27 日清晨 5 时 30 分左右，上海闵行区莲花南路、罗阳路在建的“莲花河畔景苑”商品房小区工地内，发生一幢 13 层楼房（7 号楼）向南整体倾倒事故。这也是迄今为止在上海市发生的最为罕见的质量门事件，属于高填土影响的典型案例，全国网民称其为“楼脆脆”。

由市建设交通委、市安全生产监督管理局领导及事故处理相关专家组事故调查原因如下：紧贴倾倒的 7 号楼北侧，短期内堆土过高，最高处达 10m 左右；与此同时，紧邻大楼南侧的地下车库基坑正在开挖，开挖深度为 4.6m，大楼两侧的压力差使土体产生水平位移，过大的水平力超过了桩基的抗侧能力，导致房屋倾倒。上海“莲花河畔景苑”在建楼房倒塌事故示意图如图 1-1 所示。

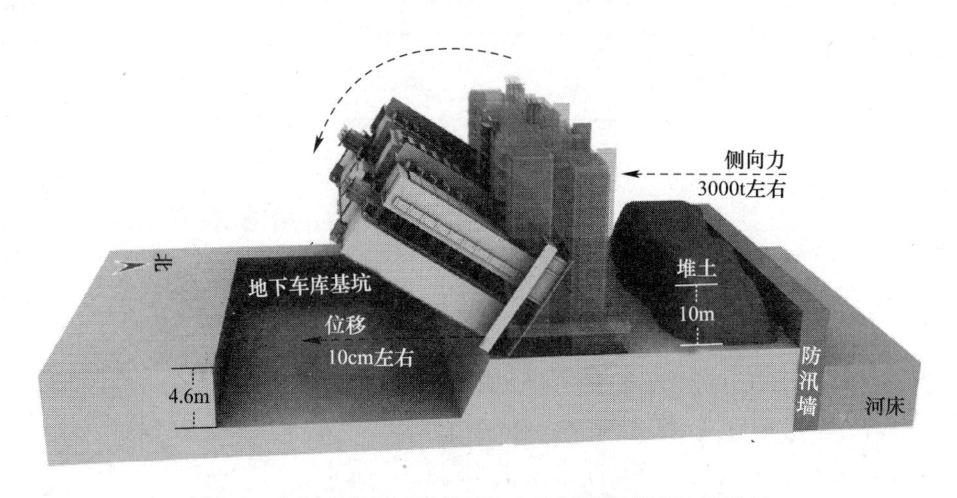

图 1-1　上海“莲花河畔景苑”在建楼房倒塌事故示意图

再者，施工单位违背基本的施工顺序，执行了先浅后深的工序；而北侧高填土则是引起防汛墙破坏、主体结构倒塌的主要原因。

现场堆土情况是第一次堆土高 3m 至 4m，离建筑物 20m、防汛墙 10m 左右。第二次堆土紧贴建筑物周边，堆高 10m 左右，而且是快速加载。正是这 10m 多高的堆土荷载较大，引起土体出现变形，对基坑和工程桩，产生一个水平向的位移，从而引发楼房倾倒。

上海“莲花河畔景苑”主体结构桩基破坏情况如图 1-2 所示，北侧防汛墙位移情况如图 1-3 所示。可见桩基破坏有明显的剪切变形，也有部分属于弯曲型。

图 1-2　上海“莲花河畔景苑”倒塌楼房桩基破坏情况

图 1-3　上海“莲花河畔景苑”北侧防汛墙位移情况

1.3　高填方对紧邻建筑物的影响及措施研究现状

国内“高填方”的设计研究主要集中在道路路基、桥台等工程之中，特别是机场、工业厂房等单纯的高填方地基处理等有着较多工程经验及成熟的理论。

常规民用建筑中“高填方”工程相对较少，特别是软土地区的永久性“高填方”在民用建筑工程中的实践更少。虽然“高填方”对周边环境的影响有一些概念性成果，但是不够深入、全面，难以直接有效地指导实际工程设计。客观地说，“高填方对相邻建筑物的影响及措施”研究不够，也缺乏相应的设计及施工规范、规程。

以上海市为例，民用高填方工程（以填高超过 4m）主要是一些公园设计中的部分土山，而且“高填方”山头大都位于公园较为空旷的区域，其周边或邻近无大型的民用建筑物。经实际调研，大多堆高达到 8m 以上的山头在施工之中均发生过类似“塌陷”、“部分土体滑移”等工程情况；部分山头最终未能或不能达到原设计的较高标高。

由于缺乏深入研究，未能明确其严重的危害后果。从一个侧面造成了建设各方认识不够，思想上容易放松。特别是工程中大多还是基坑开挖的土堆高形成的“高填方”，之后是要外运出去的，属于临时性“高填土”。这更容易引起建设与施工方的麻痹大意。

根据之前的“莲花河畔景苑”倒楼事件，可见“高填方对紧邻建筑物的影响及措施”研究的必要性及迫切性。何况在一些实际工程中的高填方是作为构筑物与主体建筑永久地结合在一起，更需要全面透彻地进行技术研究。

软土地基上高填土对紧邻建筑物的不利影响及措施的研究主要内容，是弄清高填方对紧邻主体建筑的不利影响的内容、因素及内在机制，研究并确定可行有效地减少紧邻大面积高填土堆载对主体结构不利影响的相应措施，最终确保主体建筑及高填方工程的安全。

1.4　背景实际工程——上海辰山植物园概况

上海辰山植物园建设目标是一座物种丰富、功能多样、世界领先和国内一流水平的国家植物园，是中国2010年上海世博会让绿色来演绎“城市，让生活更美好”主题的配套工程。该项目位于上海松江区松江新城北侧，佘山西南，规划用地面积约为202hm^2。

建设内容包括：地形地貌营造的土方工程、植物引种及种植工程、总体市政配套及安装工程、建筑工程、河道护坡工程以及大量的道、桥、闸、涵工程等。

辰山植物园建筑物由不同区域、多种功能的建筑群体组成，整个植物园配套建筑总建筑面积为62000m^2。建筑工程划分为四期实施：一期工程主要包括科研中心建筑、西入口、专家楼（A、B栋）、植物园维护点等建筑单体；二期工程主要包括入口综合建筑、滨湖饭店等建筑单体；三期工程主要包括滨水服务设施、登船码头、植物园维护点、公厕及信息亭等建筑单体；四期工程主要由温室建筑群组成，包括三个展览温室、共享空间、能源中心等建筑单体。

建筑总体中的绿环是辰山植物园设计中的特色之一，它是由堆筑的高填土形成的高低起伏的环状土坡。作为辰山植物园总体布局的骨架结构，主要功能如下：

（1）把被道路、河流分割的地块连成整体。

（2）整条绿环高低起伏，改变现场地势低洼的不利条件，创造丰富多样的植物生境和景观类型。

（3）将入口综合建筑、科研中心建筑和温室建筑群等主体建筑巧妙地镶嵌在绿环上，以最大限度地节约使用土地。

绿环上各段将按照与上海相似的气候和地理环境，分别配植欧洲、美洲及亚洲等不同地理分区具有代表性的植物。

绿环带的直径约为1500m，自身宽度从50m到200m不等，占地面积约40hm^2。绿环的平均填土高度达6.000m，局部最高绝对标高达到16.500m，以天然地坪标高3.000m为基准，最高覆土达到13.500m以上的高度。辰山植物园三个大型的建筑物包括科研中心建筑、入口综合建筑及温室建筑群均与绿环紧密相连并融为一体，屋面与紧邻绿环面等高度连通，仿佛镶嵌在其中一样。绿环通过视觉导向，将植物园的主要建筑与植物群落、科学内容与艺术外貌柔和在一起，并与主题花园融为一体，从形态上组成了一个大地景观艺术。

但是，如此高度及大量的填土在属于软土地基的上海地区建筑设计中是不多见的，特别强调的是，背景工程的高填土设计从属于建筑总体的效果，它作为景观上不可或缺的构筑物需要永久的存在，这无论在景观设计上还是在建造技术上都可以说是首次尝试。它也将对场地中的永久性建筑特别是处于绿环带之中的三个重要的主体建筑产生严重的不利影响。上海辰山植物园总体平面示意如图 1-4 所示。

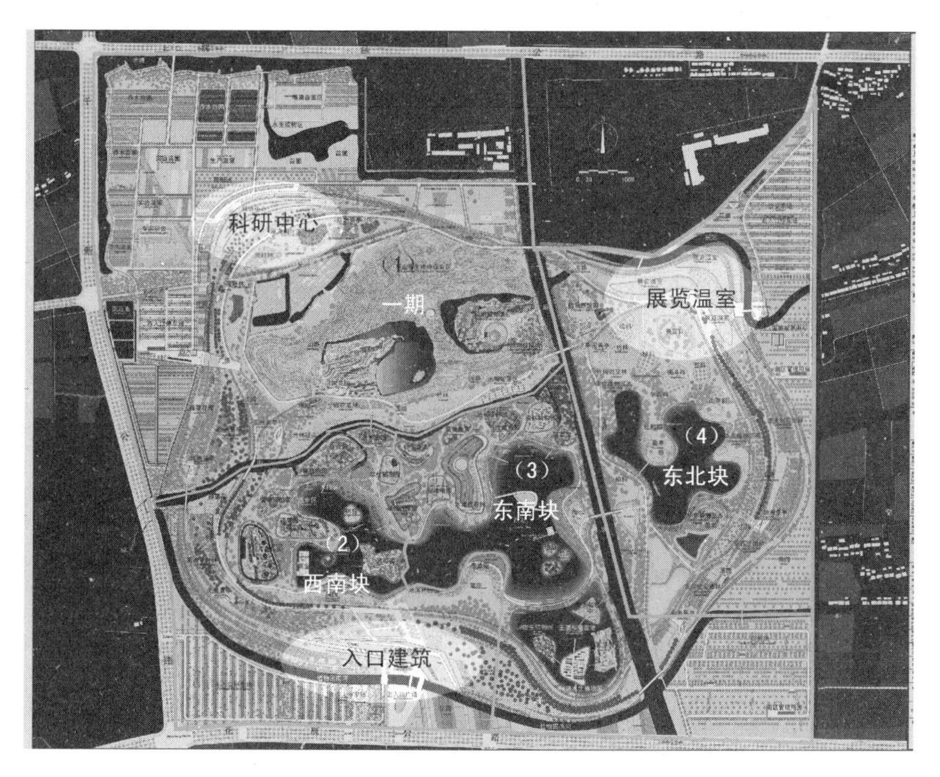

图 1-4 上海辰山植物园总体平面图

设计与施工的时间紧张，从 2007 年 10 月一期施工图出图至 2010 年初要求竣工，这一有限的时间段迫使放弃前期填土并完成固结的传统工序，必须在进度、质量和成本平衡间另辟新路。

1.4.1 辰山植物园高填土工程介绍

背景工程地形地貌营造的土方工程量巨大，结合理水、开挖湖泊、河道整治、绿环及专类园造型整理等，总体土方量约 265 万 m^3，其中：挖湖土方量 37.4 万 m^3，回填及造型土方量 215.3 万 m^3，外进土方量 165.9 万 m^3，土壤改良 12 万 m^3。作为建筑设计特色之一的总体中绿环填土就达到 200 多万 m^3。它属于高填方形成的构筑物，蜿蜒曲折、高低起伏形成了一个巨大而封闭的环状物，将辰山植物园的精华区域尽收其中，特别是融入了入口综合建筑、科研中心建筑和展览温室建筑群等主体建筑。绿环及场地内高低起伏的高填土使人们在不同的视角观察其中的建筑物的层数、高度均有变化，以达到纷繁变化的建筑效果，留给参观者视觉的高度艺术享受。上海辰山植物园绿环与主体建筑物的总体平面图如图 1-5 所示。

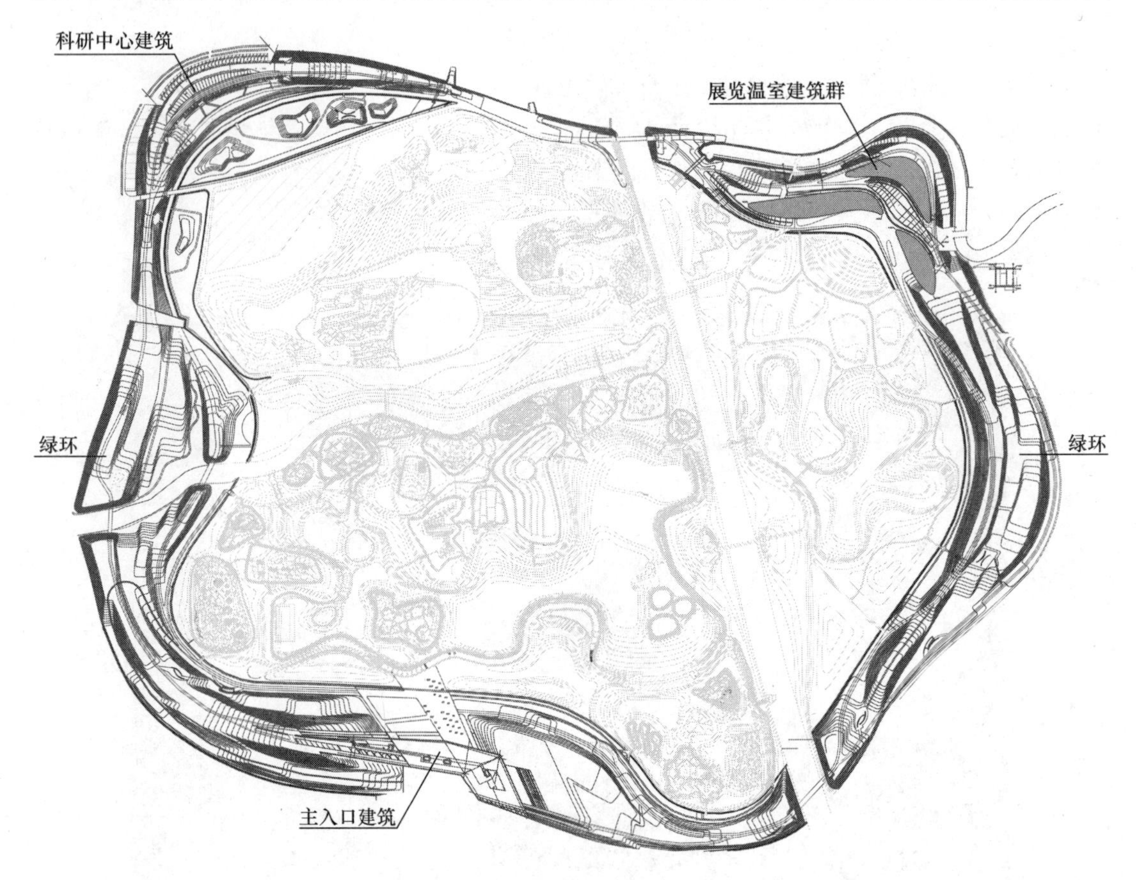

图 1-5　上海辰山植物园绿环与主体建筑物的总体平面图

1. 科研中心建筑物与邻近绿环高填土的关系

科研中心建筑是以植物科技研究为主的多功能建筑，总建筑面积 15783m^2，包含实验室、办公区域、图书馆和标本馆四大主要功能。科研中心建筑位于基地的北部，介于试验田和植物园之间，建筑体形依靠绿环地形走势而生。三层高的建筑体量由三组平行带状结构组成，即北带、南带和中间带。一层是以主入口大厅、植物标本馆和图书馆资料室为主要功能。在建筑西面部分的二层和三层设有图书馆以及内部餐厅区域。在建筑东面部分的二层和三层的北面是实验室和学生办公室，南面是首席科学家和研究员的办公室。报告厅、中庭、暗室研究室和讨论课教室等主要辅助功能分别分布于中间区域。科研中心建筑透视图如图 1-6 所示。

建筑物沿着绿环形状走势横向延伸了大约 300m，建筑最高点达到 18.600m。东西两面建筑屋面与绿环紧密相连并自然过渡，紧邻西面绿环顶标高达到 13.500～14.000m，紧邻东面绿环顶标高达到 13.500～14.300m，紧邻南面绿环顶标高达到 9.000m。科研中心建筑紧邻绿环平面如图 1-7 所示。

2. 入口综合建筑与邻近绿环高填土的关系

入口综合建筑位于基地南边，它具备下列功能：管理、拥有独立入口的贵宾区、门厅、主厅、餐厅，为管理人员和培训及展览人员的休息区、洗手间，拥有俯瞰植物园视野并带展览空间的教学区、讨论区、多功能报告厅，大空间门厅内的零售营业空间，在餐厅

图 1-6　科研中心建筑透视图

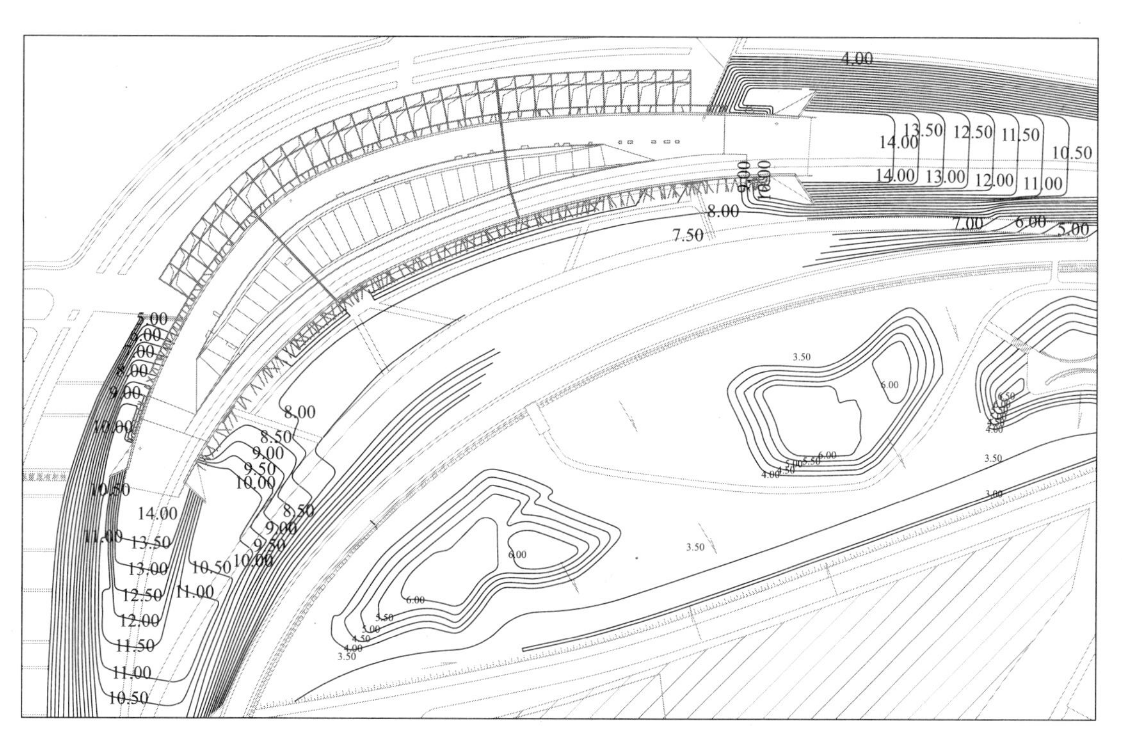

图 1-7　科研中心建筑及邻近绿环等高线平面图

人们也同样可以俯瞰整个园区。在地下一层安排了为餐厅、零售和展览的送货通道。入口建筑总建筑面积为 17000m^2。入口综合建筑透视图如图 1-8 所示。

入口综合建筑和绿环的环形墙的南面部分有机地结合在一起。入口的功能是将参观者从停车区引导至植物园内部的专类园区或者到绿环上。参观者可以在一个较高的视点来俯瞰整个植物园并搜寻自己感兴趣的领域。和绿环内所有的建筑一样，入口建筑物也是景观的一部分。在西面的建筑轮廓和景观轮廓互相交织在一起，在这里绿环的表面与建筑的屋

图 1-8　入口综合建筑透视图

面延伸在一起，这里绿环标高达到 16.500m，也是背景工程中高填土的最高标高。绿环的东面相对较低，从而使从展厅和餐厅能够俯瞰整个植物园，紧邻绿环顶标高达到 9.000m。入口综合建筑紧邻绿环平面图如图 1-9 所示。

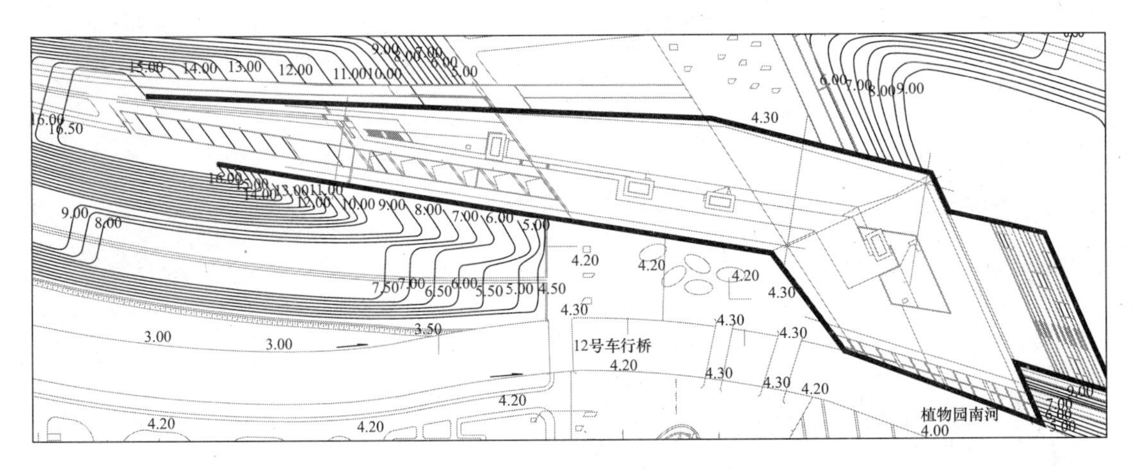

图 1-9　入口综合建筑及邻近绿环等高线平面图

3. 展览温室建筑群与邻近绿环高填土的关系

展览温室建筑群在上海辰山植物园四期工程中，处于基地东北方，沈泾河旁，辰山脚下；位于总体绿环的东北部并直通东部的植物园入口广场。

三个温室单体的建筑形状是受绿环的平面和鸟瞰面的形态影响而产生的，建筑形态自由而流畅。它们围绕着一个位居中央、二层高的共享空间排列着，共享空间从南向西不断延伸构成了整个展览温室建筑群的中心。温室建筑群透视图如图 1-10 所示。

展览温室建筑的形体来源与总体绿环密不可分。无论是平面形状还是空间形态都与绿环的弯曲变化、高低起伏很好地联系在一起。展览温室的东面、西面和北面都和总体绿环的地形完全吻合，它的内部景观和外部景观的高度相当一致。外部紧邻绿环顶标高达

图 1-10 温室建筑群透视图

到 9.000m，内部景观高填土标高分布与外部绿环相关。温室建筑群紧邻绿环平面详见图 1-11，温室建筑群剖面图如图 1-12 所示。

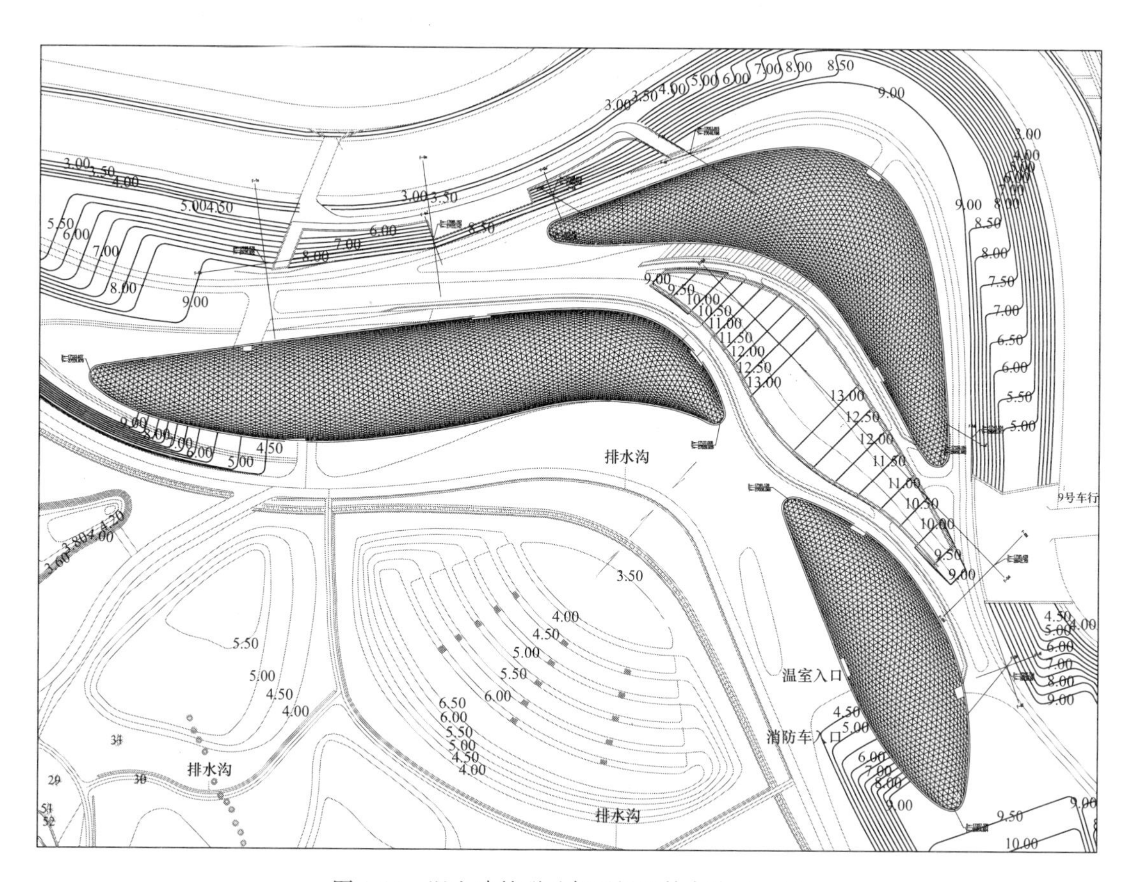

图 1-11 温室建筑群及邻近绿环等高线平面图

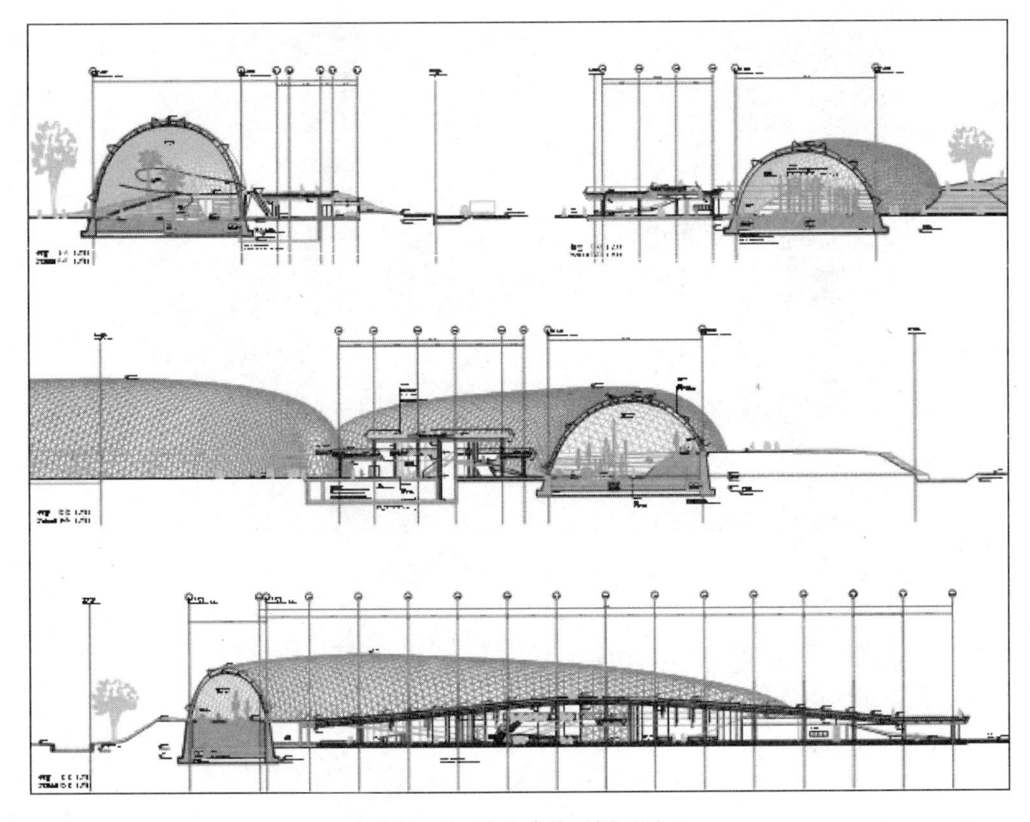

图 1-12　温室建筑群剖面图

1.4.2　辰山植物园工程地质情况介绍

上海辰山植物园依辰山而建，拟建场区成陆较晚，属湖沼平原地貌类型；地形上除了辰山以外，场地地势平整，主要有农田、苗圃、果园、水塘、河流、沟渠等，还有民宅等零星分布，地面标高（吴淞高程）在 2.800～3.400m 之间。辰山山体坡面平缓，坡度在 20°～30°间，辰山最高点海拔为 71.4m。辰山因采石场形成两大空洞和悬崖峭壁，高约 10～60m。西侧空洞底部为一个湖，面积在 8000m² 左右，深约 30m。地块北侧为佘天昆公路，南侧西侧为规划道路，道路标高 3.070～5.890m，地形高低起伏，地貌复杂，适宜于多种植物的生长，有利于对植物实行迁地保护与引种驯化。

本基地浅部地下水属潜水类型，主要补给来源于大气降水，水位随季节而变化，年平均水位埋深为 0.5～0.7m，设计时，高水位埋深按 0.5m，低水位埋深按 1.5m。

1. 场区地震效应分析

根据现行国家标准《中国地震动参数区划图》（GB 18306—2001）规定，拟建场区地震动峰值加速度为 0.10g，抗震设防烈度为 7 度，所属的设计地震分组为第一组。

一期工程拟建场区波速孔 P1＃、P2＃孔地表下 20m 内土层等效剪切波速 v_{se} 分别为 165m/s、160m/s，即拟建场地土层等效波速 140m/s$<v_{se}\leqslant$ 250m/s，属中软土（表 1-2）。二三期工程拟建场区波速孔 NP1＃、NP2＃孔地表下 20m 内土层等效剪切波速 v_{se} 分别为 144m/s、145m/s，即拟建场地土层等效波速 $v_{se}>$140m/s，属中软场地土（表 1-3）。四期工程拟建场区波速孔 EP1＃、EP2＃孔地表下 20m 内土层等效剪切波速 v_{se} 分别为 133m/s、

131m/s，即拟建场地土层等效波速 v_{se}<140m/s，属软弱场地土（表 1-4）。

一期工程地层波速统计表 **表 1-2**

层序	土层名称	v_{se}（m/s）		
		P1#	P2#	均值
①$_2$	素填土	—	91.1	91
②	褐黄～灰黄色粉质黏土	104.7	97.5	101
③$_1$	灰色淤泥质粉质黏土	110.9	110.8	111
③$_2$	灰色黏土	144.5	145.6	145
④$_1$	暗绿～草黄色粉质黏土	370.8	325.8	348
④$_2$	草黄色粉质黏土	411.3	411.5	411

二、三期工程地层波速统计表 **表 1-3**

层序	土层名称	v_{se}（m/s）		
		NP1#	NP2#	均值
①$_2$	素填土	54.0	41.5	48
②	褐黄～灰黄色粉质黏土	72.9	41.5	57
③$_1$	灰色淤泥质粉质黏土	149.2	143.3	146
③$_2$	灰色黏土	175.8	201.1	188
④$_1$	暗绿～草黄色粉质黏土	187.9	183.0	185
④$_3$	草黄～灰色粉质黏土	346.9	362.4	355

四期工程地层波速统计表 **表 1-4**

层序	土层名称	v_{se}（m/s）		
		EP1#	EP2#	均值
①2	素填土	43.4	38.5	41
②	褐黄～灰黄色粉质黏土	52.7	50.2	51
③$_1$	灰色淤泥质粉质黏土	119.7	117.6	119
③$_2$	灰色黏土	182.2	204.5	193
④$_1$	暗绿～草黄色粉质黏土	346.9	315.1	331

根据现行国家标准《建筑抗震设计规范》GB 50011—2010 第 4.1.6 条判定，拟建场区地基土为中软场地土，场地类别基本为Ⅲ类。

拟建场区埋深 20m 内仅二、三期工程场地内存在饱和成层的第④$_3$ 层砂质粉土层，但其层面埋深均在 15～20m 间，上覆非液化土层厚度大于 6m，根据上海市地方标准《岩土工程勘察规范》DGJ08-37-2012 第 7.2.2 条判定，本场地基均为不液化地层，因此本场地可以不考虑地基液化问题。

2. 场区工程地质条件

根据“上海辰山植物园岩土工程勘察报告”，拟建场地属稳定场地。勘察深度范围内揭露土层的描述见表 1-5～表 1-7。

一期工程场区各土层表　　　**表 1-5**

地质时代	土层序号	土层名称	成因类型	层厚（m）	层顶标高（m）	土层描述
全新世Q4	①$_1$	杂填土		0.30～2.70	5.580～3.010	含碎石、砖块等，下部为少量素填土，结构较松散
	①$_2$	素填土		0.2～3.50	3.870～1.310	含植物根茎等
	②	褐黄～灰黄色粉质黏土	滨海～河口	0.40～2.90	3.980～0.900	含氧化铁斑点及铁锰质结核等，可塑，中压缩性
	③$_1$	灰色淤泥质粉质黏土	滨海～浅海	2.50～5.60	1.820～−0.820	含有机质及腐殖质等，流塑状，高压缩性
	③$_2$	灰色黏土	滨海～浅海	1.30～7.50	3.580～−5.170	含有机质及腐殖质等，软塑状，高压缩性
	④$_{夹}$	碎石土透镜体	河口～湖沼	0.50～3.50	−5.730～−10.260	含氧化铁斑点、铁锰结核及腐殖质，硬塑状，中压缩性
	④$_1$	暗绿～草黄色粉质黏土	河口～湖沼	0.80～18.30	2.280～−13.240	含氧化铁斑点、铁锰结核及腐殖质，硬塑状，中压缩性
	④$_2$	草黄色粉质黏土	河口～湖沼	3.40～14.30	−4.660～−19.560	含氧化铁条纹及腐殖质，可塑～硬塑状，中压缩性，局部夹粉性土
	⑤$_{2a}$	灰色黏质粉土	滨海～沼泽	5.00～7.80	−20.480～−26.960	含云母及薄层黏性土，中密状，中压缩性
	⑤$_{2b}$	灰色粉砂	滨海～沼泽	2.30～7.10	−10.530～ 34.630	含云母、石英等，密实状、中压缩性
	⑤$_3$	灰色黏土	滨海～沼泽	4.40～14.20	−25.760～−37.130	含有机质及少量腐殖质，可塑状，中压缩性
上更新世Q3	⑥	灰绿～草黄色粉质黏土	河口～湖沼	2.00～20.90	−33.080～−48.830	含氧化铁斑点，土质坚硬，呈硬塑状，中压缩性
	⑨$_1$	灰绿～草黄色残积土	完全风化	0.70～26.30	−0.220～−60.330	夹粒径3～4cm的风化石块，土质粗糙呈可塑～硬塑状，中压缩性
侏罗纪J3	⑨$_2$	中风化流纹岩	中风化	未钻穿	−0.920～−69.830	主要为流纹岩，局部夹火山碎屑岩、凝灰岩等，以中酸性为主

二、三期工程场区各土层描述表　　　**表 1-6**

地质时代	土层序号	土层名称	成因类型	层厚（m）	层顶标高（m）	土层描述
全新世Q4	①$_1$	杂填土		0.50～1.80	3.780～2.980	含碎石、砖块等，下部为少量素填土，结构较松散
	①$_2$	素填土		0.20～3.00	4.200～1.490	含植物根茎等
	②	褐黄～灰黄色粉质黏土	滨海～河口	0.50～2.60	3.400～0.880	含氧化铁斑点及铁锰质结核等，可塑，中压缩性
	③$_1$	灰色淤泥质粉质黏土	滨海～浅海	3.30～7.20	2.460～−0.680	含有机质及腐殖质等，流塑状，高压缩性
	③$_2$	灰色黏土	滨海～浅海	3.00～8.80	−2.160～−5.900	含有机质及腐殖质等，软塑状，高压缩性

续表

地质时代	土层序号	土层名称	成因类型	层厚（m）	层顶标高（m）	土层描述
全新世Q4	④1	暗绿～草黄色粉质黏土	河口～湖沼	2.20～6.70	−7.640～−12.840	含氧化铁斑点、铁锰结核及腐殖质，硬塑状，中压缩性
	④3	草黄～灰色砂质粉土	河口～滨海	1.50～9.40	−11.990～−16.290	含云母及薄层黏性土，中密状，中压缩性，层中局部夹薄层粉砂
	④4	暗绿～草黄色粉质黏土	河口～湖沼	2.10～6.60	−16.930～−22.110	含氧化铁斑点、铁锰结核及腐殖质，硬塑状，中压缩性，局部夹少量砂质粉土
	⑤1	灰色粉质黏土	滨海～沼泽	3.00～14.60	−18.470～−23.040	土质尚匀，层中夹姜结块及腐殖质根茎，局部夹有砂质粉土
	⑤2	灰色砂质粉土	滨海～沼泽	1.40～22.70	−22.210～−35.210	土质不均匀，含云母屑，局部夹少量粉质黏土
	⑤3	灰色粉质黏土	滨海～沼泽	2.30～15.60	−27.480～−44.980	土质不均匀，局部夹砂质粉土
	⑤4	灰绿色粉质黏土	滨海～沼泽	2.50～18.00	−42.000～−51.660	土质尚匀，偏硬
上更新世Q3	⑦	灰色砂质粉土	河口～浅海	6.30～9.50	−36.490～−60.970	土质不均匀，夹少量粉质黏土
	⑨1	灰～草黄色残积土	完全风化	0.30～1.40	−14.360～−45.990	夹粒径3～4cm的风化石块，土质粗糙呈可塑～硬塑状，中压缩性
侏罗纪J3	⑨2	中风化流纹岩	中风化	未钻穿	−14.660～−16.440	主要为流纹岩，局部夹火山碎屑岩、凝灰岩等，以中酸性为主

四期工程场区各土层描述表 **表1-7**

地质时代	土层序号	土层名称	成因类型	层厚（m）	层顶标高（m）	土层描述
全新世Q4	①1	杂填土		0.50～4.30	6.720 ～ 2.670	含碎石、砖块等，下部为少量素填土，结构较松散
	①2	素填土		0.30～3.00	4.650 ～−1.140	含植物根茎等
	②	褐黄～灰黄色粉质黏土	滨海～河口	0.10～3.20	3.180 ～ 0.550	含氧化铁斑点及铁锰质结核等，可塑，中压缩性
	③1	灰色淤泥质粉质黏土	滨海～浅海	1.10～7.00	2.970 ～−1.840	含有机质及腐殖质等，流塑状，高压缩性
	③2	灰色黏土	滨海～浅海	1.10～13.60	−1.780 ～−6.050	含有机质及腐殖质等，软塑状，高压缩性
	④1	暗绿～草黄色粉质黏土	河口～湖沼	1.10～10.00	−3.080 ～−17.920	含氧化铁斑点、铁锰结核及腐殖质，硬塑状，中压缩性
	④3	草黄～灰色砂质粉土	河口～滨海	2.50～11.10	−9.550 ～−22.380	含云母及薄层黏性土，中密状，中压缩性，层中局部夹薄层粉砂

续表

地质时代	土层序号	土层名称	成因类型	层厚（m）	层顶标高（m）	土层描述
全新世Q4	⑤$_1$	灰色粉质黏土	滨海～沼泽	0.70～18.50	－18.850～－28.380	土质尚匀，层中夹姜结块及腐殖质根茎，局部夹有砂质粉土
	⑤$_2$	灰色砂质粉土	滨海～沼泽	3.00～10.70	－29.080～－38.990	土质不均匀，含云母屑，局部夹少量粉质黏土
	⑤$_3$	灰色粉质黏土	滨海～沼泽	2.60～15.50	－36.090～－42.020	土质不均匀，局部夹砂质粉土较重时呈砂质粉土状
	⑤$_4$	灰绿色粉质黏土	滨海～沼泽	1.50～15.50	－22.390～－54.030	土质尚匀，偏硬
上更新世Q_3	⑧	灰色粉质黏土	滨海～浅海	1.50～6.00	－25.890～－43.060	土质不均匀，层中夹少量粉砂
	⑨$_1$	灰绿～草黄色残积土	完全风化	0.50～7.20	3.720～－54.570	夹粒径3～4cm的风化石块，土质粗糙呈可塑～硬塑状，中压缩性
侏罗纪J_3	⑨$_2$	中风化流纹岩	中风化	未钻穿	1.720～－60.250	主要为流纹岩，局部夹火山碎屑岩、凝灰岩等，以中酸性为主

一至四期土质情况剖面图如图1-13～图1-15所示。

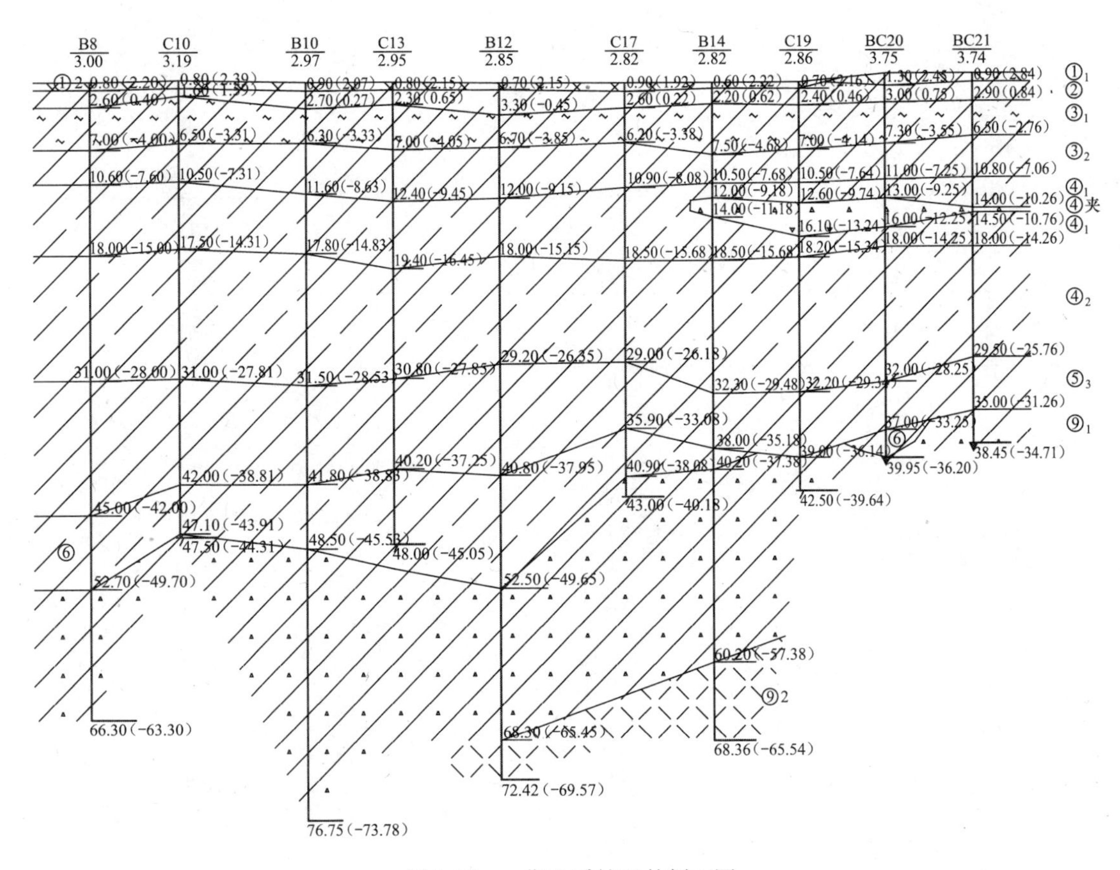

图1-13 一期土质情况某剖面图

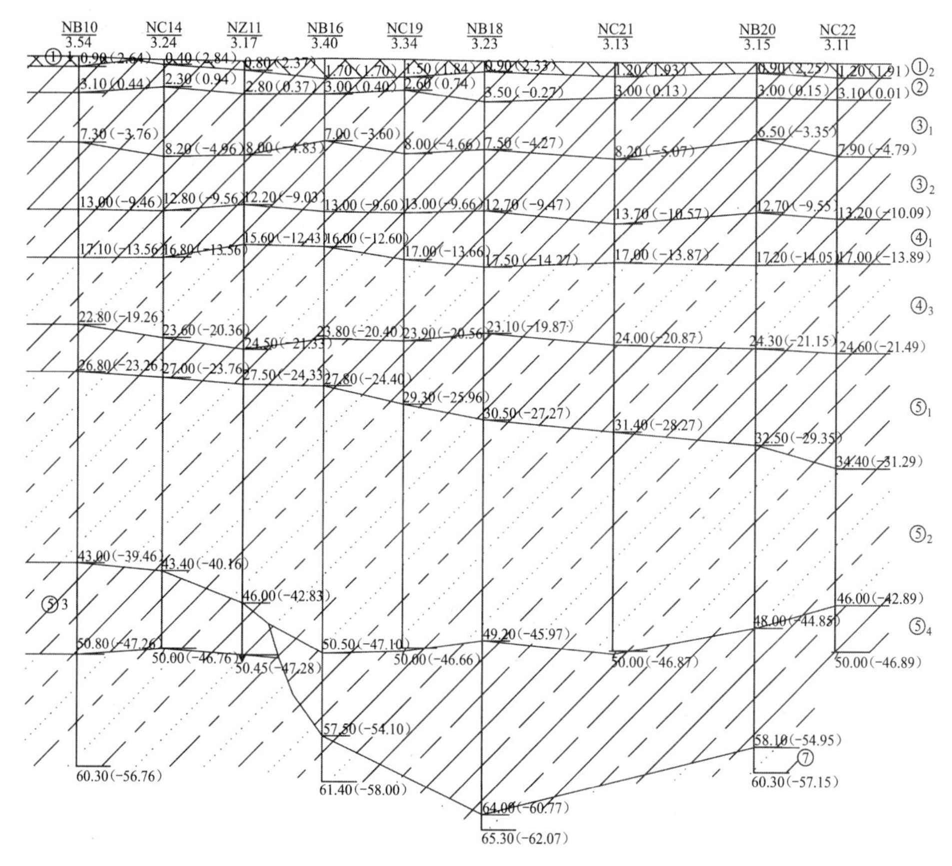

图 1-14　二、三期土质情况某剖面图

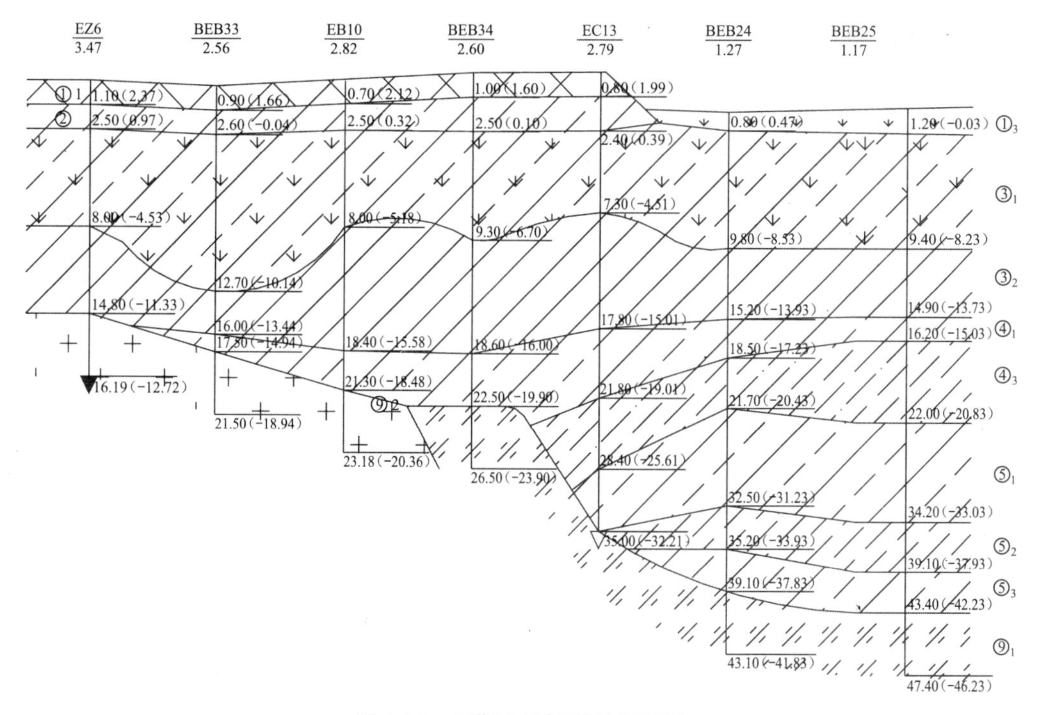

图 1-15　四期土质情况某剖面图

3. 地基基础设计参数

浅层地基土承载力特征值见表 1-8，一至四期工程桩基设计参数见表 1-9。

浅层地基土承载力设计参数（一期）　　　　**表 1-8**

层序	w（%）	e	重度（kN/m³）	固结快剪峰值		特征值 f_{ak}（kPa）
				C（kPa）	Φ（°）	
②	32.5	0.929	18.4	17	11.5	75
$③_1$	38.0	1.061	17.9	11	11.7	55
$③_2$	41.1	1.163	17.5	11	9.7	70
$④_1$	24.0	0.707	19.5	36	19.7	230
$④_2$	25.2	0.733	19.3	34	17.4	230

桩基设计参数一览表　　　　**表 1-9**

层序	土称名称	平均 P_s（MPa）	标贯击数 N（次）	预制桩		灌注桩	
				q_s（kPa）	q_p（kPa）	q_s（kPa）	q_p（kPa）
②	褐黄～灰黄色粉质黏土	0.56	2.9	15		15	
$③_1$	灰色淤泥质粉质黏土	0.42	2.1	6m 以上 15		6m 以上 15	
				6m 以下 20		6m 以下 15	
$③_2$	灰色黏土	0.57	2.7	25		15	
$④_{夹}$	碎石土透镜体	16.0	47.7	100		70	
（Ⅰ）$④_1$	暗绿～草黄色粉质黏土	3.07	14.0	70	2000	55	800
（Ⅱ）$④_1$	暗绿～草黄色粉质黏土	2.81	11.5	70	1800	55	720
$④_2$	草黄色粉质黏土	4.65	17.8	90	3000	70	1200
（Ⅱ）$⑤_1$	灰色粉质黏土	1.55	7.7	50	1200	40	480
（Ⅳ）$⑤_1$	灰色粉质黏土	1.91	7.8	65	1500	50	600
（Ⅱ）$⑤_2$	灰色砂质粉土	5.83	30.7	85	4000	70	1600
$⑤_{2a}$	灰色黏质粉土		30.8	(70)		(55)	
$⑤_{2b}$	灰色粉砂		40.2	(90)		(70)	
$⑤_3$	灰色黏土	1.75	10.3	55		45	
$⑤_4$	灰绿色粉质黏土	2.55	20.1	70	2500	55	1000
⑥	灰绿～草黄色粉质黏土	3.66	34.6	100	3200	65	1280
⑧	灰色粉质黏土			(65)		(50)	
$⑨_1$	灰绿～草黄色残积土	15.43	56.8	120	8000	100	3000
$⑨_2$	基岩风化层		77.3			(105)	(9000)

注：1. 表列灌注桩桩侧摩阻力和桩端阻力适用于桩径不大于 850mm 的情况。
2. 当采用大直径灌注桩（D>850mm，D 为桩端直径）时，其 q_s、q_p 按行业标准《建筑桩基技术规范》JGJ 94—2008 第 5.3.6 条的规定分别乘以侧阻尺寸效应系数 ψ_{si}、端阻尺寸效应系数 ψ_p。
3. 表中（ ）内数据为经验数据。
4. 桩侧摩阻力特征值 f_{sa} 和桩端阻力特征值 f_{pa} 可取相应标准值的一半。

地基土一至四期工程压缩模量见表 1-10～表 1-12。

一期土层压缩模量 E_s 一览表 **表 1-10**

层序	土层名称	静力触探 P_s（MPa）	标贯 N（击）	重型动力触探 N_{120}修正值	压缩模量 E_s（MPa）
④$_{1}$	暗绿～草黄色粉质黏土	3.07	14.0		12.0
④$_{2}$	草黄色粉质黏土	4.65	17.8		18.0
⑤$_{2a}$	灰色黏质粉土		30.8		30.0
⑤$_{2b}$	灰色粉砂		40.2		45.0
⑤$_{3}$	灰色黏土	1.75	10.3		10.0
⑥	灰绿～草黄色粉质黏土	3.66	34.6		20.0
⑨$_{1}$	灰绿～草黄色残积土	15.43	56.8		65.0
⑨$_{2}$	基岩风化层		77.3	17.4	(10000)

二、三期土层压缩模量 E_s 一览表 **表 1-11**

层序	土层名称	静力触探 P_s（MPa）	标贯 N（击）	重型动力触探 N_{120}修正值	压缩模量 E_s（MPa）
④$_{1}$	暗绿～草黄色粉质黏土	2.81	11.5		12.0
④$_{3}$	草黄～灰色砂质粉土	5.68	19.5		25.0
④$_{4}$	暗绿～草黄色粉质黏土	2.47	13.4		15.0
⑤$_{1}$	灰色粉质黏土	1.52	7.6		10.0
⑤$_{2}$	灰色砂质粉土	5.83	30.7		35.0
⑤$_{3}$	灰色粉质黏土	1.81	14.3		15.0
⑤$_{4}$	灰绿色粉质黏土	2.55	20.1		20.0
⑦	灰色砂质粉土				45.0
⑨$_{1}$	灰绿～草黄色残积土（20～30m）	14.44			(60.0)

四期土层压缩模量 E_s 一览表 **表 1-12**

<table>
<tr><th>层序</th><th colspan="2">土层名称</th><th>静力触探 P_s（MPa）</th><th>标贯 N（击）</th><th>重型动力触探 N_{120}修正值</th><th>压缩模量 E_s（MPa）</th></tr>
<tr><td>④$_{1}$</td><td colspan="2">暗绿～草黄色粉质黏土</td><td>2.37</td><td>13.1</td><td></td><td>16.0</td></tr>
<tr><td>④$_{3}$</td><td colspan="2">草黄～灰色砂质粉土</td><td>4.19</td><td>18.1</td><td></td><td>20.0</td></tr>
<tr><td rowspan="2">⑤$_{1}$</td><td rowspan="2">灰色粉质黏土</td><td>＜35m</td><td rowspan="2">1.91</td><td rowspan="2">7.8</td><td></td><td>10.0</td></tr>
<tr><td>＞35m</td><td></td><td>14.0</td></tr>
<tr><td>⑤$_{2}$</td><td colspan="2">灰色砂质粉土</td><td>6.18</td><td>27.7</td><td></td><td>35.0</td></tr>
<tr><td>⑤$_{3}$</td><td colspan="2">灰色粉质黏土</td><td>3.54</td><td>15.4</td><td></td><td>15.0</td></tr>
<tr><td>⑤$_{4}$</td><td colspan="2">灰绿色粉质黏土</td><td>3.26</td><td>31.0</td><td></td><td>21.0</td></tr>
<tr><td>⑧</td><td colspan="2">灰色粉质黏土</td><td></td><td></td><td></td><td>16.0</td></tr>
<tr><td>⑨$_{1}$</td><td colspan="2">灰绿～草黄色残积土</td><td>10.92</td><td>30.7</td><td>11.9</td><td>55.0</td></tr>
<tr><td>⑨$_{2}$</td><td colspan="2">中风化基岩风化层</td><td></td><td></td><td>18.3</td><td>(10000)</td></tr>
</table>

第二章　软土地基上高填土对紧邻建筑物的不利影响分析

2.1　软土地基上高填方稳定对紧邻建筑物的不利影响分析

根据背景工程的勘察报告内容，拟建场地为典型软土地基，地面以下浅部 12m 范围内的土质较差，主要指③$_1$ 层灰色淤泥质粉质黏土和第③$_2$ 层灰色黏土层地基承载力较低，压缩性较高。

背景工程中高填方绿环为后堆砌而成，堆砌物为高度差异较大的填土，其高度最高约为 13.5m。

一次性堆砌，场地存在整体稳定问题。为确保绿环稳定，综合考虑安全、造价和工期三个方面的因素，多方案进行了场地固结沉降和稳定性计算分析。

2.1.1　高填方稳定分析方法

绿环整体稳定分析方法采用 Bishop 法和 GLE 法，堆土方式分为一次性堆土和分级堆土。一次性堆土高度分为 3m、4m、5m、7m 和 11m，经分析后对达不到规范规定安全系数的堆土高度采用分级固结和分级堆载。

2.1.2　分析计算参数

绿环整体稳定分析土性计算以一期工程地质参数为例，见表 2-1。

稳定性分析采用的土性参数　　表 2-1

土层编号	容重（kN/m^3）	c（kPa）	φ（°）
①$_2$	18	13	8
②	18.4	17	11.5
③$_1$	17.9	11	12
③$_2$	17.5	11	10
④$_1$	19.5	36	20
④$_2$	19.3	34	18
⑤	20	25	10
⑥	19	35	20

2.1.3　一次性堆土整体稳定分析

一次性堆土时绿环整体稳定安全系数见表 2-2。

绿环整体稳定安全系数表 **表 2-2**

一次性堆土高度	绿环整体稳定安全系数	
	Bishop 分析法	GLE 分析法
3m	1.557	1.604
4m	1.246	1.285
5m	1.046	1.074
7m	0.856	0.886
11m	0.698	0.710

2.1.4 分级堆土整体稳定分析

由表 2-2 可知，原场地不进行任何处理时，绿环一次堆载最大高度可达 5m。对于高度超过 5m 的绿环，应采用分级堆土工序。为确保绿环整体稳定，分级堆土工序可为一次堆土高度至 5m，地基土固结度达到 50%后，二次堆土高度至 7m，地基土固结度再提高 20%后，三次堆土高度至 9m，最后地基土固结度再提高 15%后，堆土高度至 11m。按此工序堆土，绿环整体稳定安全系数见表 2-3。这样由于地基土固结时间较长，使得绿环施工工期也相应较长。

绿环整体稳定安全系数表 **表 2-3**

分级堆土高度	土性参数增强倍数	绿环整体稳定安全系数	
		Bishop 分析法	GLE 分析法
5m	0.15	1.247	1.285
7m	0.48	1.231	1.280
11m	0.77	1.255	1.289

2.1.5 考虑地基处理分级堆土整体稳定分析

为了缩短绿环堆土施工工期，考虑采用砂桩和塑料排水板两种地基处理方法，加速浅层地基土的固结，使得堆土速度加快。其中砂桩考虑三种方案：方案 1. 砂桩直径 0.5m，长 21m，间距 2m。方案 2. 砂桩直径 0.5m，长 14m，间距 2m。方案 3. 排水板直径 0.057m，长 14m，板间距 1.3m。三种方案堆土施工工序及绿环整体稳定安全系数见表 2-4。

地基处理下绿环施工工序及整体稳定安全系数表 **表 2-4**

时间（月）	砂桩方案（直径 0.5m，间距 2m）				排水板方案（间距 1.3m）	
	桩长 21m		桩长 14m		板长 14m	
	施工工序	稳定安全系数	施工工序	稳定安全系数	施工工序	稳定安全系数
1	堆土至 1m	>1.2	堆土至 1m	>1.2	堆土至 1m	>1.2
2	堆土至 3m	>1.2	堆土至 3m	>1.2	堆土至 3m	>1.2
3	堆土至 5m	1.26	堆土至 5m	1.26	堆土至 5m	1.26
4	堆土至 7m	1.42	暂停堆土		堆土至 7m	1.35
5	堆土至 9m	1.23	堆土至 7m	1.33	暂停堆土	

续表

时间（月）	砂桩方案（直径 0.5m，间距 2m）				排水板方案（间距 1.3m）	
	桩长 21m		桩长 14m		板长 14m	
	施工工序	稳定安全系数	施工工序	稳定安全系数	施工工序	稳定安全系数
6	暂停堆土		暂停堆土		堆土至 9m	1.23
7	暂停堆土		堆土至 9m	1.21	暂停堆土	
8	堆土至 11m	1.22	暂停堆土		暂停堆土	
9			暂停堆土		暂停堆土	
10			暂停堆土		暂停堆土	
11			暂停堆土		堆土至 11m	1.26
12			堆土至 11m	1.29		

砂桩方案 1（桩长 21m）按施工工序，绿环整体稳定云图如图 2-1 所示。

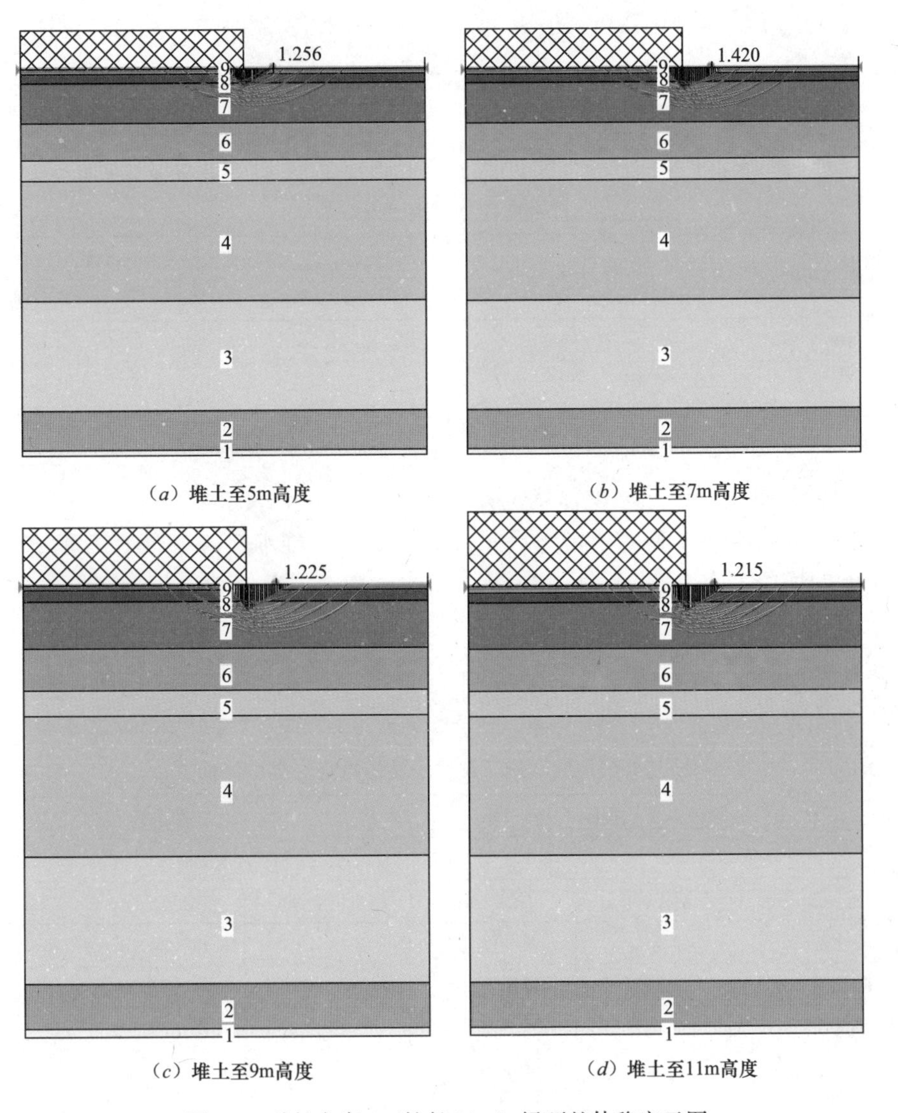

(*a*) 堆土至5m高度　(*b*) 堆土至7m高度

(*c*) 堆土至9m高度　(*d*) 堆土至11m高度

图 2-1　砂桩方案 1（桩长 21m）绿环整体稳定云图

砂桩方案 2（桩长 14m）按施工工序，绿环整体稳定云图如图 2-2 所示。

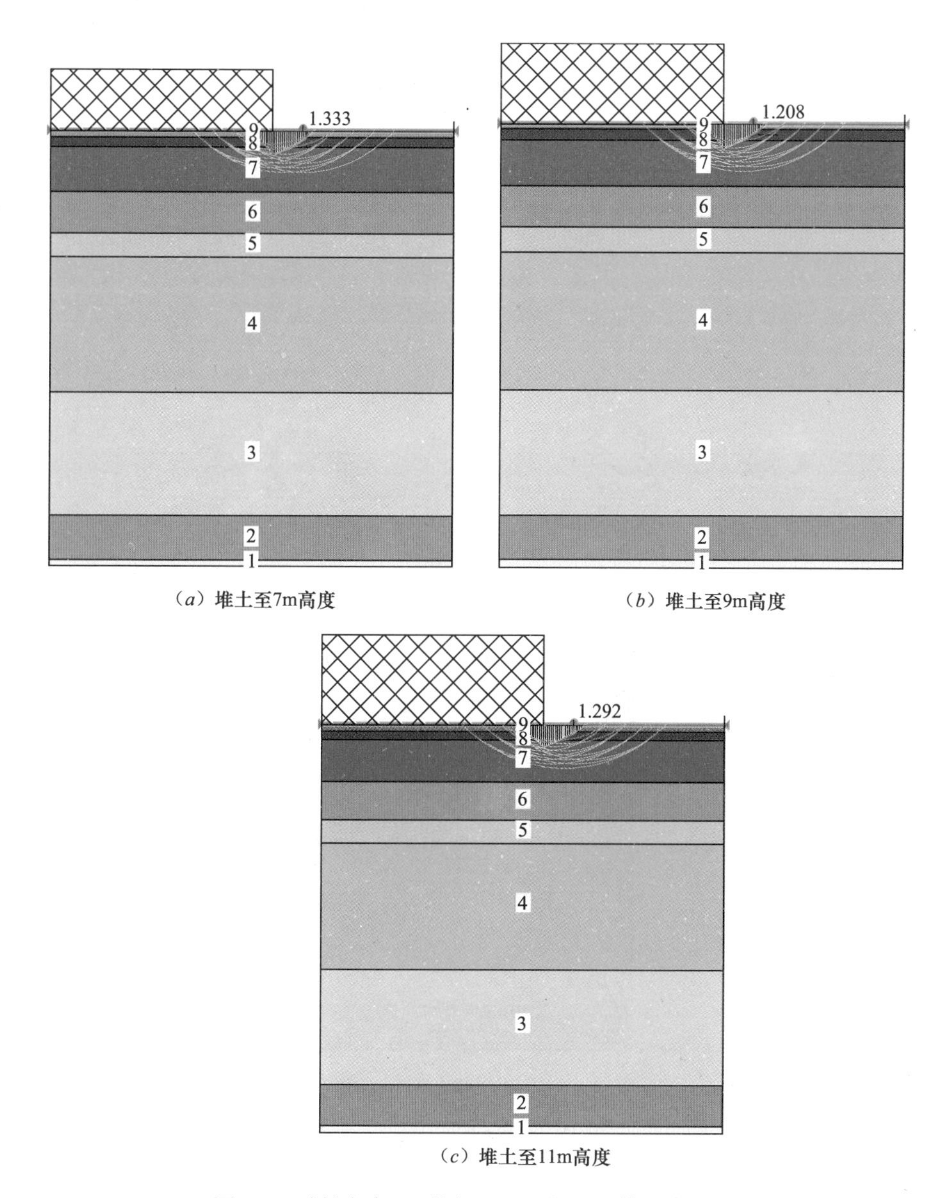

（a）堆土至7m高度

（b）堆土至9m高度

（c）堆土至11m高度

图 2-2 砂桩方案 2（桩长 14m）绿环整体稳定云图

排水板方案 3（板长 14m）按施工工序，绿环整体稳定云图如图 2-3 所示。

2.1.6 高填土整体稳定分析小结

绿环自然堆土高度不超过 5m，堆土整体是安全的；绿环堆土高度超过 5m，应采用分级堆土方式施工；保证地基土充分固结的条件下，分级堆土，堆土高度可达 11m 或更高，但地基土固结时间较长；采用地基处理（砂桩和排水板）方法，可以有效地缩短地基土固结时间，加快堆土施工进度，确保绿环整体稳定。

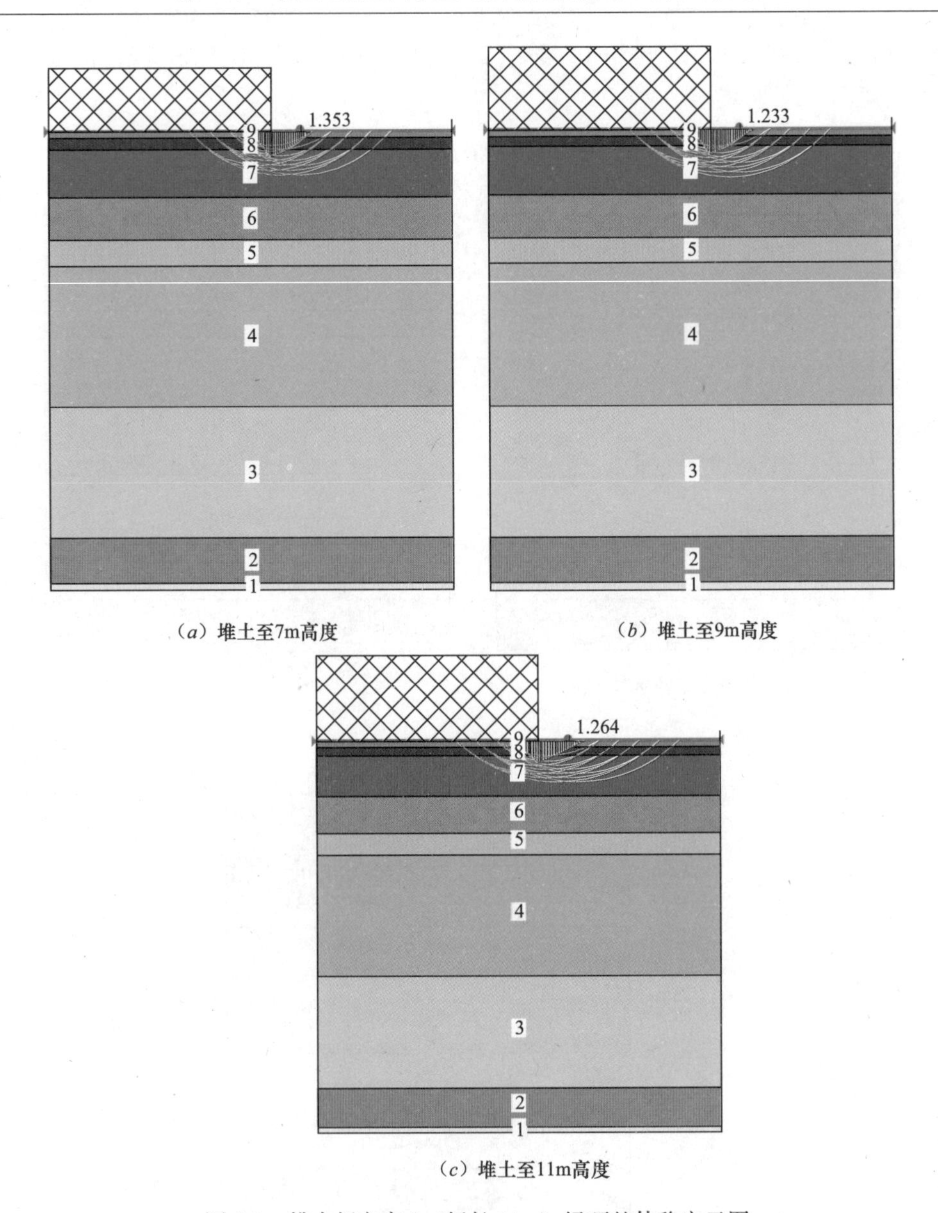

（a）堆土至7m高度　（b）堆土至9m高度

（c）堆土至11m高度

图 2-3　排水板方案 3（板长 14m）绿环整体稳定云图

2.2　高填方对软弱场地地基土固结影响

2.2.1　计算原理及参数

场地固结沉降一维计算采用太沙基一维固结理论。

场地固结变形计算采用二维 Biot 固结理论平面应变计算。平面应变条件下 Biot 固结方程为：

$$\begin{cases} \left(\frac{3k+G}{3}\right)\frac{\partial \varepsilon_v}{\partial x}+G\,\nabla^2 u-\frac{\partial u_w}{\partial x}+X=0 \\ \left(\frac{3k+G}{3}\right)\frac{\partial \varepsilon_v}{\partial z}+G\,\nabla^2 w-\frac{\partial u_w}{\partial z}+Z=0 \end{cases} \tag{2-1}$$

$$\frac{1}{3k}\frac{\partial(\Theta-3u_w)}{\partial t}+\frac{k_x}{\gamma_w}\frac{\partial^2 u_w}{\partial x^2}+\frac{k_z}{\gamma_w}\frac{\partial^2 u_w}{\partial z^2}=0$$

式中 ε_v——体积应变，$\varepsilon_v=\varepsilon_x+\varepsilon_z$；

$\nabla^2=\frac{\partial^2}{\partial x^2}+\frac{\partial^2}{\partial z^2}$。

计算所采用的参数见表 2-5。

计算选用参数 **表 2-5**

土层号	土 层	重度（kN/m^3）	层厚（m）	侧限压缩模量（MPa）	渗透系数建议值
②	褐黄～灰黄色黏土	18.4	1.8	2.8	0.069cm/d
③$_1$	灰色淤泥质粉质黏土	17.9	5.2	2.7	0.086cm/d
③$_2$	灰色黏土	17.5	4.7	2.7	0.017cm/d
④$_1$	暗绿～草黄色粉质黏土	19.5	18.3	8.0	0.09cm/d
④$_2$	灰黄色粉质黏土	19.3	18.3	8.0	0.09cm/d
⑤	灰色黏土	20	14.2	4.7	0.02cm/d
⑥	灰绿色粉质黏土	19	5.0	8.5	0.09cm/d

2.2.2 高填土固结与沉降

1. 一维固结及沉降

绿环堆筑高度分为 7m 和 11m 时，堆载固结度见表 2-6，固结最终沉降见表 2-7。

绿环堆载固结度 **表 2-6**

时间（月）	堆载 7m（分 3 个月，3m+2m+2m）		堆载 11m（分 3 个月，3m+4m+4m）	
	不打排水板	打排水板	不打排水板	打排水板
1	0.10	0.22	0.06	0.14
2	0.20	0.42	0.17	0.36
3	0.31	0.62	0.30	0.60
4	0.37	0.68	0.36	0.67
5	0.42	0.70	0.41	0.70
6	0.45	0.72	0.44	0.71
7	0.48	0.73	0.48	0.72
8	0.51	0.73	0.50	0.73
9	0.53	0.74	0.53	0.74
10	0.56	0.75	0.55	0.75
11	0.58	0.76	0.57	0.75
12	0.60	0.76	0.59	0.76

绿环堆载固结沉降表 **表 2-7**

	堆载 7m（分 3 个月，3m+2m+2m）		堆载 11m（分 3 个月，3m+4m+4m）	
	不打排水板	打排水板	不打排水板	打排水板
最终沉降	1.099m	1.099m	1.727m	1.727m

2. 二维固结及沉降

二维固结按平面应变计算，计算时采用单面排水固结，计算模型见图 2-4。建筑物两边堆土荷载按三角形荷载处理，荷载左右两边长度分别为 15m 和 30m，荷载最大值按堆土最大高度 11m 考虑；建筑荷载按均布荷载处理，宽度为 30m，大小为 60kPa。施工工序为：分级堆土，堆土时考虑地基处理和不进行地基处理两种方案，第 1 月堆土至 3m，第 2 月堆土至 5m，第 3 月堆土至 7m，第 4 月堆土至 9m，第 5 月堆土至 11m；建筑物在堆载开始后一年内分三个月进行平均加载。

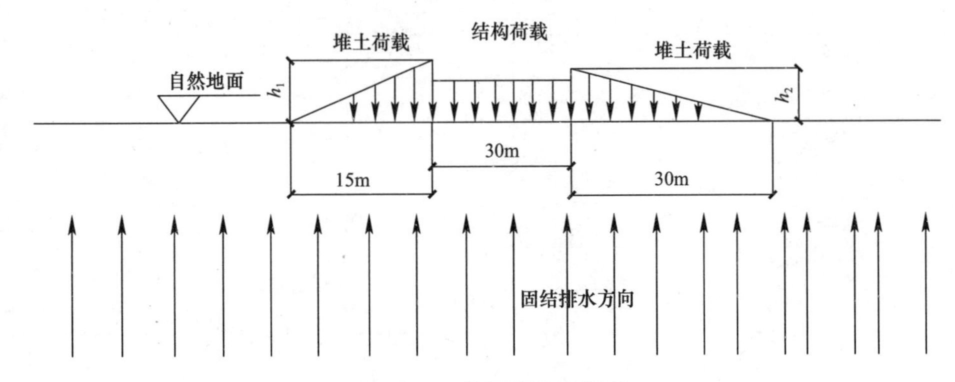

图 2-4　二维固结计算模型

固结沉降历程观测点位置（图 2-5）为：测点 1、2、3 为建筑物中心位置地表处、③$_2$层底、④层底；测点 4、5、6 为建筑物右边线位置地表处、③$_2$ 层底、④层底；测点 7、8、9 为右边土堆中央位置地表处、③$_2$ 层底、④层底。

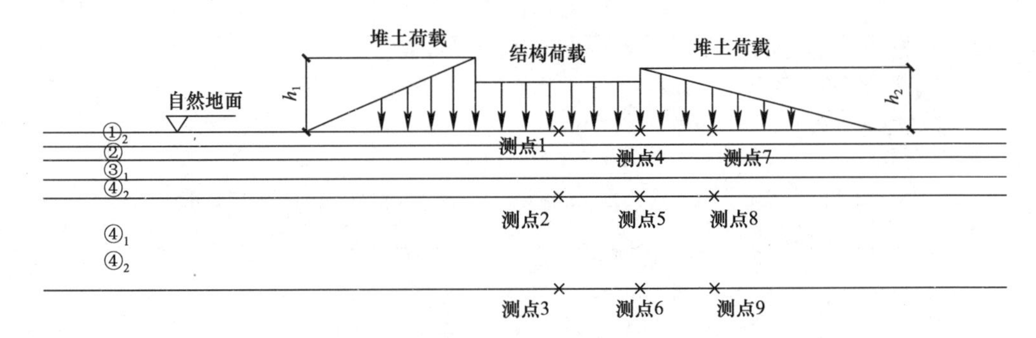

图 2-5　二维固结沉降观测点布置图

固结孔压消散历程观测点位置为：测点 1、2、3 为建筑物中心位置③$_1$ 层底、③$_2$ 层底、④层底；测点 4、5、6 为建筑物右边线位置③$_1$ 层底、③$_2$ 层底、④层底；测点 7、8、9 为右边土堆中央位置③$_1$ 层底、③$_2$ 层底、④层底。

固结沉降云图如图 2-6～图 2-8 所示。

不进行地基处理时固结沉降历程曲线如图 2-9 所示。

地基处理（排水板）时固结沉降历程曲线如图 2-10 所示。

不进行地基处理时固结孔压消散历程曲线如图 2-11 所示。

地基处理（排水板）时固结孔压消散历程曲线如图 2-12 所示。

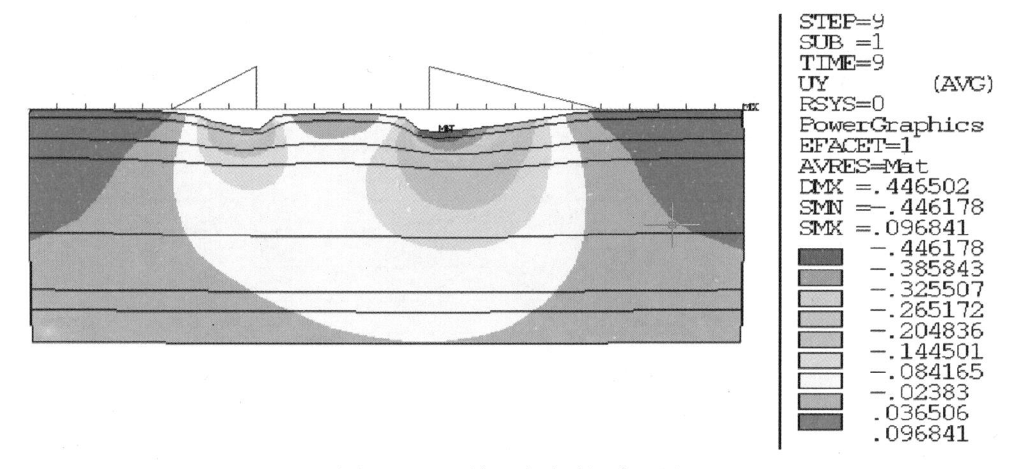

图 2-6 11m 堆土完成时沉降云图

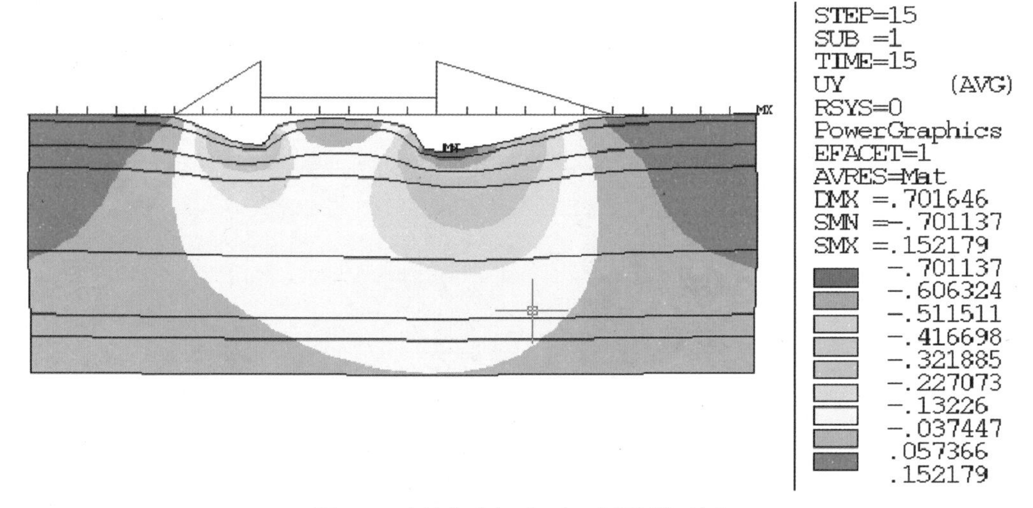

图 2-7 建筑荷载加到 1/3 时的沉降云图

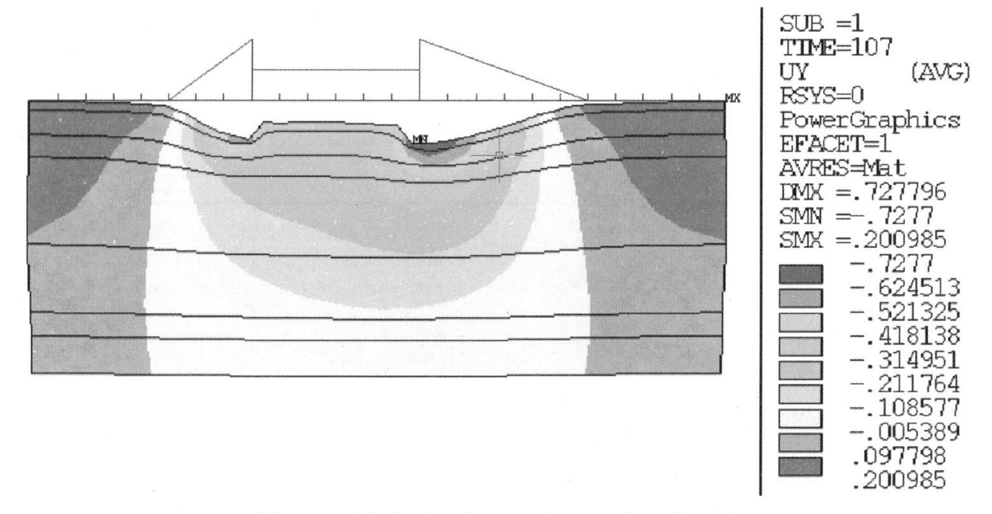

图 2-8 建筑荷载加载完成后 3 个月的沉降云图

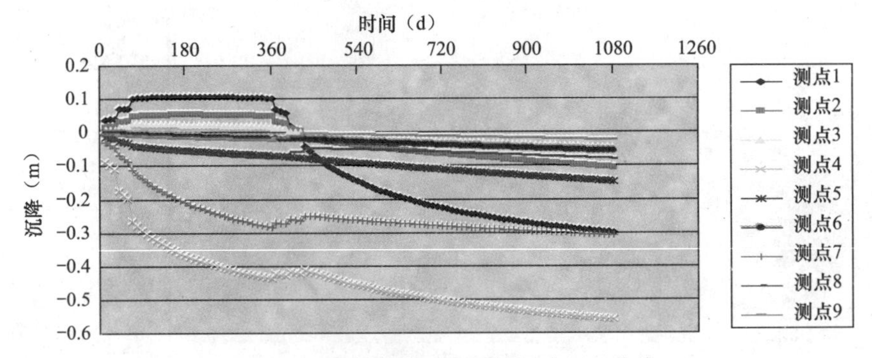

图 2-9　不进行地基处理固结沉降历程曲线

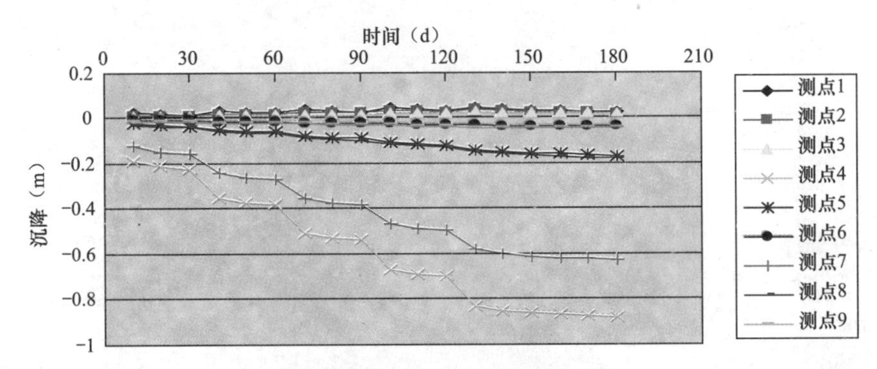

图 2-10　地基处理时沉降历程曲线

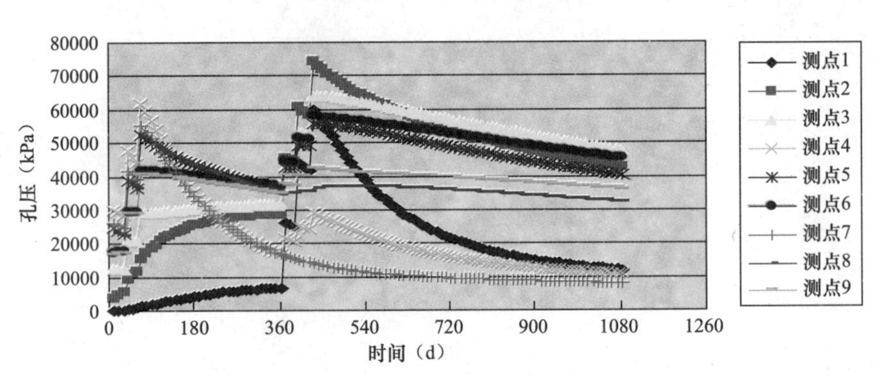

图 2-11　不进行地基处理时孔压消散历程曲线

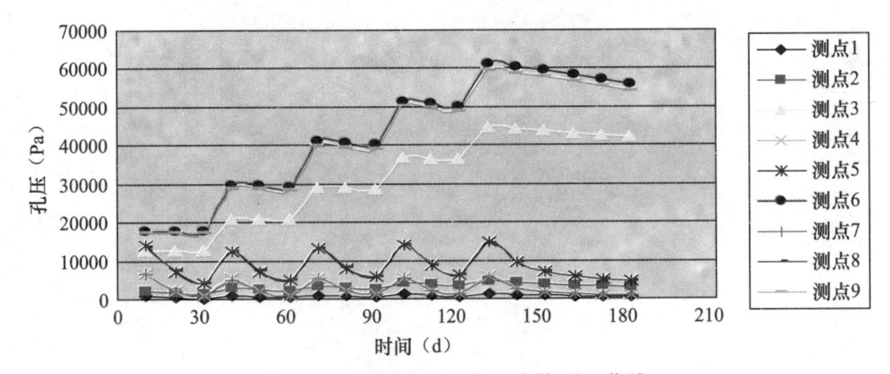

图 2-12　地基处理时孔压消散历程曲线

2.2.3 高填方下地基土的水平位移分析

按第2.2.2节堆土施工工序，分析了地基不处理时地基土的水平位移。地基土的水平位移观测点位置为：测点1、2为左边土堆坡脚处③$_1$层中间、④层底；测点3、4为建筑物左边线处③$_1$层中间、④层底；测点5、6为建筑物右边线处③$_1$层中间、④层底；测点7、8为右边土堆坡脚处③$_1$层中间、④层底。高填方下地基土的水平位移历程曲线如图2-13所示。由图2-13中可以看出高填方下地基土的水平位移较大，最大达40cm左右，水平位移稳定周期较长，会对紧邻绿环的主体建筑产生不利影响。

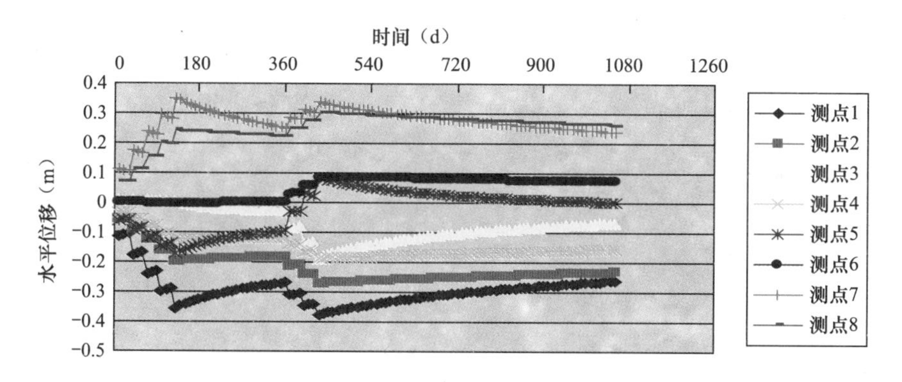

图2-13 地基土水平位移历程曲线

2.3 高填方对紧邻建筑物的上部水平力影响分析

当主体建筑外墙为挡土墙的情况下，主体结构需要承担的水平荷载如下：

(1) 非抗震时的静止土压力，水压力（恒载），使用活载下水平力。

(2) 抗震时的地震荷载，地震时的主动及被动土压力、动水压力。

由此可见，地震作用下的高填土对主体结构水平荷载难以准确考虑，此外，主体结构基础也难以承担较大的不平衡水土侧压力。

2.4 高填方对紧邻建筑物内部桩基负摩擦力分析

2.4.1 中性点位置确定

中性点的位置取决于桩土的相对位移。若地面沉降 S_g 较大，桩的沉降 S_0 较小，则中性点下移，l_n 增大；反之，S_g 较小，S_0 较小，则中性点上移，l_n 减小。采用试算法确定中性点位置，其步骤为：计算天然土层的沉降量 S_g 及其沿深度变化的曲线（图2-14a）；假设中性点的位置 l_n，计算作用在桩身上的负摩擦力和正摩擦力，进而来计算桩底沉降量 S_b；根据桩顶荷载及桩侧摩擦力的分布计算桩的弹性压缩，计算出桩的位移分布，绘出位移曲线（图2-14b）；根据位移曲线 a 及位移曲线 b 的比较可以得到中性点位置，检验求得的 l_n 值是否与假设的一致。若不同，重新试算。

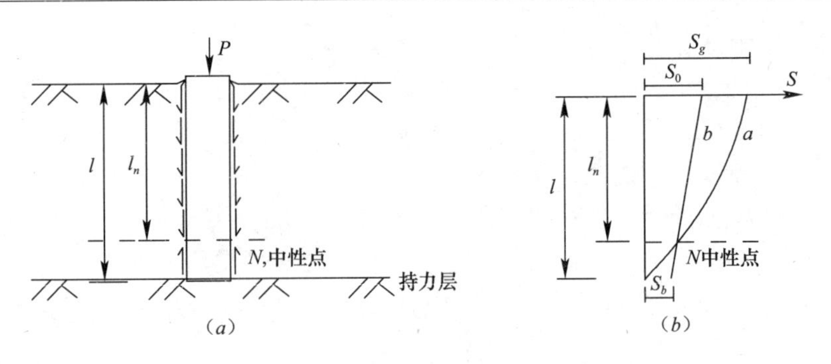

图 2-14　中性点位置

2.4.2　单桩负摩擦力计算理论

单桩负摩擦力计算采用 Jahannessen 和 Bjerrum（1965）提出关于计算负摩擦力的有效应力法，计算表达式为：

$$f = \alpha\bar{\sigma}_v = k\tan\phi \cdot \bar{\sigma}_v \tag{2-2}$$

式中　$\bar{\sigma}_v$——计算点的有效竖向应力；

k——土的侧压力系数；

ϕ——土的有效内摩擦角；

α——系数，一般来说，对于海相的软黏土，取 α=0.2；粉质黏土，取 α=0.25。

2.4.3　桩基负摩擦力分析

根据地质资料，按照最不利的组合原则对科研中心建筑桩基进行负摩阻力分析。负摩阻力计算点位置如图 2-15 所示。

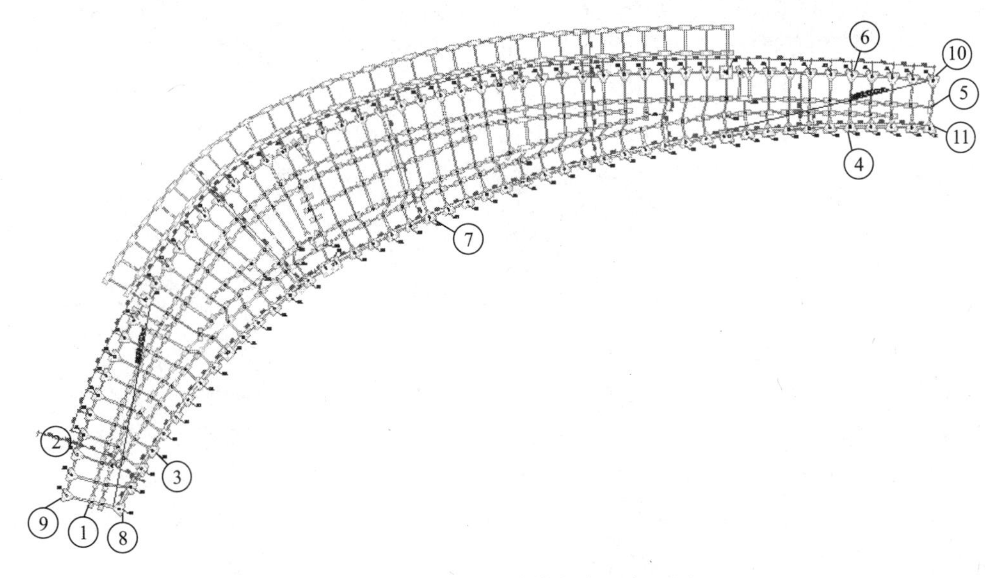

图 2-15　负摩阻力计算点位置布置图

各个位置处的桩基在一定的桩顶荷载作用下的地表位移、最大负摩阻力、下拉荷载、最大轴力等的计算结果见表 2-8，典型点桩身轴力如图 2-16～图 2-19 所示。

负摩阻力计算结果表　　**表 2-8**

计算点	桩顶荷载（kN）	地表位移（cm）	最大负摩阻力（kPa）	下拉荷载（kN）	最大轴力（kN）
1	210	27.43	10.72	424.21	634.21
		19.59	10.50	401.86	611.86
		13.06	10.04	358.56	568.58
		6.53	9.35	297.26	507.26
2	400	16.19	9.93	348.06	748.06
		9.25	9.35	297.25	697.25
		3.47	7.76	179.74	579.74
3	300	16.98	10.27	379.97	679.97
		9.14	9.58	317.21	617.21
		4.57	8.63	240.35	540.35
4	200	13.13	10.04	558.57	358.57
		10.50	9.46	507.17	307.17
		3.75	8.51	431.31	231.31
5	460	10.99	9.81	797.65	337.65
		7.85	9.46	767.17	307.17
		5.24	8.99	728.24	268.24
		2.62	7.76	639.74	179.74
6	310	10.99	10.04	668.57	358.57
		7.85	9.69	637.37	327.37
		5.24	9.35	607.25	297.25
		2.62	8.14	514.94	204.94
7	100	10.84	10.04	458.57	358.57
		5.24	9.35	397.25	297.25
8	210	27.42	10.72	634.20	424.20
		19.59	10.50	611.85	401.85
		10.06	10.04	568.57	358.57
		6.53	9.35	507.25	297.25
9	240	27.42	10.72	664.20	424.20
		19.59	10.50	641.85	401.85
		13.06	10.04	598.57	358.57
		6.53	9.53	527.46	287.46
10	200	10.99	10.27	579.97	379.97
		7.85	9.93	548.05	348.05
		5.24	9.46	507.17	307.17
		2.62	8.51	431.31	231.31
11	160	10.99	10.27	539.97	379.97
		7.85	9.23	508.05	348.05
		5.24	9.58	477.21	317.21
		3.14	8.87	418.82	258.82

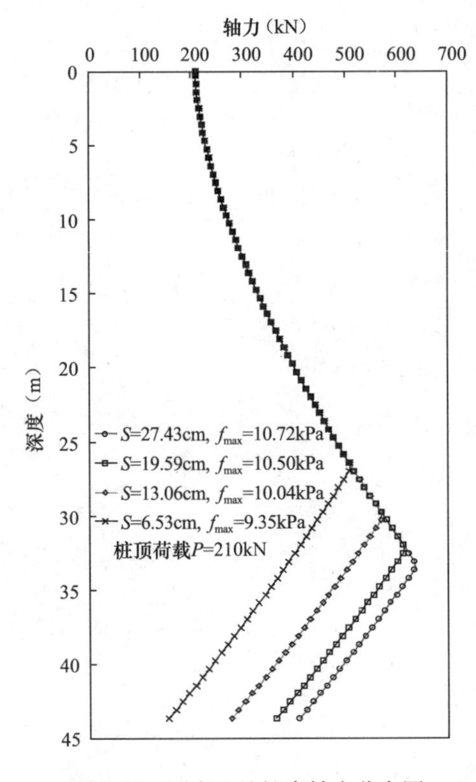

图 2-16　测点 1 处桩身轴力分布图

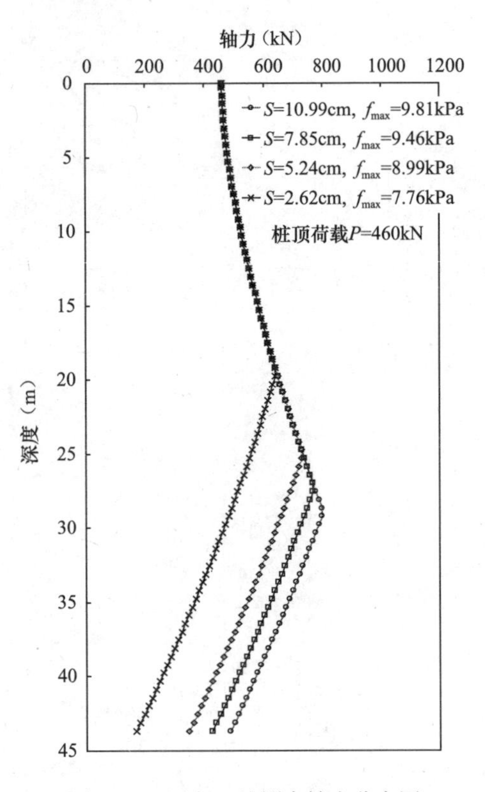

图 2-17　测点 5 处桩身轴力分布图

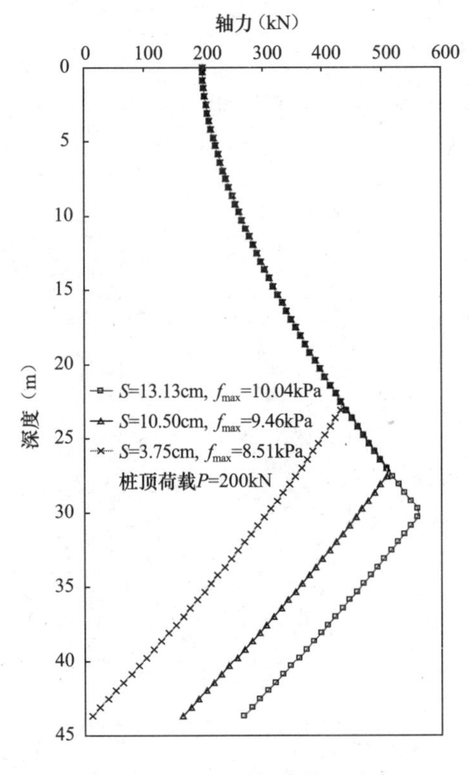

图 2-18　测点 8 处桩身轴力分布图

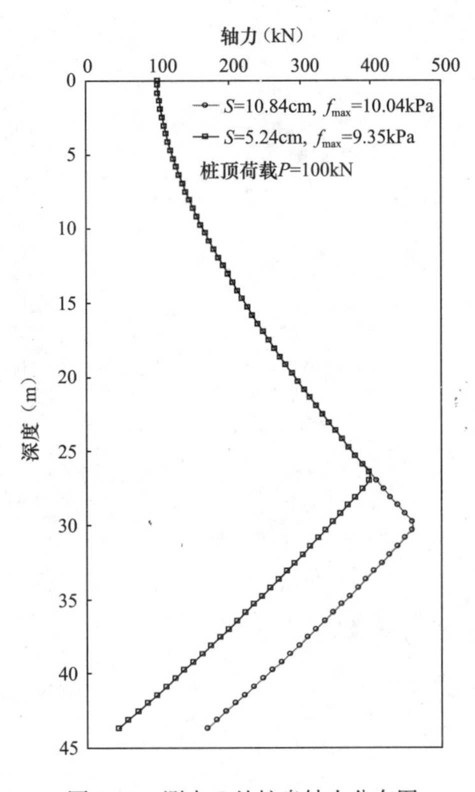

图 2-19　测点 7 处桩身轴力分布图

2.4.4　桩基负摩擦力分析小结

从以上分析可知，桩基的中性点位置在桩身轴力最大处，并且随着地表位移的减小而上升；桩承受荷载较大时，中性点位置会相应地上移；桩基的最大负摩擦力分布大约在7.7～11kPa；桩基的最大桩身轴力分布在340～800kN。

2.5　高填方引起紧邻建筑物内部桩基的剪力及弯矩分析

2.5.1　计算模型

以科研中心建筑为例，分析高填方引起的主体结构桩基剪力及弯矩。科研中心建筑基础为桩基+承台形式，桩长暂考虑为44.8m，桩基布置如图2-20所示，三维计算模型如图2-21所示。建筑物四周堆土荷载近似按均布考虑。左侧高堆土均布荷载为78kPa，右侧高堆土均布荷载为78kPa，结构均布荷载为60kPa，结构端部均布荷载为150kPa 。考虑结构在高填土完成一年后施工。

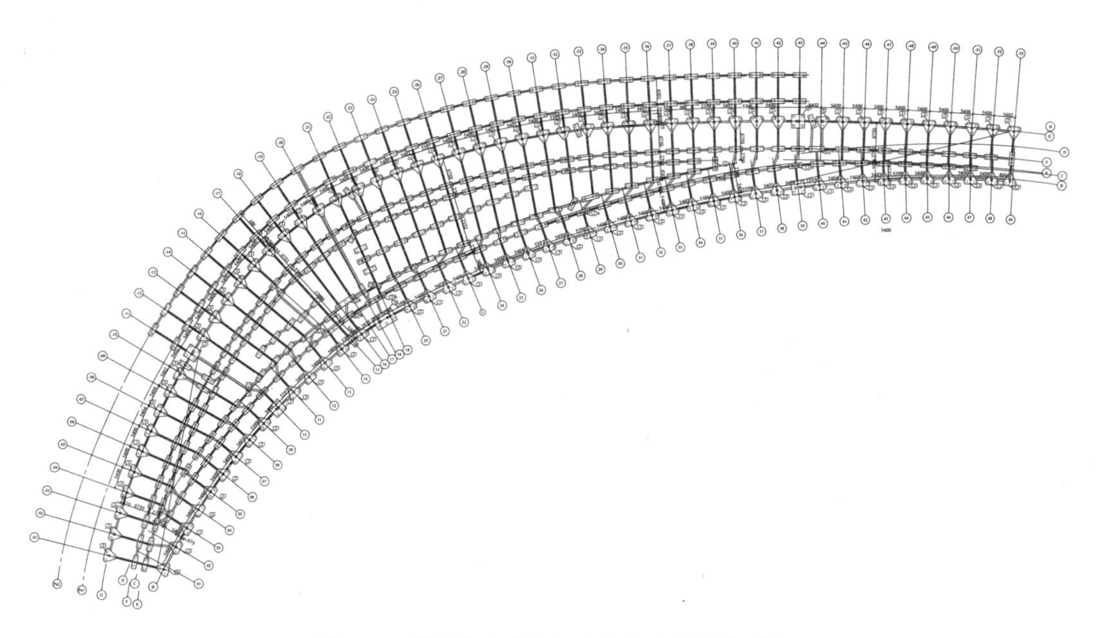

图2-20　科研中心建筑初步桩基础布置平面图

2.5.2　高填方引起桩基剪力和弯矩分析

基础中心处纵向典型断面桩绕强轴（即横向轴线）弯矩图如图2-22所示。由图中可知，桩绕强轴（即横向轴线）弯矩两侧桩的大，且方向相反，中间位置桩的小，且弯矩从桩头沿深度递减。纵向端部桩的绕强轴（即横向轴线）弯矩最大值达到866kN·m，分配到单桩的最大绕强轴（即横向轴线）弯矩为288kN·m。

基础中心处纵向典型断面桩绕弱轴（即纵向轴线）弯矩图如图2-23所示。由图中可知，桩绕弱轴（即纵向轴线）弯矩沿桩身分布基本一致。中心位置典型截面弯矩沿桩身呈线性分布，桩顶处最大，方向为负。纵向方向桩绕弱轴（即纵向轴线）弯矩最大值为488kN·m，分配到单桩的最大绕弱轴（即纵向轴线）弯矩为244kN·m。

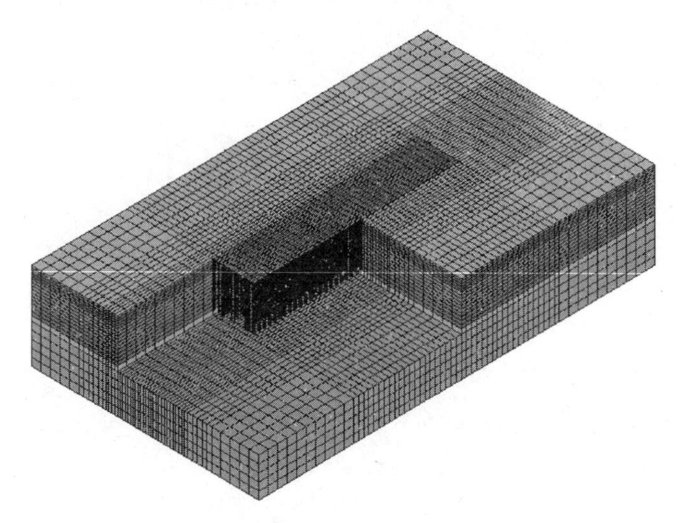

图 2-21　三维计算模型图

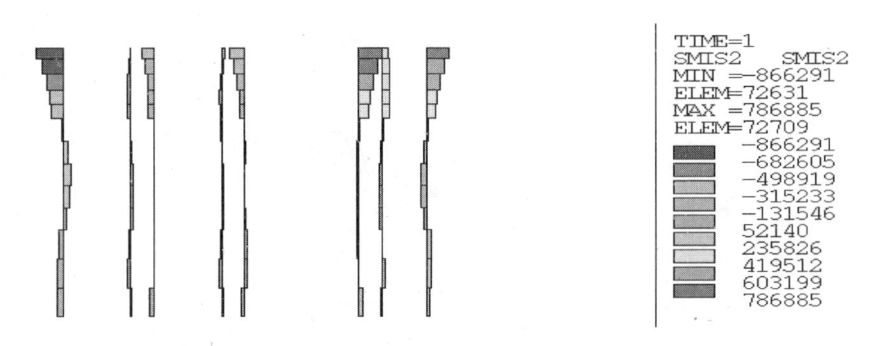

图 2-22　典型断面桩绕强轴（即横向轴线）弯矩图

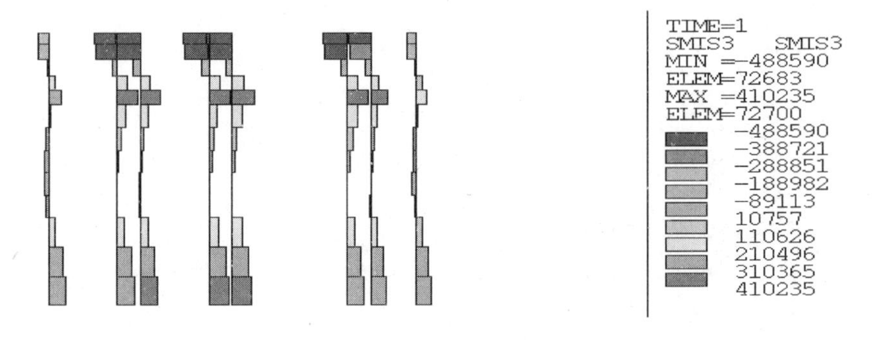

图 2-23　典型断面桩绕弱轴（即纵向轴线）弯矩图

基础中心处典型横断面剪力分布如图 2-24 所示。由图中可知，基础中心处典型横断面纵向轴线方向剪力分布呈线性分布，桩顶最大，方向为正。

基础中心处向纵向方向典型断面的桩基础的横向水平位移如图 2-25 所示，最大横向位移为 0.028m，产生于基础纵向端部桩上。

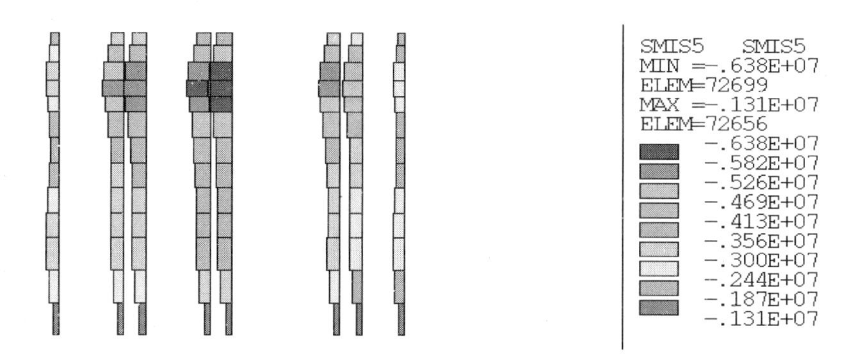

图 2-24　典型横断面剪力分布图

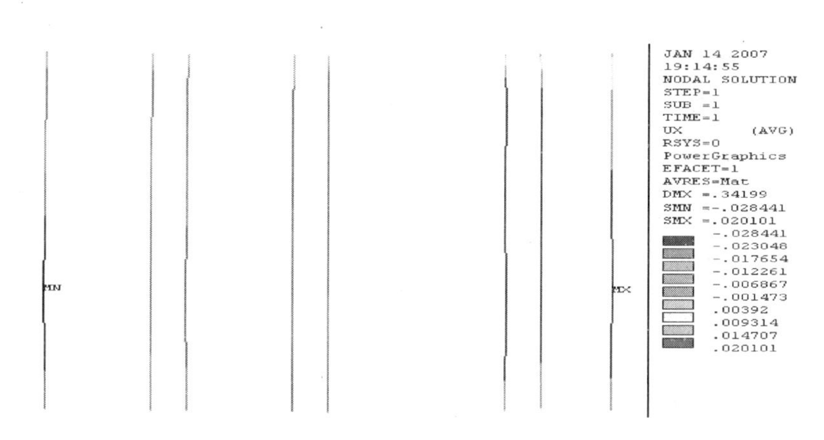

图 2-25　典型断面的桩基础的横向水平位移分布图

基础中心处向纵向方向典型断面的桩基础的纵向水平位移如图 2-26 所示，最大纵向位移为 0.085m，产生于基础纵向端部桩上。

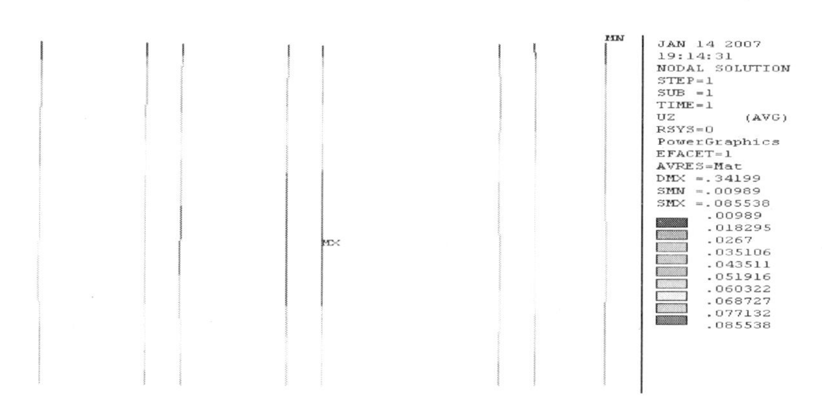

图 2-26　典型断面的桩基础的纵向水平位移分布图

2.5.3　影响小结

通过以上分析可知：

（1）产生最大弯矩和剪力的桩的位置都位于基础边缘，其中绕强轴（即横向轴线）弯矩最大值的桩位于基础纵向端部左右两侧桩顶；绕弱轴（即纵向轴线）弯矩最大值的桩位于基础纵向端部中间桩的桩顶和桩底处，超过了单桩承载力。

（2）纵向轴线方向剪力最大值的桩位于基础纵向端部中心处；横向轴线方向剪力最大值的桩位于基础纵向端部左右两侧桩顶，超过了单桩承载力。

（3）桩的横向和纵向最大水平位移出现在基础纵向端部桩上，水平位移达 9cm，使桩偏位，不利于桩竖向承载。

第三章 试验段工程研究及高填土对紧邻建筑物影响参数反演分析

3.1 试验段测试方案实施研究

试验段工程是以验证设计和指导施工为主要目的，为保证工程质量，对于软土地基上的绿环高填土提前进行的试验工程。试验工程属前期工程，具有指导作用，要求在工程全面开工前取得试验成果。

试验工程研究内容应针对解决工程设计与施工中的疑难问题，以及新技术、新材料、新工艺在引进、推广中尚需要研究的问题。

试验段工程选址应尽可能考虑减少其他因素对其试验的影响。根据背景工程现场开工情况，与业主及总包方商榷后，选择一期工程科研中心建筑两侧的实际高填土绿环段作为试验段；试验段长度约 60m，宽度即绿环的实际宽度；按实际设计情况堆高，高填土绝对标高达到 11.000m；试验段较高的填高具有代表性及可靠性。

3.1.1 试验段的研究目的

由于软土区域高填土工程中存在诸多因素（不同土质的土方来源、施工质量、施工速度等）影响地基土、填土自身的稳定性，而且拟建场地软土（淤泥质土层）较厚，高填土荷载较大，设计工作难以完全预测施工中可能出现的问题。为确保工程安全和工程质量，工程设计必须与试验分析、现场监测相结合来指导施工。

实施试验段主要目的是验证或取得以下数据和结论：

（1）分级堆砌工序的合理性，获取现场加载速率控制指标，推算土的固结系数及最终竖向变形。

（2）减沉路堤桩的受力特性及承载力。

（3）高填土对减沉路堤桩的影响。

（4）软土地区加筋挡土墙的设计验证。

（5）通过数值模拟，反演土层可靠参数。

（6）对原有设计进行优化，指导全场设计和施工。

3.1.2 试验段研究项目及内容

背景工程填土高度较高，工期紧迫，安全问题重大。在填土堆载过程中采用多种监测手段进行全过程、全方位监测，通过各项监测数据综合分析，确定下一步施工工序。通过监测确保每级荷载下地基的稳定性，严格掌握、控制堆载进度及四周土体的沉降量和水平位移，监测淤泥质土层在堆载作用下的沉降量和堆载过程中孔隙水压力的变化、土体强度增长变化，及时将数据反馈到有关部门。使项目进展处于可控制状态之中，努力做到信息化施工，动态化设计。

背景工程重要性为二级，各监测项目的测点布设位置及密度应与地质条件和四周环境相关。为提高监测数据的质量，在每一级堆载平面内有监测点，在每一级堆载预压完成后应进行加固效果测试。根据现场高填土实际堆筑情况，将科研中心建筑两端分为试验施工段Ⅰ、试验施工段Ⅱ。

监测由具有专业资质的监测队伍进行，确保满足设计要求、监测质量要求和相关标准规范要求。监测提交结果应包括监测原始数据和各项整理分析数据，并针对背景工程提出合理的、适用背景工程的控制标准。

监测点平面布置示意如图 3-1、图 3-2 所示，监测点汇总见表 3-1。

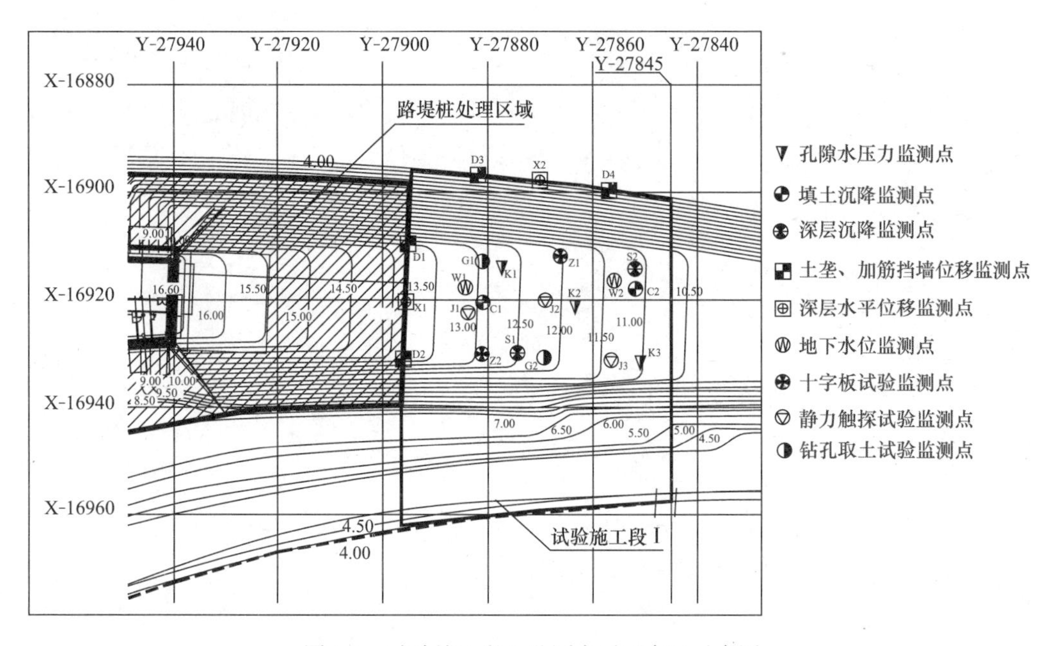

图 3-1　试验施工段Ⅰ监测点平面布置示意图

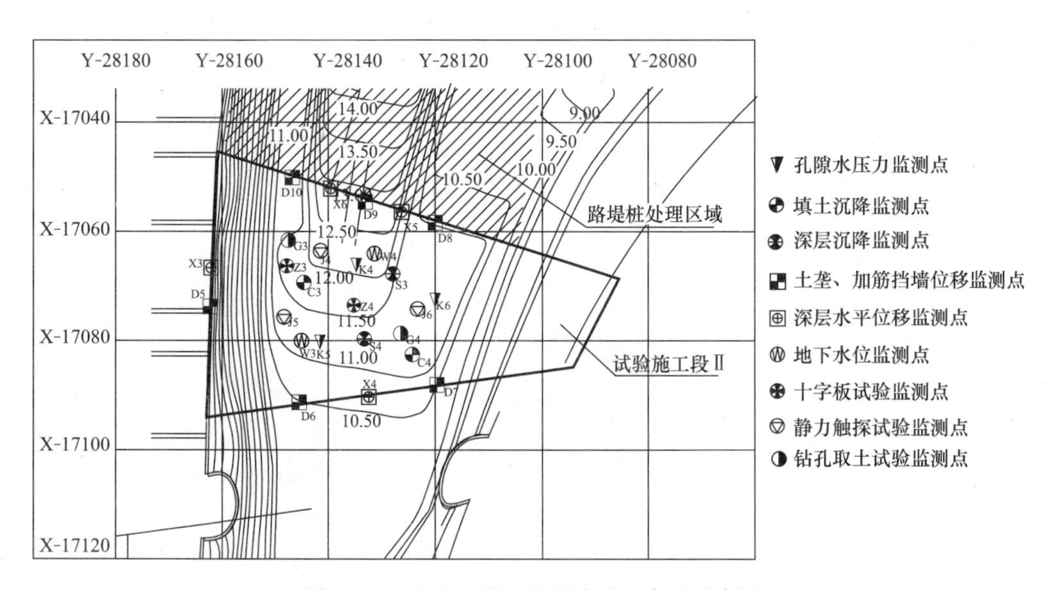

图 3-2　试验施工段Ⅱ监测点平面布置示意图

监测点汇总表 **表 3-1**

序号	监测项目	单位	数量	备　注
1	孔隙水压力变化及其消散监测点	组	6	每组 3～4 点
2	填土沉降监测	点	4	
3	深层分层沉降监测点	点	4	测深 25m
4	土垄变形监测	组	7	8 组监测断面
5	加筋土挡墙变形监测	组	3	3 组监测断面
6	深层土体水平位移监测	点	6	深层测斜，测深 25m
7	地下水位监测	点	4	填土内部、深层各 2 点
8	地基土十字板剪切试验	组	12	4 点×3 级
9	静力触探试验	点	12	4 点×3 级
10	钻孔取样室内土工试验	点	4	4 点×3 级×2 个
11	土工格栅受力监测	组	9	6 组受力监测+3 组抗拔
12	加筋土工布受力监测	点	9	6 组受力监测+3 组抗拔
13	填土内部竖向土压力测试	组	3	每组 3 点
14	加筋挡墙内部竖向土压力测试	组	3	每组 3 点

监测目的及提交结果：根据试验要求，在填土之前埋设相关仪器，并准备好其他试验中所使用的仪器仪表。试验前对填筑使用土方进行击实试验，确定填料的最优填筑参数。

本试验各监测项目目的及提交内容如下：

1. 孔隙水压力监测

（1）目的：分析地基土固结情况、强度及强度增长和地基的稳定性。通过孔隙水压力观测，及时了解堆载预压的加固效果，调整堆载施工的速度和两遍堆载之间的时间间隔。

孔压计埋设时应符合相关规范标准要求，孔压计应具有长期稳定，灵敏度高，防水性能好，温度影响小，不受电缆长度影响等特点。

（2）工作量：6 组测点，每组埋设 3～4 个孔隙水压力计，能够翔实监测$③_1$、$③_2$层淤泥质土的孔压变化。

（3）提交结果：监测结果应包括堆载期间及停放期间的孔压、超孔压变化，分析孔压、超孔压消散规律，分析孔压、超孔压与堆载的相互关联规律。给出适合背景工程的孔压消散期。

2. 分级堆载过程填土沉降监测

（1）目的：对每一级堆载施加过程及工后进行堆载面沉降监测，确保变形量和变形速率满足设计要求，保证工程安全、有序的施工。

（2）工作量：4 个监测点。

（3）提交结果：包括堆载期间、停放期间的日沉降速率和日沉降量，整个堆载预压期间的平均沉降速率和最终沉降量，分析各种相关联的影响因素。给出适合背景工程的沉降速率标准。

3. 深层土体分层沉降监测

（1）目的：监测深层土体在堆载预压作用下的沉降过程，监测堆载的主要压缩层的沉降量，给出堆载预压影响深度。

（2）工作量：整个场地共计 4 个分层沉降监测点，监测深度 25.0m。

（3）提交结果：包括堆载期间、停放期间各层土的沉降速率和沉降量，整个堆载预压期间各层土的平均沉降速率和最终沉降量，分析主要压缩层和次要压缩层各自比例，给出堆载高度、影响深度关系。

4. 堆载体周围深层水平位移监测

（1）目的：深层土体水平位移监测目的是了解堆载期间、停放期间各层土的水平位移，通过水平位移确定深层土对邻近环境的影响。

（2）工作量：6 个深层土体水平位移监测点，监测深度 25.0m。

（3）提交结果：监测结果应包括堆载期间、停放期间各层土的水平位移速率和水平位移，整个堆载预压期间各层土的平均水平位移速率，分析深层土体水平位移对邻近建筑物可能产生的潜在影响，给出堆载高度、影响范围的关系。

5. 土垄位移监测

（1）目的：保证堆载期间及停放期间填土的安全，对填土周围的土垄进行位移监测。

（2）工作量：7 个监测断面。土垄上监测点和外侧距土垄 5.0m、10.0m、20.0m 监测点为一个监测断面，监测地面沉降影响范围。

（3）提交结果：监测结果应包括堆载期间、停放期间土垄的变形速率和变形量，整个堆载预压期间各层土的平均变形速率和变形量。给出每级堆载影响范围、影响大小等分析数据。通过具体监测，给出适合背景工程的合理堆载速率及变形报警值。

6. 地下水位监测

（1）目的：地下水位监测包括填土区地下水位监测和填土内部水位监测，观测填土内部排水效果、填土内部水位和地下水位，通过水位监测分析砂垫层排水效果、填土的稳定性和孔压的高低。

（2）工作量：4 个水位观测孔，每个试验区分别布置 1 个地下水位监测点和 1 个填土内部水位监测点。

（3）提交结果：监测结果包括水位变化，降雨对水位的影响，如果水位较高时通过水位分析堆土的稳定性。根据填土区地下水位变化规律分析孔压变化和消散规律。

7. 静力触探试验测试

（1）目的：测试地基土的强度增长情况，决定是否进行下一级堆载施工。

（2）工作量：共计 12 孔。

（3）提交结果：主要测试$③_1$、$③_2$ 层的静探 P_s 值，根据试验结果绘制比贯入阻力-深度关系曲线，由静力触探成果评定地基土的强度参数，评定土的变形参数，评定地基土的承载力和加固效果。

8. 十字板试验测试

（1）目的：十字板剪切试验主要目的是测试地基土的强度增长情况，决定是否进行下一级堆载施工。

（2）工作量：共计 12 孔，十字板剪切试验点的竖向间距为 1m。宜先做静力触探，结合土层变化，根据静探选择软土层进行试验。

（3）提交结果：测试结果应包括$③_1$、$③_2$ 层软土的不排水抗剪峰值强度、残余强度、重塑土强度和灵敏度；绘制单孔十字板剪切试验土的不排水抗剪峰值强度、残余强度、重塑土强度和灵敏度随深度的变化曲线。

9. 钻孔取土室内土工试验

(1) 目的：测试地基土的强度增长情况，决定是否进行下一级堆载施工。

(2) 工作量：共计 12 孔。

(3) 提交结果：每级填土堆载后地基土的物理力学参数对比分析，给出地基土的强度增长规律。根据试验区获得的监测资料确定加载速率控制指标、推算土的固结系数、固结度及最终竖向变形。

10. 土工格栅受力监测

(1) 目的：监测填土中土工格栅受力状态，确定土坡的稳定状态。

(2) 工作量：土工格栅受力监测 6 组，原位抗拔试验 3 组，每组 3 点试验。

(3) 提交结果：不同土层土工格栅受力监测，通过原位抗拔试验给出土与土工格栅的摩擦系数，根据土工格栅受力状态分析土坡稳定。

11. 加筋土工布受力监测

(1) 目的：监测加筋直立挡墙中加筋土工布受力情况，分析直立挡墙的稳定状态。

(2) 工作量：加筋土工布受力监测 6 组，原位抗拔试验 3 组，每组 3 点试验。

(3) 提交结果：不同土层加筋土工布受力监测，通过原位抗拔试验给出土与加筋土工布的摩擦系数，根据加筋土工布受力状态分析土坡稳定。

12. 加筋挡墙位移监测

(1) 目的：保证堆载期间及停放期间加筋直立挡墙的安全，对加筋土挡墙进行位移监测。通过加筋土挡墙位移反算对相同高度挡土墙的水平力。

(2) 工作量：3 个监测断面。加筋土挡墙上监测点和外侧距土垄 5.0m、10.0m、20.0m 监测点为一个监测断面，监测地面沉降影响范围。

(3) 提交结果：监测结果应包括堆载期间、停放期间加筋直立挡墙的变形速率和变形量，整个堆载预压期间各层土的平均变形速率和变形量，根据变形量反分析可能产生的挡墙土压力。给出每级堆载影响范围、影响大小等分析数据。通过具体监测给出适合背景工程的合理堆载速率及变形报警值。

13. 填土内部竖向土压力测试

(1) 目的：确定填土内部土压力分布状态。

(2) 工作量：3 组。在标高为 5.2m、6.5m、8.0m 处分别埋设一组土柱压力计。

(3) 提交结果：不同标高位置处的实测土压力，并与理论计算土压力进行对比分析。

14. 加筋土挡墙内部竖向土压力测试

(1) 目的：确定加筋土挡墙内部土压力分布状态。

(2) 工作量：3 组。在标高为 5.2m、6.5m、8.0m 处分别埋设一组土柱压力计。

(3) 提交结果：不同标高位置处的实测土压力，并与理论计算土压力进行对比分析。

监测项目及提交结果包括但不局限以上项目，根据具体需要可适当增加测试项目，力争掌握试验段填土的翔实监测数据，为后期设计、施工提供验证依据和做好各项准备工作。

3.1.3 观测频率及报警值

1. 观测频率

观测频率设置的基本原则是必须在确保堆载预压安全的前提下，从实际出发，根据业主的要求，结合背景工程的特点，综合堆载施工顺序及特点，自始至终要与施工的进度相结合，满足施工工况的要求，在“全面、准确、及时”的原则下安排频率以及观测进程，尽可能建立起一个完整的观测预警系统。现场观测时间间隔见表 3-2。

现场观测时间间隔表 **表 3-2**

观测阶段 施工状况	堆载施工期 观测次数（n/d）	堆载预压期 观测次数（n/d）	备 注
施工前	测量各项初始值＞3	测量各项初始值＞3	当变化量或累计变化量超警戒值时，监测频率适当加密
第 1 级堆载	2～3	1～2	
第 2 级堆载	2～3	1～2	
第 3 级堆载	2～3	1～2	

当监测数据达到报警范围，或遇到特殊情况，如暴雨、台风或大潮汛等恶劣天气以及其他意外工程事件，应适当加密观测，直至 24 小时不间断地跟踪观测。

2. 报警值

各项观测的数值达到一定范围时（即将产生不可接受的负面影响时）要进行“报警”。

（1）根据设计要求，施工期间沉降观测，日沉降量≥15mm。

（2）根据设计要求，施工期间堆载体周围土体日水平位移量≥5mm。

（3）施工期间超孔隙水压力系数 u/p＞0.6。

（4）土垄侧向位移≥5mm/d，累计水平位移≥50mm。

（5）加筋土挡墙水平位移≥5mm/d，累计水平位移≥50mm。

（6）填土内水位标高≥5.0m。

其他特殊部分应按设计单位给出或按相关规范执行，或由有关各方（设计、监理、施工、监测）共同研究后决定。

3.1.4 试验段实施中设备保护及过程中措施

1. 监测设备保护

监测单位应做好现场监测设备保护工作，确保埋设设备成活率，应和施工单位做好沟通，在监测现场应有专人负责监测设备保护工作，确保所有监测设备在完工前都能完好、正常工作。

2. 过程中措施

（1）在试验中，注意观察现场处理效果，及时调整施工参数，使项目进展处于可控制状态之中，做到信息化施工和动态化设计。

（2）关注天气预报，根据天气情况合理安排施工进度。

（3）试验难度较大，试验各方应认真负责，相互配合，加强沟通，做到动态化设计和信息化施工。

（4）根据现场具体监测数据，确定加载速率、间隔时间等，如果通过监测发现预定工期满足不了要求，应予以适当延长，确保工程安全。

（5）可以通过前期监测的数据进行预测地基处理效果。

（6）在试验区四周 20m 内设置警戒线，严禁在填方区四周停留，非相关人员不得进入试验区内。现场应设置专人负责巡视安全情况，有问题及时反馈，保证施工安全。

3.2 高填土对紧邻建筑物影响参数反演分析

科研中心建筑两端分级加载区域设置了两个试验区，自 2007 年 12 月 18 日起进行了监测。监测项目主要包括：原地表沉降、分层沉降、土体侧向位移、孔隙水压力、边坡沉降、边坡位移等。至 2008 年 5 月 16 日，试验Ⅰ区堆土标高已达到 10.1m，Ⅱ区堆土标高达到 9.2m。

3.2.1 反演内容及目标

研究目标：通过数值模拟，反演土层可靠参数，初步确定最有效填土与桩基施工工序。

研究内容为：建立三维分析模型；分析监测资料的可靠性；根据试验监测资料反演土层可靠计算参数。

3.2.2 试验段监测资料的整理与分析

背景工程科研中心建筑两端的分级加载区分别设置了一个试验区（Ⅰ区、Ⅱ区），并自 2007 年 12 月 18 日起，对原地表沉降（4 点）、分层沉降（4 孔，每孔 6 个分层沉降磁环）、土体侧向位移（5 点）、孔隙水压力（4 孔，每孔 5 个孔压计）、边坡沉降（7 点）、边坡位移（7 点）等项目进行了连续监测，每天记录一次数据，至 2008 年 5 月 16 日已获得 133 天的监测资料。

由于监测过程中仪器精度、施工扰动、人为过失等因素的影响，监测数据中包含各类误差，必须首先对其可靠性进行评价。本项研究通过纵向分析（同一观测点、孔的数据分析）和横向对比（不同观测点、孔间的数据对比）相结合的方法，对各监测数据的可靠性进行了综合评价。

纵向分析的主要思路是：根据理论及经验方法，一般利用实测沉降过程曲线荷载稳定阶段内的 2～3 个记录点，可以预测沉降稳定值（即最终沉降），采用不同的记录点，得到的结果往往也会不同，而这些结果间的差异则能够表明实测数据离散性的大小。随后，利用预测最终沉降值可以推算各时刻的固结度，并与孔压—时间（P-t）曲线进行形状对比，从而分析孔压监测数据的可靠性。最后，利用沉降或孔压随时间变化过程曲线反演各土层的固结系数，并与类似场地条件的经验值及室内试验结果进行比较，分析其合理可靠性。本节仅根据预测最终沉降结果对各点沉降及孔压监测资料的可靠性进行初步分析，涉及反演固结系数的分析在后续章节进行。

横向对比是在完成对各观测孔（点）监测数据的纵向分析之后，对不同观测孔（点）的数据，主要包括预测最终沉降以及反演得到的固结系数进行比较。由于各观测点的地层条件较为接近，不同监测孔（点）的数据应具有可比性，通过横向对比可以对监测数据的可靠性进行进一步的判断。

综上所述，对最终沉降的预测是评价各监测数据可靠性的基础，下面首先对本书采用的最终沉降预测方法进行介绍。

1. 最终沉降预测方法

由实测的沉降-时间（S-t）观测曲线推算软土地基的最终沉降量的常用方法主要有双曲线法、指数曲线法、三点法以及 Asaoka 法等。这些方法均有一定的适用性，应用时需根据实测情况，视拟合程度的好坏，选择与实际情况较吻合的最终沉降量推算方法。本项目的研究主要采用双曲线法和三点法，下面对这两种方法作简要介绍。

（1）双曲线法

双曲线法是假定沉降平均速度以双曲线形式减少的经验推导法。该方法假设任意时刻的沉降量 S 可用式（3-1）求得，即：

$$S=\frac{t}{a+t}S_{\infty} \tag{3-1}$$

其中，S 为最终沉降量；a 为待定经验参数。为确定式（3-1）中的 S 和 a，一般根据实测沉降观测到 S-t 曲线后段，任取两组已知数据 S_1、t_1 和 S_2、t_2 值，利用式（3-2）、式（3-3）计算：

$$S_{\infty}=\frac{t_2-t_1}{\dfrac{t_2}{S_2}-\dfrac{t_1}{S_1}} \tag{3-2}$$

$$a=\frac{t_1}{S_1}S_{\infty}-t_1=\frac{t_2}{S_2}S_{\infty}-t_2 \tag{3-3}$$

为消除沉降观测资料可能产生的误差，通常将 S-t 曲线的后段全部观测值都加以利用，将 S-t 曲线转换到$\left(\frac{t}{S_t}, t\right)$坐标下进行直线拟合，该直线的斜率即为 S_{∞}。

（2）三点法

在沉降-时间（S-t）观测曲线上，取最大恒载时段内的 3 点 t_1、t_2、t_3 所对应的沉降量 S_1、S_2、S_3，且使 t_2-t_1=t_3-t_2，最终沉降量 S_{∞} 可用式（3-4）求得，此即为三点法。

$$S_{\infty}=\frac{S_3(S_2-S_1)-S_2(S_3-S_2)}{(S_2-S_1)-(S_3-S_2)} \tag{3-4}$$

2. 试验Ⅰ区监测资料整理与分析

试验Ⅰ区设有两个原地表沉降观测点 C1、C2，两个分层沉降观测孔 FC1、FC2，两个孔压观测孔 K1、K2 和 3 个侧向位移监测孔。其中 C1、FC1 与 K1 位置基本对应，划分为第一组监测数据；C2、FC2 与 K2 位置基本对应，划分为第二组监测数据。分层沉降观测孔各磁环的埋设深度见表 3-3，孔压观测孔各孔压计的埋设深度见表 3-4。

分层沉降磁环的埋设深度　　　　**表 3-3**

位　置	埋设深度	所属土层
试验段一2孔	3.0m+(1.5m)	褐黄～灰黄色粉质黏土（②）
	7.3m+(1.5m)	灰色淤泥质粉质黏土（③$_1$）
	13m+(1.5m)	灰色黏土（③$_2$）
	18.0m+(1.5m)	暗绿～草黄色粉质黏土（④$_1$）土层的层底
	27.0m+(1.5m)	草黄色粉质黏土（④$_2$）土层中部
	32.0m+(1.5m)	草黄色粉质黏土（④$_2$）土层层底

注：括号内为表层填土高度，可视填土实际高度进行调整。

孔压计的埋设深度 **表 3-4**

位　置	埋设深度	导线长度	所属土层
试验段一 2孔	3.0m+(1.5m)	21m	褐黄～灰黄色粉质黏土（②）
	7.3m+(1.5m)	25m	灰色淤泥质粉质黏土（③$_1$）
	13m+(1.5m)	33m	灰色黏土（③$_2$）
	18.0m+(1.5m)	38m	暗绿～草黄色粉质黏土（④$_1$）土层的层底
	32m+(1.5m)	56m	草黄色粉质黏土（④$_2$）土层层底

注：括号内为表层填土高度，可视填土实际高度进行调整。

为便于分析，将各分层沉降磁环及其记录的数据由浅到深依次编号为1～6，将各孔压计及其记录的数据由浅到深依次编号为1～5。将地表与分层沉降磁环1之间的土层定义为土层1，将磁环1与磁环2之间的土层定义为土层2，将磁环2与磁环3之间的土层定义为土层3，依次类推，直至土层6。土层1～土层6与自然土层间的关系见表3-5。

土层编号与自然土层间的关系 **表 3-5**

土层编号	厚度（m）	自然土层
1	4.5	①填土+②褐黄～灰黄色粉质黏土
2	4.3	②褐黄～灰黄色粉质黏土+③$_1$ 灰色淤泥质粉质黏土
3	5.7	③$_1$ 灰色淤泥质粉质黏土+③$_2$ 灰色黏土
4	5.0	③$_2$ 灰色黏土+④$_1$ 暗绿～草黄色粉质黏土
5	9.0	④$_2$ 草黄色粉质黏土
6	5.0	④$_2$ 草黄色粉质黏土

（1）第一组监测数据。

图3-3给出了试验Ⅰ区原地表沉降观测点C1及分层沉降观测孔FC1磁环1～磁环6的监测数据，同时给出了堆土高度变化过程（已扣除原始地面标高3.500m）。根据图3-3的数据可以推算出土层1～土层6层内土体的沉降过程，如图3-4所示。

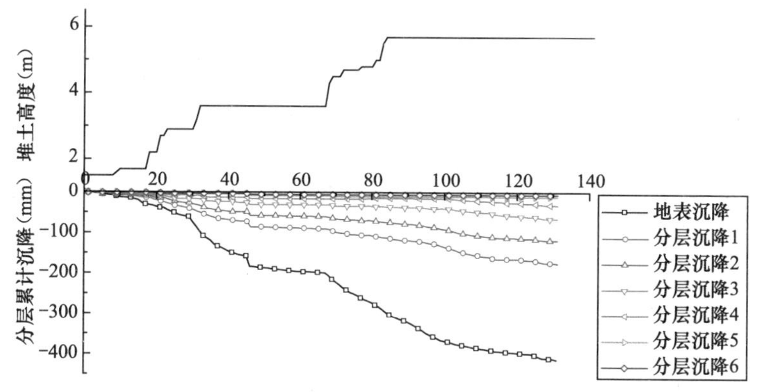

图3-3 试验Ⅰ区FC1孔分层沉降监测数据

从图3-3、图3-4中可以直观地看出，各沉降曲线较为光滑，且与堆载情况较为吻合，但在第45天时（处于稳定堆载阶段）各沉降曲线都有一个小的突变，与堆载记录不符，可能是施工扰动所致，反演分析时可排除对该处的考虑。第99天起，土层1～土层2均有较为明显的回弹，怀疑由于不同位置处堆土施工速度不一致或施工扰动所致，反演分析

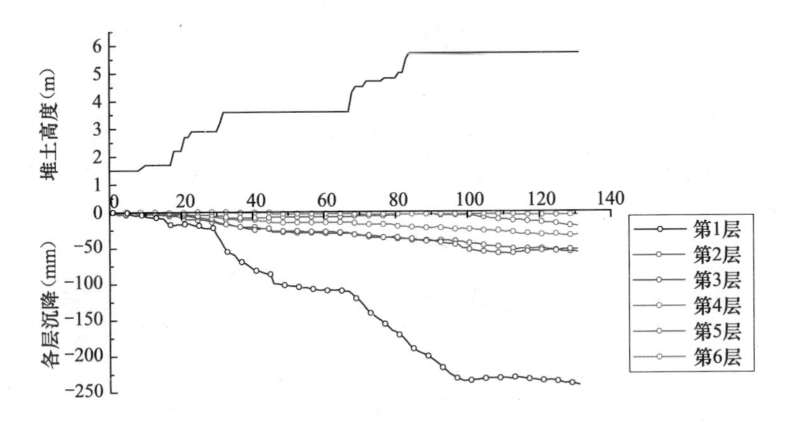

图 3-4 试验Ⅰ区 FC1 孔各土层沉降

时应酌情降低该段观测数据的权重系数。

因土层 5～土层 6 沉降值很小（最大数据小于 2cm），仪器误差的影响难以忽略，且这两层土对总体沉降影响很小，故重点对第 1～4 层的监测数据进行分析。图 3-5 给出了在最大荷载稳定阶段（堆土 9.2m 高，第 88～133 天），在图 3-4 上采用不同的三个数据点（包括所有可能情况），利用三点法预测的各土层最终沉降值。图 3-6 给出了三点法预测各土层顶面的最终累计沉降预测值。

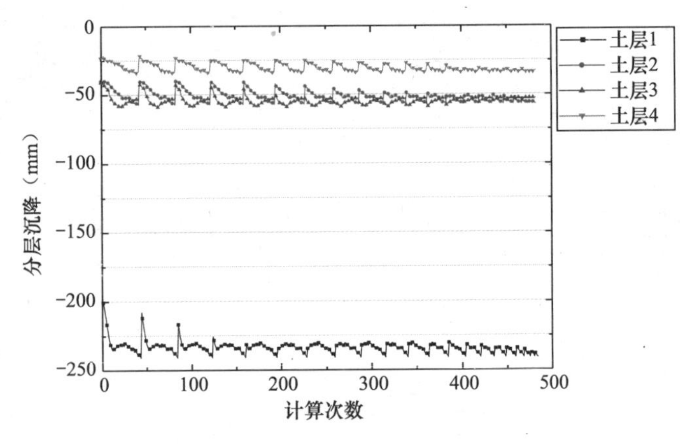

图 3-5 三点法预测各土层沉降

图 3-5、图 3-6 中曲线的每一个波形代表采用一种点距，横坐标越大说明三点之间的距离越大。由图中可以看出，当采用较大点距时，三点法预测最终沉降离散性还是较小的，多数点稳定在一条水平直线上，可取该水平线的坐标作为最终沉降。三点法预测的最终沉降结果汇总于表 3-6 中。

图 3-7 给出了采用双曲线法得到的土层 1～土层 6 预测最终分层沉降值。图 3-8 给出了采用双曲线法得到的土层 1～土层 6 顶面预测累计分层沉降值。土层 1～土层 4 的直线拟合情况较好，说明这几层的监测数据较为符合经验统计规律。土层 5、土层 6 的拟合情况较差，数据离散性较大，初步判断是由于数据绝对值较小，仪器误差所占比重大所致，预测结果列于表 3-6 中。与三点法预测结果对比可见，两种方法的预测结果较为接近。因此，可判断土层 1～土层 4 层的沉降监测数据是可靠的。

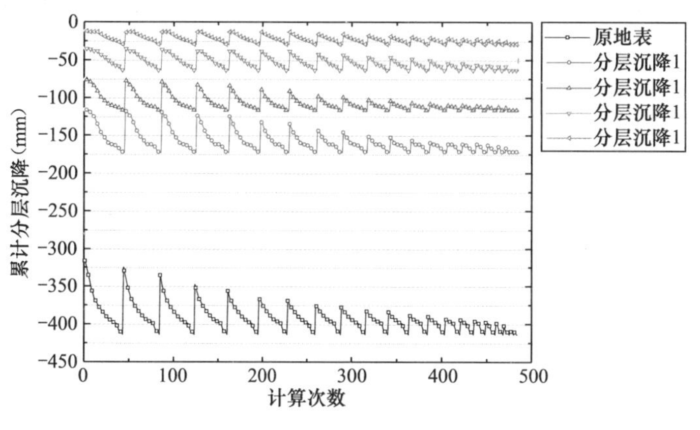

图 3-6 三点法预测累计分层沉降

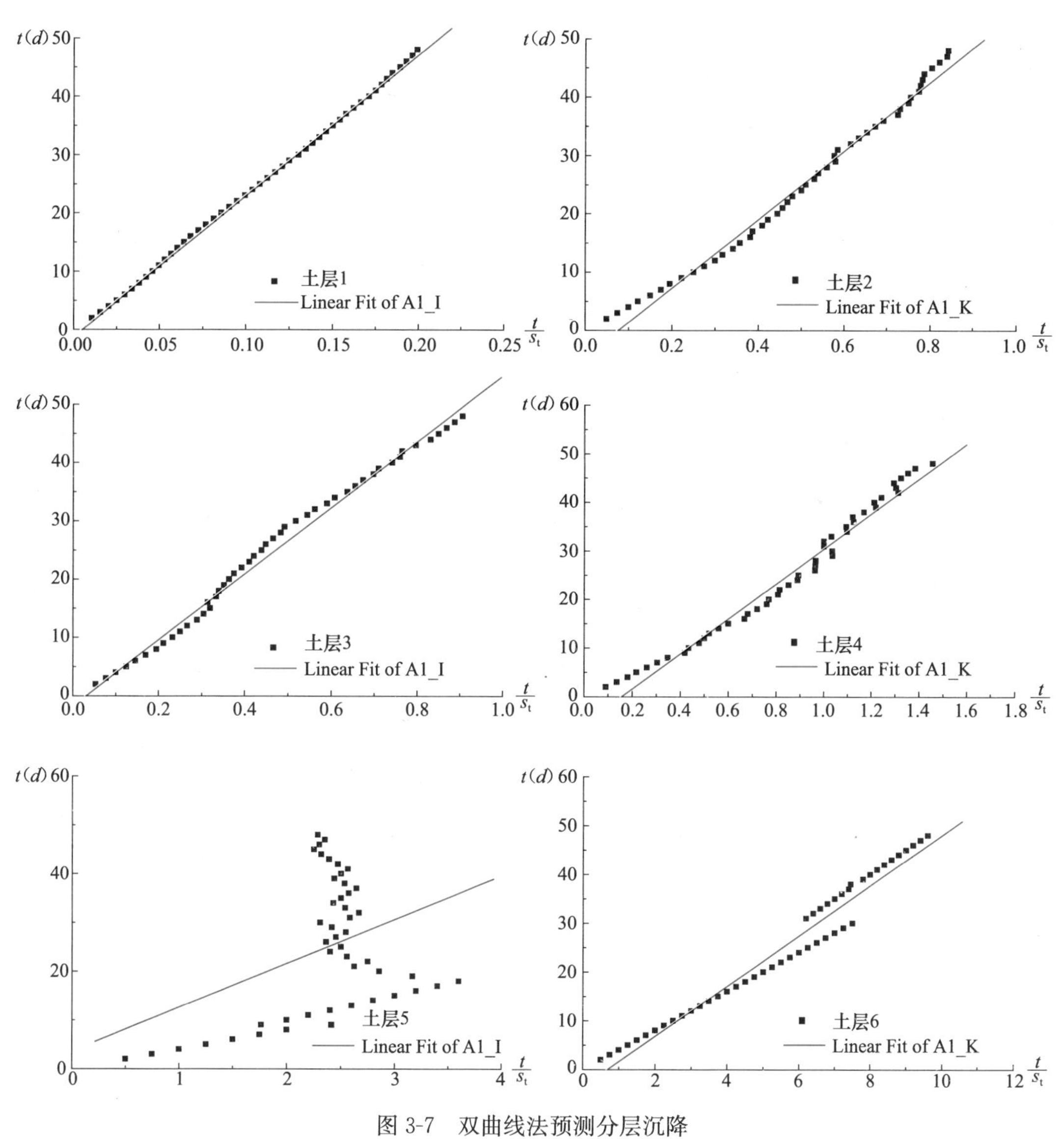

图 3-7 双曲线法预测分层沉降

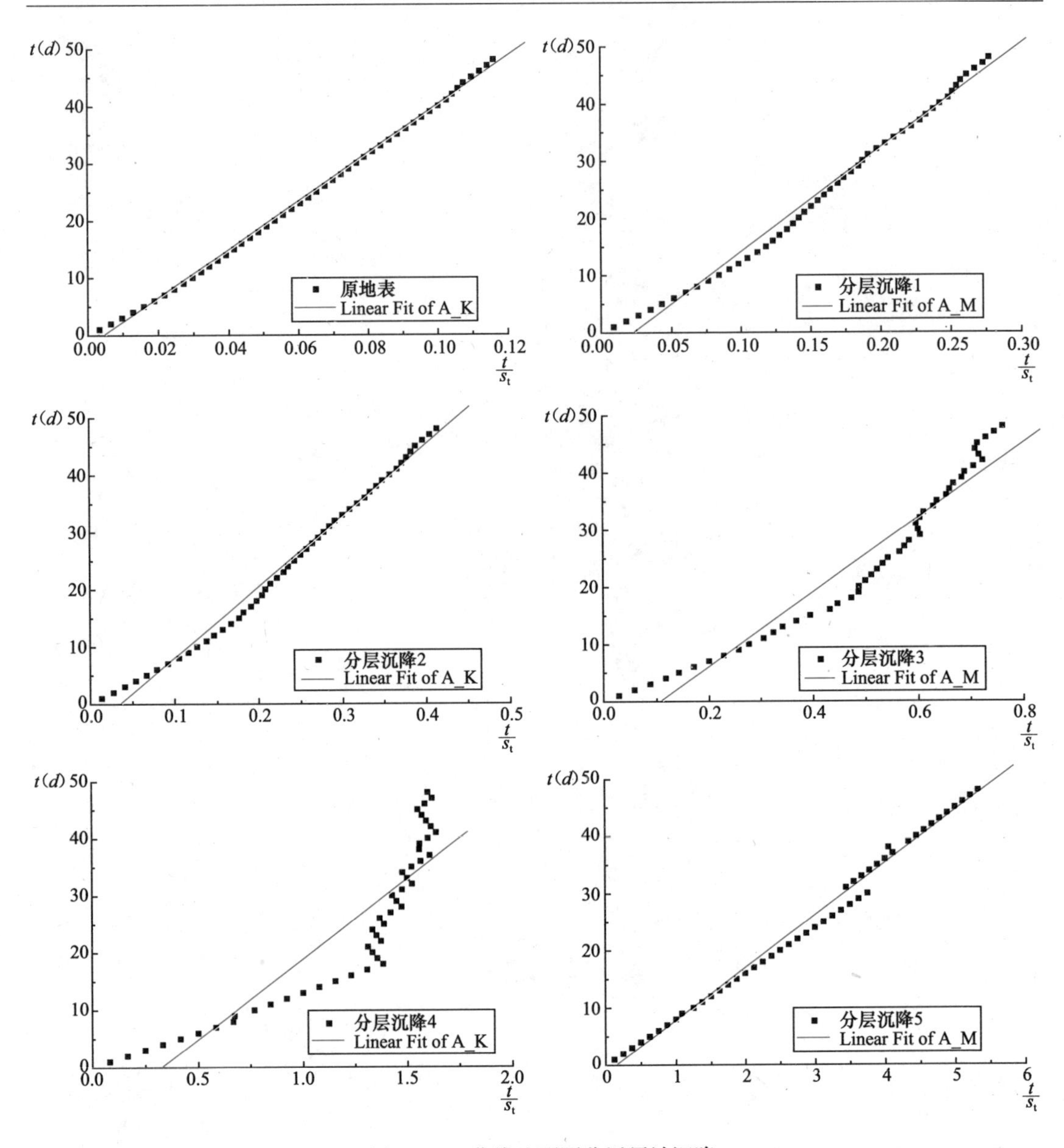

图 3-8　双曲线法预测分层累计沉降

最终沉降预测结果　　**表 3-6**

土层编号	分层沉降（mm）		层顶面累计沉降（mm）	
	三点法	双曲线法	三点法	双曲线法
1	233	241	425	422
2	69	62	190	182
3	62	57	125	124
4	34	36	63	65
5		9	29	28
6		5		9

图 3-9 为 K1 孔各孔压计记录数据，将紧邻两孔压计的数据取平均值，可以得到各土层的平均孔压时间历程，如图 3-10 所示。孔压监测数据离散性较大，曲线光滑度较差，且在 110d 左右恒载阶段出现了孔压增大现象，可能是周围压力增大或施工扰动所致。与 $(1\text{-}U)\text{-}t$ 曲线相比（U 为估计度），中间区段形状较为相近，但首尾段有较大差异，根据以往相关工程经验，认为沉降监测数据比孔压数据更可靠，因此后面的参数反演主要依据沉降监测数据进行。图 3-11 给出了 $(1\text{-}U)\text{-}t$ 曲线与孔压-时间曲线的形状对比情况。

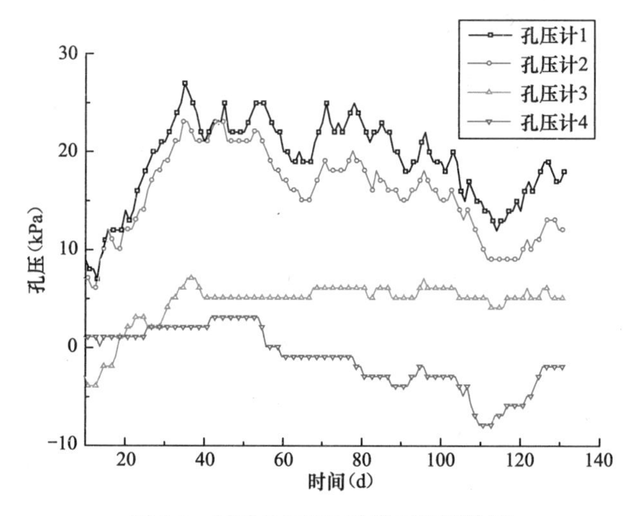

图 3-9 试验Ⅰ区 K1 孔孔压监测数据

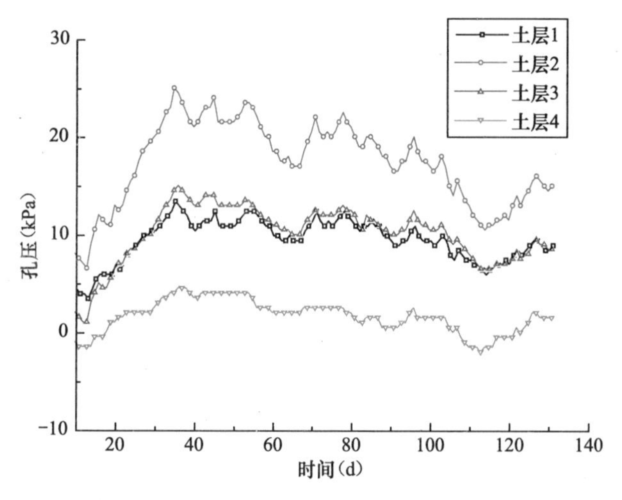

图 3-10 试验Ⅰ区 K1 孔各土层平均孔压

（2）第二组监测数据。

图 3-12 给出了试验Ⅰ区原地表沉降观测点 C2 及分层沉降观测孔 FC2 磁环 1～磁环 6 的监测数据，根据图 3-10 的数据可以推算出土层 1～土层 6 内土体的沉降过程，如图 3-13 所示。

从图 3-12、图 3-13 中可以直观地看出，各沉降曲线较为光滑，且与堆载情况较为吻合，但在第 45 天时（处于稳定堆载阶段）各沉降曲线都有一个小的突变，与堆载记录不

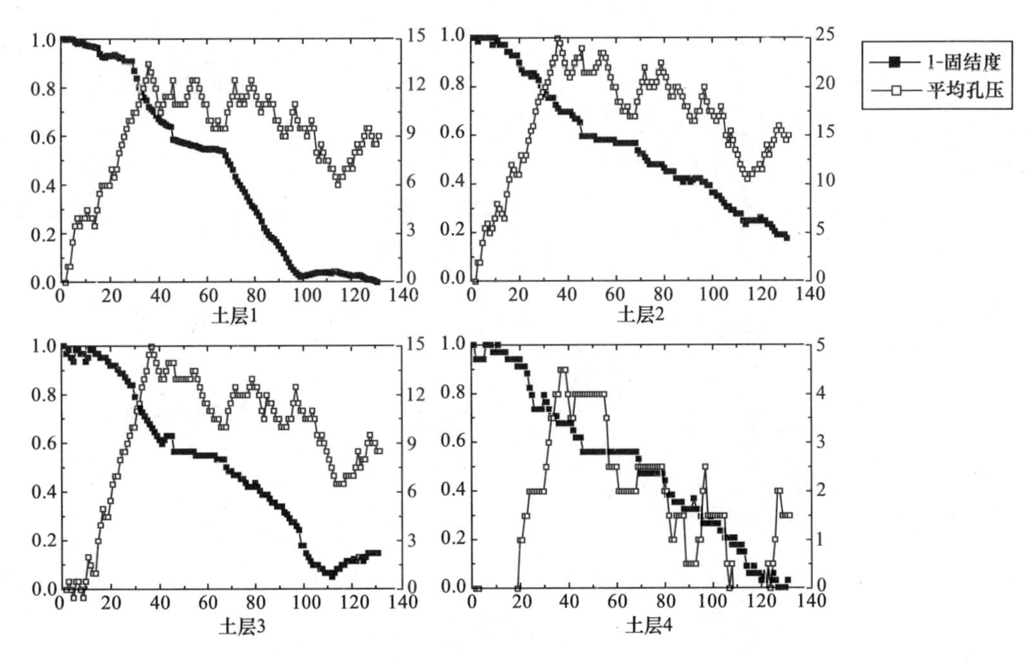

图 3-11 各土层平均孔压与固结度的比较

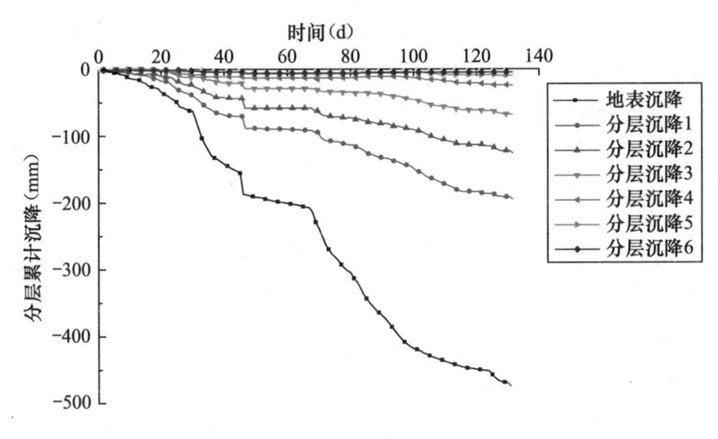

图 3-12 试验Ⅰ区 FC2 孔分层沉降监测数据

符，可能是施工扰动所致，反演分析时可排除对该处的考虑。从第 99 天起，土层 1～2 均有较为明显的回弹，怀疑由于不同位置处堆土施工速度不一致，或施工扰动所致，反演分析时应酌情降低该段观测数据的权重系数。以上情况与 FC1 孔监测资料类似。

表 3-7 列出了分别采用三点法和双曲线法预测的最终沉降结果。对于三点法，采用不同点和点距时得到的结果较为稳定；对于双曲线法，土层 1～土层 4 的观测数据直线拟合情况较好，且两种方法的预测结果较为接近，因此，可初步判断土层 1～土层 4 的沉降监测数据是可靠的。FC2 孔的预测最终沉降与 FC1 孔（表 3-6）相比，除第一层差异大于 10％外，其余层差别不大，由于第一层含有结构松散的①填土层，且其厚度有一定差异，故认为两孔监测数据的差异属于正常范围。从偏于安全考虑，可取较大值用于后续分析。

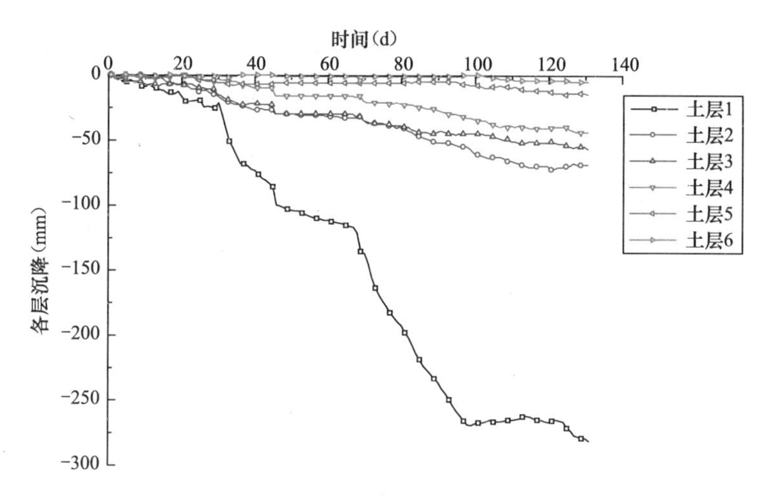

图 3-13 试验Ⅰ区 FC2 孔各土层沉降

最终沉降预测结果 **表 3-7**

土层编号	分层沉降(mm)		层顶面累计沉降(mm)	
	三点法	双曲线法	三点法	双曲线法
1	281	276	474	479
2	72	76	194	203
3	59	56	125	128
4	44	46	68	73
5		16	24	26
6		1.1		9

K2 孔各孔压计记录数据与 K1 孔情况类似，远较沉降监测数据离散性大，根据以往相关工程经验，认为沉降监测数据比孔压数据更可靠，因此后面的参数反演主要依据沉降监测数据进行。

3. 试验Ⅱ区监测资料整理与分析

试验Ⅱ区设有两个原地表沉降观测点 C3、C4，两个分层沉降观测孔 FC3、FC4，两个孔压观测孔 K3、K4 和 4 个侧向位移监测孔。其中 C3、FC3 与 K3 位置基本对应，划分为第一组监测数据；C4、FC4 与 K4 位置基本对应，划分为第二组监测数据。分层沉降观测孔各磁环的埋设深度见表 3-8，孔压观测孔各孔压计的埋设深度见表 3-9。

分层沉降磁环的埋设深度 **表 3-8**

位　置	埋设深度	所属土层
试验段二 2 孔	2.6m+(1.5m)	褐黄～灰黄色粉质黏土(②)
	7.0m+(1.5m)	灰色淤泥质粉质黏土($③_1$)
	10.6m+(1.5m)	灰色黏土($③_2$)
	18.0m+(1.5m)	暗绿～草黄色粉质黏土($④_1$)土层的层底
	24.5m+(1.5m)	草黄色粉质黏土($④_2$)土层中部
	31m+(1.5m)	草黄色粉质黏土($④_2$)土层层底

注：括号内为表层填土高度，可视填土实际高度进行调整。

孔压计的埋设深表 **表 3-9**

位 置	埋设深度	导线长度	所属土层
试验段二 2孔	2.6m+(1.5m)	21m	褐黄～灰黄色粉质黏土（②）
	7.0m+(1.5m)	25m	灰色淤泥质粉质黏土（$③_1$）
	10.6m+(1.5m)	33m	灰色黏土（$③_2$）
	18.0m+(1.5m)	38m	暗绿～草黄色粉质黏土（$④_1$）土层的层底
	31m+(1.5m)	56m	草黄色粉质黏土（$④_2$）土层层底

注：括号内为表层填土高度，可视填土实际高度进行调整。

为便于分析，将各分层沉降磁环及其记录的数据由浅到深依次编号为1～6，将各孔压计及其记录的数据由浅到深依次编号为1～5。将地表与分层沉降磁环1之间的土层定义为土层1，将磁环1与磁环2之间的土层定义为土层2，将磁环2与磁环3之间的土层定义为土层3，依次类推，直至土层6。土层1～土层6与自然土层间的关系见表3-10。

土层编号与自然土层间的关系 **表 3-10**

土层编号	厚度（m）	自然土层
1	4.1	①填土+②褐黄～灰黄色粉质黏土
2	4.4	②褐黄～灰黄色粉质黏土+$③_1$ 灰色淤泥质粉质黏土
3	3.6	$③_1$ 灰色淤泥质粉质黏土+$③_2$ 灰色黏土
4	7.4	$③_2$ 灰色黏土+$④_1$ 暗绿～草黄色粉质黏土
5	6.5	$④_2$ 草黄色粉质黏土
6	6.5	$④_2$ 草黄色粉质黏土

（1）第一组监测数据。

图3-14给出了试验Ⅱ区原地表沉降观测点C3及分层沉降观测孔FC3磁环1～磁环6的监测数据，根据图3-15的数据可以推算出土层1～土层6内土体的沉降过程。

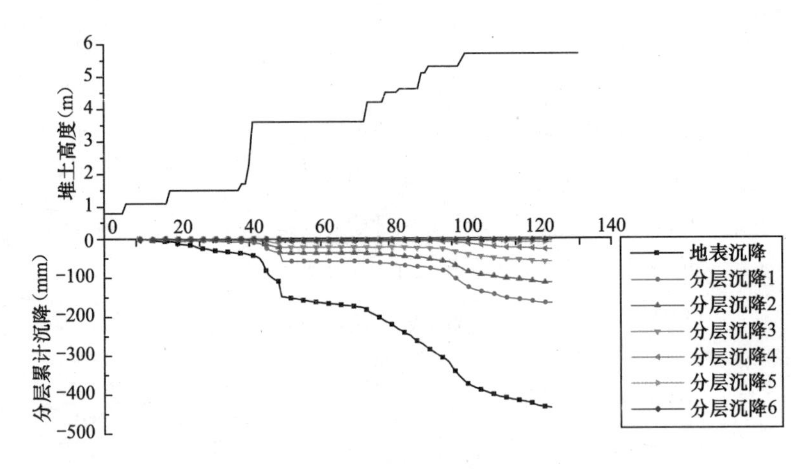

图 3-14 试验Ⅱ区 FC3 孔分层沉降监测数据

从图3-14、图3-15中可以直观地看出，各沉降曲线较为光滑，且与堆载情况较为吻合，表3-11列出了采用三点法和双曲线法预测的最终沉降。对于三点法，采用不同点和点距时得到的结果较为稳定，对于双曲线法，土层1～土层4的观测数据直线拟合情况较

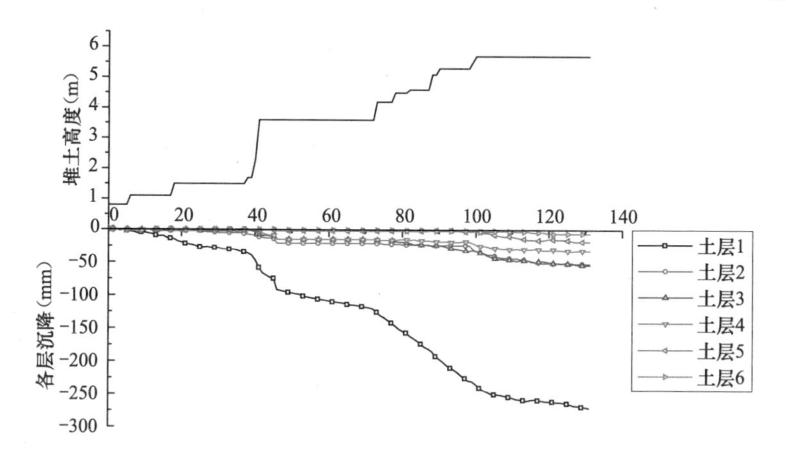

图 3-15 试验Ⅱ区 FC3 孔各土层沉降

最终沉降预测结果 **表 3-11**

土层编号	分层沉降（mm）		层顶面累计沉降（mm）	
	三点法	双曲线法	三点法	双曲线法
1	268	268	432	442
2	52	57	164	174
3	54	55	112	117
4	32	30	58	62
5		23	26	32
6				9

好，且两种方法的预测结果较为接近，因此，可初步判断土层 1～土层 4 的沉降监测数据是可靠的。

(2) 第二组监测数据。

图 3-16 给出了试验Ⅱ区原地表沉降观测点 C4 及分层沉降观测孔 FC4 磁环 1～磁环 6 的监测数据，根据图 3-17 的数据可以推算出土层 1～土层 6 内土体的沉降过程，如图 3-17 所示。

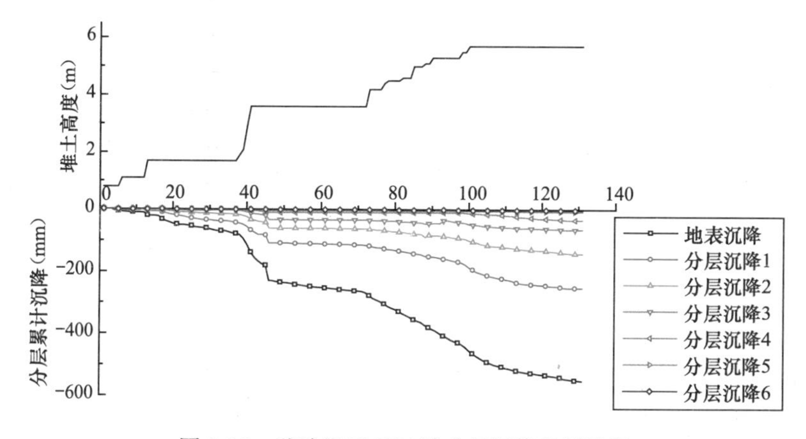

图 3-16 试验Ⅱ区 FC4 孔分层沉降监测数据

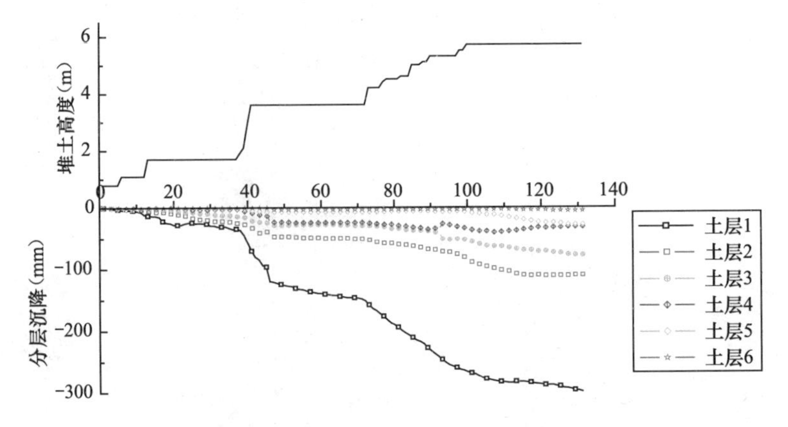

图 3-17 试验Ⅱ区 FC4 孔各土层沉降

表 3-12 列出了分别采用三点法和双曲线法预测的最终沉降结果。对于三点法，采用不同点和点距时得到的结果较为稳定，对于双曲线法，土层 1～土层 4 的观测数据直线拟合情况较好，且两种方法的预测结果较为接近，因此，可判断土层 1～土层 4 的沉降监测数据是可靠的。

最终沉降预测结果 **表 3-12**

土层编号	分层沉降（mm）		层顶面累计沉降（mm）	
	三点法	双曲线法	三点法	双曲线法
1	296	297	551	558
2	112	114	253	261
3	77	79	143	147
4	32	27	66	68
5		33	35	41
6				8

FC4 孔的预测最终沉降与 FC3 孔（表 3-11）相比，土层 1～土层 4 的差异均超过 10%，尤其是第 2 层，差异达 100%以上，产生差异的原因初步分析为：一方面是由于试验Ⅱ区面积较小，FC3 点靠近堆载边缘，因此沉降较小，FC4 点靠近堆载中心，因此沉降较大；另一方面，可能是局部地层构造的差异造成。从偏于安全考虑，可取较大值用于后续分析。

4. 整理分析小结

通过对试验Ⅰ、Ⅱ区原地表沉降（4 点）、分层沉降（4 孔，每孔 6 个分层沉降磁环）、孔隙水压力（4 孔，每孔 5 个孔压计）监测数据的初步分析，得到如下结论。

（1）各沉降观测数据基本合理可靠，能与理论或经验规律吻合较好。

（2）各孔压观测数据离散性较大，后续分析中用沉降数据反演土层特性参数更为可取。

（3）试验Ⅰ、Ⅱ区沉降量差距较大，说明这两个试验区的局部地层条件差异较大，试验Ⅰ区两个监测孔各土层的预测最终沉降量比较接近，而试验Ⅱ区两个监测孔各土层的预测最终沉降量差异较大，分析其原因，可能是因为试验Ⅰ区堆载面积较大且两个监测点距离堆载边缘相对较远（FC1 点距边缘约 16m，FC2 点位于堆载中心），而试验Ⅱ区堆载面积较小且 FC3 监测点距离堆载边缘相对较近（约 5.5m）的原因。

（4）偏于安全考虑，试验Ⅰ区采用 FC2 的监测数据，试验Ⅱ区采用 FC4 的监测数据。

3.2.3 土层参数反演分析原理及方法

对软土地基固结过程的准确预测分析是工程关键难题之一。由于实际地质条件的复杂性、取样扰动和试验误差等原因，仅依据室内试验结果的理论计算往往与实际情况有较大的差异。而利用前期实测数据反演得到的地基特性参数更符合实际情况，对后期工程的预测分析更为合理和可靠。

根据前面的分析，我们对地基特性参数的反演主要依据地表和分层沉降观测资料。由于各沉降观测点基本都靠近堆载区中部，可近似按 Terzaghi 一维固结理论分析。反演参数主要是各土层的固结系数，同时，为了降低利用双曲线法和三点法预测最终沉降的偏差，我们也对最终沉降在前文得到的预测值上下各30%范围内进行了寻优分析。得到各土层的固结系数和最终沉降后，再利用三维有限元方法反分析各土层的变形模量等计算参数，并对各土层的固结系数进行微调，以考虑实际堆土荷载作用下地基应力扩散的影响。

下面对地基参数反演中采用的计算理论和方法作简要介绍。

1. Terzaghi 一维固结理论

根据 Terzaghi 一维固结理论，分级瞬时加载作用下土层的平均固结度计算公式为：

$$\sum \frac{\Delta p_i}{\sum \Delta p}\left[1-\alpha e^{-\beta(t-T_i)}\right] \tag{3-5}$$

式中，T_i 为各级荷载开始施加的时刻；t 为计算时间。

表 3-13 给出了不同条件下平均固结度计算中参数 α、β 的取值，以及在背景工程中的应用范围。

不同条件下平均固结度计算公式 **表 3-13**

条 件	α	β	适用土层
竖向排水固结	$\frac{8}{\pi^2}$	$\frac{\pi^2 C_v}{4H^2}$	土层 4
内径向排水固结	1	$\frac{8C_h}{F(n)d_e^2}$	土层 2
竖向和内径向排水固结	$\frac{8}{\pi^2}$	$+\frac{\pi^2 C_v}{4H^2}$	土层 1
砂井未贯穿受压土层	$\frac{8}{\pi^2}Q$	$\frac{8C_h}{F(n)d_e^2}$	土层 3

2. 多目标非线性规划模型

设有一约束非线性规划问题为求设计变量 $X=\{x_i\}$ $(i=1, 2, \cdots, n)$，同时使目标函数 $f_i(X)$ $(i=1, 2, \cdots, n)$ 极小，约束非线性规划模型通常有如下形式：

$$\begin{aligned} & \min f_i(X)(i=1,2,\cdots,n) \\ & s.t.\begin{cases} g_j(X)=0 & (j=1,2,\cdots,p) \\ g_h(X)\leqslant 0 & (h=p+1,\cdots,m) \end{cases} \end{aligned} \tag{3-6}$$

这里 $g_j(X)$ 为等式约束，$g_h(X)$ 为不等式约束。

以上问题称为多目标优化。多目标优化通常是需要满足多设计目标和决策时，确定这些目标的最佳设计方案。具体求解时，通常的做法是将多目标合成一个单一的目标进行优化。最常用的方法是加权系数法，即将每一个目标函数乘以一个权系数作为一个新的目标函数值，再将这些值相加，得到一个新的目标函数，优化得到此目标函数的最小值。权系数的选取是人为的。

设各目标函数对应的权系数为λ_i（$i=1$，2，…n），则多目标规划转化为单目标问题，非线性规划模型为：

$$\min\sum_{i=1}^{n}\lambda_i f_i(X)$$
$$s.t.\begin{cases}g_j(X)=0 & (j=1,2,\cdots,p)\\ g_h(X)\leqslant 0 & (h=p+1,\cdots m)\end{cases} \tag{3-7}$$

在以下求解中，假设各目标函数的权系数都相同，且设为1。

对第一层及第三层土，设有3个优化变量，即竖向固结系数C_v、径向固结系数C_h和土层的最终压缩量S_o；对第二层土，设有两个优化变量，即径向固结系数C_h及土层的最终压缩量S_o；对第四层土，有两个优化变量，即竖向固结系数C_v和土层的最终压缩量S_o。设第i天的实测压缩量为S_{ri}，由公式得到的计算值为S_i。对第i天要求$\left|\frac{S_i-S_{ri}/S_o}{S_{ri}/S_o}\right|$取极小值，目标函数为$\min\sum_{i=1}^{n}\left|\frac{S_i-S_{ri}/S_o}{S_{ri}/S_o}\right|$。对于优化变量，有$C_v$，$C_h\geqslant 0$，且两者取值范围限定到［$1\times10^{-8}$，$1\times10^{-6}$］。优化时，将多个目标用加权系数法转化为单目标，根据前面的分析，对于数据可靠性较低区段采用较小的权重。

优化模型为：

$$\min\sum_{i=1}^{n}\left|\frac{S_i-S_{ri}/S_o}{S_{ri}/S_o}\right|$$
$$s.t.\begin{cases}-C_v\leqslant 0\\ -C_h\leqslant 0\\ \left|\frac{S_j-S_{rj}/S_o}{S_{rj}/S_o}\right|-b_j<0\end{cases} \tag{3-8}$$

填土高度曲线表现为阶跃函数，阶跃函数使优化对初值非常敏感。为使优化可以进行，对阶越函数的连续处理，使载荷函数一阶导数连续。

设有阶越函数：

$$q(t)=\begin{cases}q_1, t<t_b\\ q_2, t\geqslant t_b\end{cases} \tag{3-9}$$

如图3-18所示：

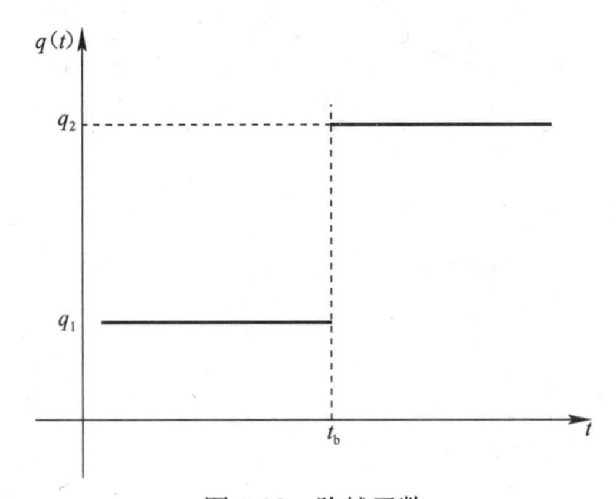

图3-18　阶越函数

将 $q(t)$ 改为

$$q(t)=\begin{cases}q_1, t<t_b-\varepsilon-0.5\\ \frac{1}{2}(q_2-q_1)\cdot\sin\frac{\pi(t-t_b+0.5)}{2\varepsilon}+\frac{q_1+q_2}{2}, t_b-\varepsilon-0.5<t<t_b\\ q_2, t\geqslant t_b\end{cases}\tag{3-10}$$

如图 3-19 所示。

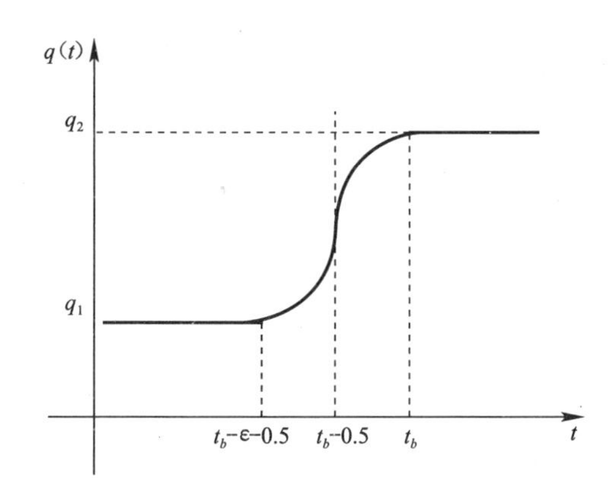

图 3-19　阶越函数的连续化处理

例如，第 20 天观察点 1 上填土高度为 5.7m，第 21 天为 6.2m，ε 取 0.3，连续化后的曲线如图 3-20 所示。

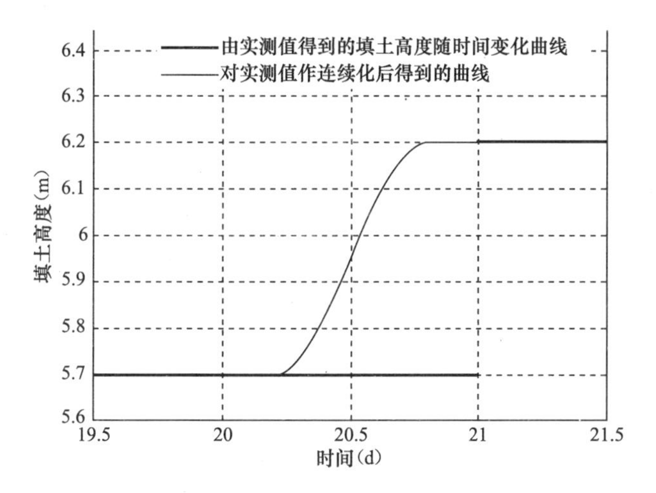

图 3-20　堆载过程的连续化处理

3.2.4　试验区土层参数的反演分析

基于前面介绍的 Terzaghi 一维固结理论和多目标非线性规划方法，本节对试验Ⅰ区 FC2 孔和试验Ⅱ区 FC4 孔的沉降观测资料进行了反演分析，反演分析所关注的土层特性参数主要是各土层的竖向和水平向固结系数。同时，反演分析还能得到优化后的最终沉降预测值，利用该值可基于三维有限元方法反演各土层的变形模量等参数。

1. 试验Ⅰ区

与 FC1 孔相比，试验Ⅰ区 FC2 孔的位置更加靠近堆载中心，能与 Terzaghi 一维固结理论更好地吻合，且其预测最终沉降较大，因此试验Ⅰ区选取FC2孔资料进行反演分析能得到更合理和偏于安全的结果。

图3-21给出了对土层1～土层4参数反演时，最终得到的分层沉降拟合曲线，各参数反演结果列于表3-14中。

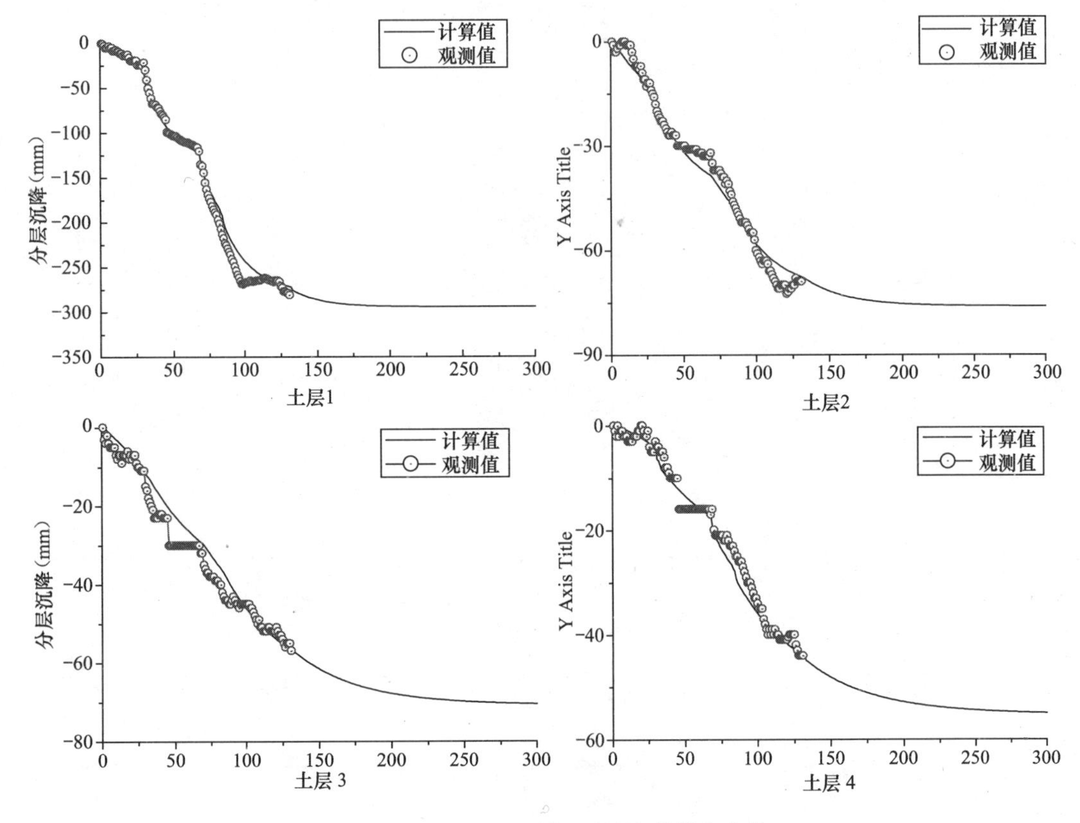

图3-21　土层1～土层4反演参数拟合曲线

土层1～土层4参数反演值　　**表3-14**

序号	$C_h\times10^{-3}$(cm^2/s)		$C_v\times10^{-3}$(cm^2/s)		最终沉降（mm）	
	反演值	室内试验值	反演值	室内试验值	反演值	经验预测值
土层1	2.52	2.65	4.3	3.01	294	281
土层2	3.41	2.37		1.90	76	76
土层3	2.13	1.78	1.57	1.43	70	59
土层4		5.04	6.40	5.17	55	46

由表3-14可以看出，反演得到的固结系数普遍略高于室内试验结果，这一方面是由于计算所采取的土层划分是以分层沉降磁环的设置为依据，而不是按自然土层划分的，另一方面是由于理论计算是基于一维固结理论的，与实际情况有差别，如土层2只考虑了水平向排水固结，实际上由于其上下表面压力及孔压边界条件的差别，孔隙水也会沿竖向排出；土层4只考虑了竖向排水，实际上水平向也会产生孔压消散。但只要在后续三维数值分析时采取对应的参数设置方法，如第2层水平固结系数按反演值设置，而竖向设置为很

小值，再对参数进行微调，即可得到等效的计算结果。这在后面有进一步说明。

反演得到的最终沉降与经验预测结果较接近，从偏于安全考虑，后续分析中采用较大值。图 3-22 给出了土层 1～土层 4 顶面累计沉降拟合曲线，图 3-23 给出了根据反演参数计算得到的各土层的固结度-时间曲线。

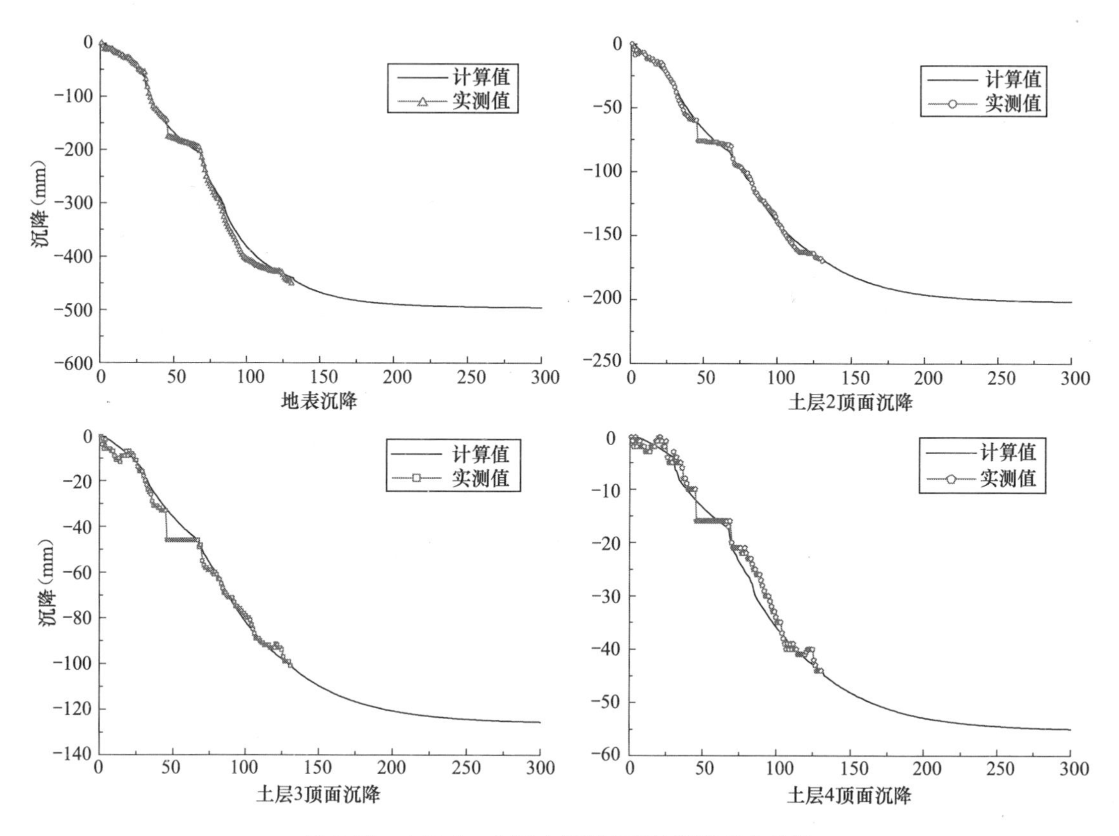

图 3-22 土层 1～土层 4 层顶面累计沉降拟合曲线

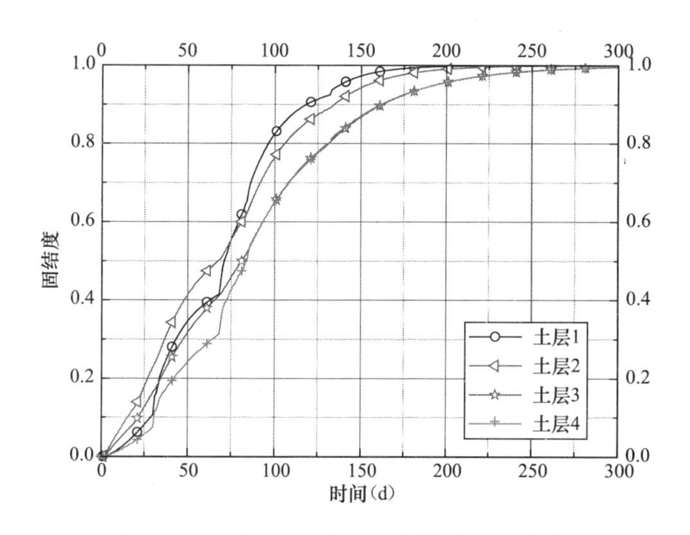

图 3-23 土层 1～土层 4 层固结度-时间曲线

2. 试验Ⅱ区

与 FC3 孔相比，试验Ⅱ区 FC4 孔的位置更加靠近堆载中心，能与 Terzaghi 一维固结理论更好地吻合，且其预测最终沉降较大，因此试验Ⅱ区选取 FC4 孔的资料进行反演分析能得到更合理和偏于安全的结果。

图 3-24 给出了对土层 1～土层 4 参数反演时，最终得到的分层沉降拟合曲线，各参数反演结果列于表 3-15 中。

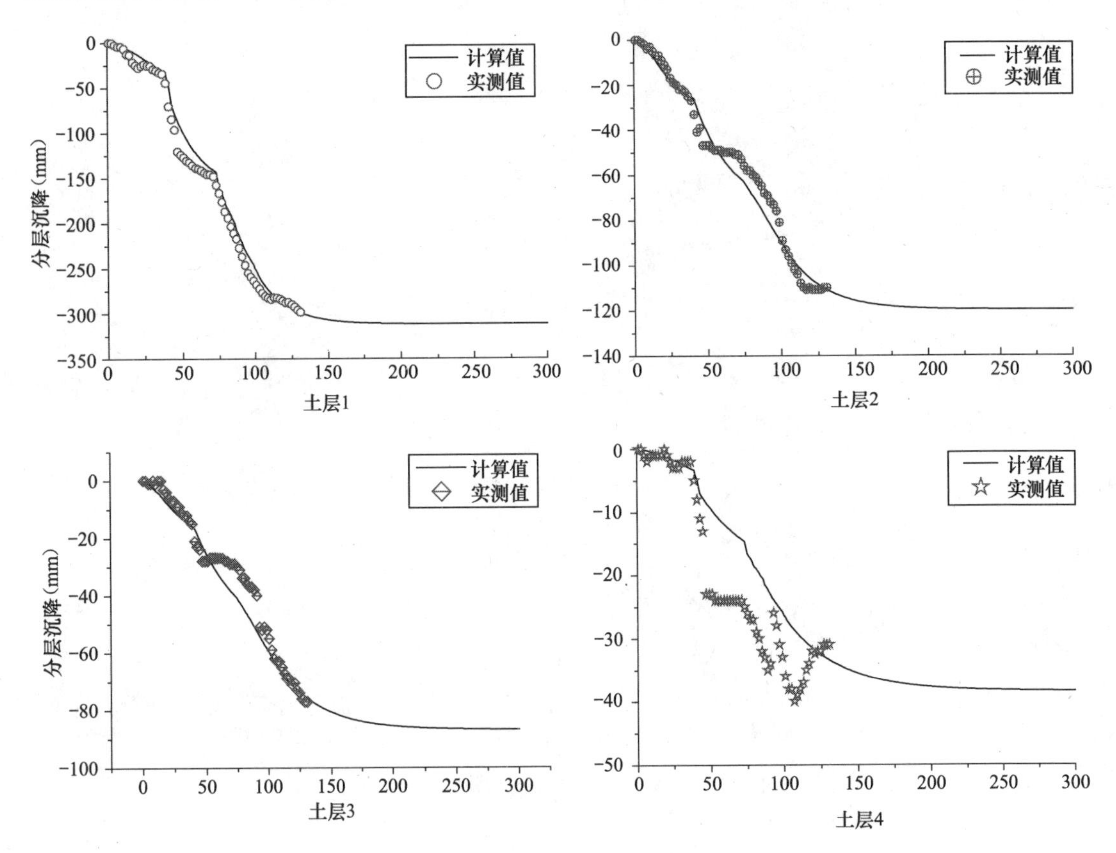

图 3-24　土层 1～土层 4 反演参数拟合曲线

土层 1～土层 4 参数反演值　　**表 3-15**

序号	$C_h\times10^{-3}$(cm²/s)		$C_v\times10^{-3}$(cm²/s)		最终沉降（mm）	
	反演值	室内试验值	反演值	室内试验值	反演值	经验预测值
土层 1	2.83	2.65	4.1	3.01	310	297
土层 2	3.81	2.37		1.90	117	112
土层 3	2.79	1.78	1.65	1.43	83	77
土层 4		5.04	6.28	5.17	38	32

由表 3-15 可以看出，反演得到的固结系数普遍略高于室内试验结果，这一方面是由于计算所采取的土层划分是以分层沉降磁环的设置为依据，而不是按自然土层划分的，另一方面是由于理论计算是基于一维固结理论的，与实际情况有差别，如土层 2 只考虑了水平向排水固结，实际上由于其上下表面压力及孔压边界条件的差别，孔隙水也会沿竖向排

出；土层 4 只考虑了竖向排水，实际上水平向也会产生孔压消散。但只要在后续三维数值分析时采取对应的参数设置方法，如第 2 层水平固结系数按反演值设置，而竖向设置为很小值，再对参数进行微调，即可得到等效的计算结果。这在后面有进一步说明。

反演得到的最终沉降与经验预测结果较接近，从偏于安全考虑，后续分析中采用较大值。图 3-25 给出了土层 1～土层 4 顶面累计沉降拟合曲线，图 3-26 给出了根据反演参数计算得到的各土层的固结度-时间曲线。

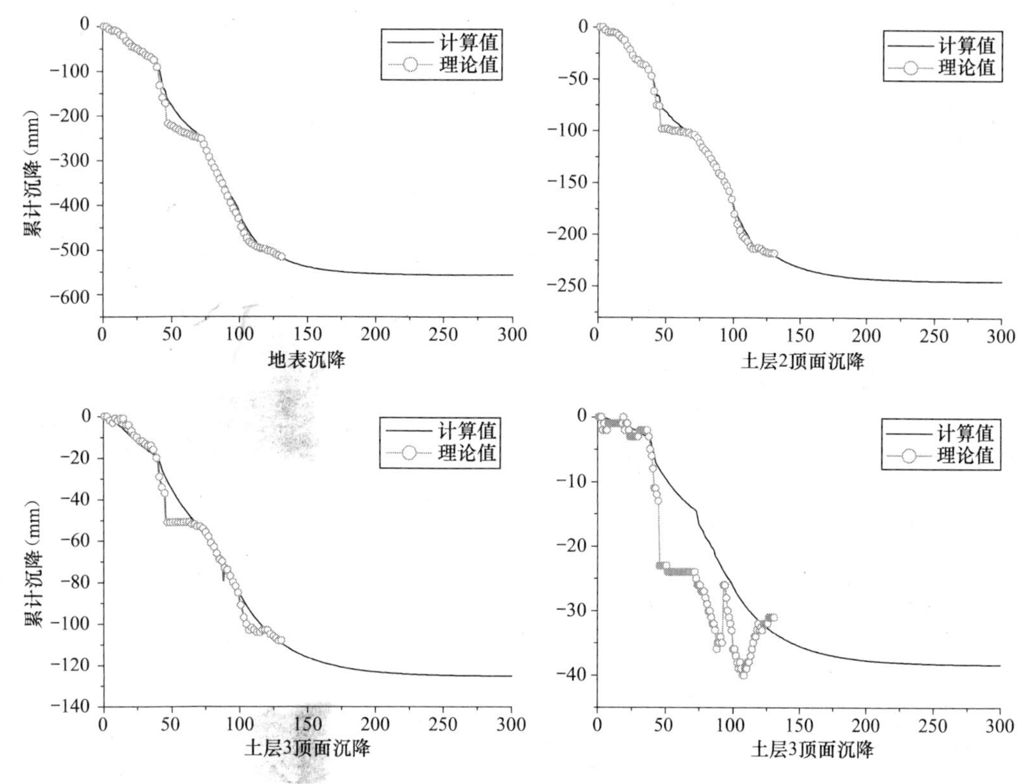

图 3-25 土层 1～土层 4 顶面累计沉降拟合曲线

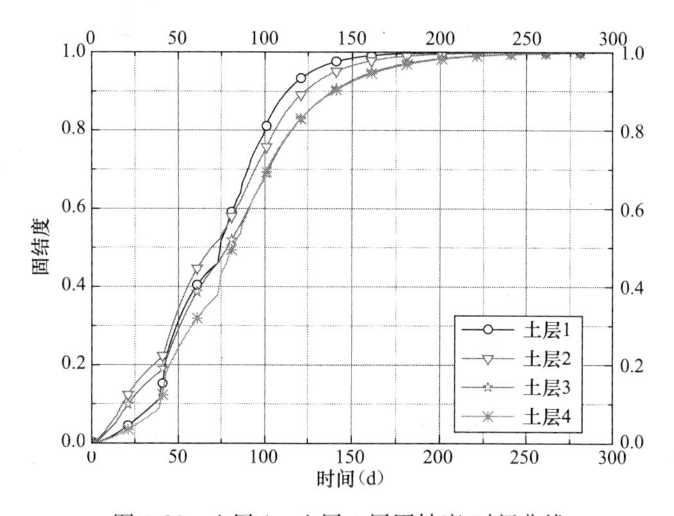

图 3-26 土层 1～土层 4 层固结度-时间曲线

3. 小结

基于 Terzaghi 一维固结理论和多目标非线性规划方法，对试验Ⅰ区 FC2 孔和试验Ⅱ区 FC4 孔的沉降观测资料进行了反演分析，得到了各土层竖向和水平向固结系数及最终沉降预测值的最优化结果。

分析表明，这两个监测孔土层特性参数的反演结果比较接近，且与室内试验成果也较为接近，因此可以认为反演结果是可靠的，同时这也进一步验证了沉降监测资料的可靠性。

3.2.5 三维有限元分析模型及参数

本节根据设计资料和前面反演得到的有关参数建立三维有限元模型，首先根据最终沉降量预测值反演得到各土层的变形模量，然后基于 Biot 三维固结理论和多目标非线性规划方法对各土层的固结系数进行进一步优化，以保证以后所进行的分析的可靠性。从前面的分析可以看出，试验Ⅰ、Ⅱ区各土层的固结速度基本相当，但Ⅱ区的沉降明显大于Ⅰ区，因此本节只针对Ⅱ区进行三维有限元反演分析。下面首先对 Biot 三维固结理论进行简要介绍。

1. Biot 方程

饱和土力学问题的控制方程是 Biot 方程，应用 Galerkin 加权残数法，可以得到 Biot 方程的有限元离散格式如下式。

$$\begin{bmatrix}[M] & [0]\\ [0] & [0]\end{bmatrix}\begin{Bmatrix}\{\ddot{u}\}\\ \{\ddot{p}\}\end{Bmatrix}+\begin{bmatrix}[0] & [0]\\ [Q]^{\mathrm{T}} & [C]\end{bmatrix}\begin{Bmatrix}\{\dot{u}\}\\ \{\dot{p}\}\end{Bmatrix}+\begin{bmatrix}[K] & [Q]\\ [0] & [H]\end{bmatrix}\begin{Bmatrix}\{u\}\\ \{p\}\end{Bmatrix}=\begin{Bmatrix}\{F\}\\ \{\bar{F}\}\end{Bmatrix} \tag{3-11}$$

其中，$\{u\}$ 是土骨架节点位移列向量；$\{p\}$ 是节点孔压列向量；$\{F\}$ 是土骨架所受荷载；$\{\bar{F}\}$ 是孔压场荷载。各类参数矩阵按下式确定：

$$\begin{aligned}
[K] &= \int_{\Omega}[B]^{\mathrm{T}}[D][B]\mathrm{d}\Omega\\
[Q] &= -\int_{\Omega}[B]^{\mathrm{T}}\{m\}[\bar{N}]\mathrm{d}\Omega\\
[M] &= -\int_{\Omega}[N]^{\mathrm{T}}\rho[N]\mathrm{d}\Omega\\
[H] &= -\int_{\Omega}(\{\nabla\}[\bar{N}])^{\mathrm{T}}[\kappa]\{\nabla\}[\bar{N}]\mathrm{d}\Omega\\
[C] &= -\int_{\Omega}[\bar{N}]^{\mathrm{T}}\beta[\bar{N}]\mathrm{d}\Omega
\end{aligned} \tag{3-12}$$

其中，Ω 为求解域；D 为排水条件下的弹性系数；$[\kappa]$ 为渗透系数矩阵；$\beta=\frac{n}{K_{\mathrm{f}}}$；$n$ 为孔隙率；K_{f} 为流体的体积模量；$[N]$ 和 $[\bar{N}]$ 是 $\{u\}$、$\{p\}$ 的形状函数矩阵。

2. 三维有限元模型

根据试验Ⅱ区的地质勘查资料以及分层沉降磁环的埋设位置，计算区域深度范围内所包含的土层见表 3-16。

计算模型地基分层　　**表 3-16**

土层编号	厚度（m）	自然土层
1	4.1	①填土+②褐黄～灰黄色粉质黏土
2	4.4	②褐黄～灰黄色粉质黏土+$③_1$ 灰色淤泥质粉质黏土

续表

土层编号	厚度（m）	自然土层
3	3.6	③$_1$ 灰色淤泥质粉质黏土＋③$_2$ 灰色黏土
4	7.4	③$_2$ 灰色黏土＋④$_1$ 暗绿～草黄色粉质黏土
5	6.5	④$_2$ 草黄色粉质黏土
6	6.5	④$_2$ 草黄色粉质黏土
7	10.0	⑤$_3$ 灰色黏土层
8	5.0	⑥灰绿～草黄色粉质黏土
累计	47.5	

其中土层 1～土层 4 采用前面反演分析得到的有关参数，其余土层由于沉降量较小，对工程影响不大，故直接采用室内试验成果，见表 3-17。

土层 5～土层 8 计算参数　　表 3-17

土层编号	压缩模量（MPa）	泊松比	固结系数×10^{-3}(cm^2/s)	
			水平向	竖直向
5	18.0	0.32	9.65	4.97
6	18.0	0.32	9.65	4.97
7	10.0	0.34	1.95	2.31
8	20.0	0.3	3.07	3.93

为简化分析，将试验区Ⅱ区近似等效为 75m×45m 的矩形，整个地基用 8 节点 6 面体单元划分，堆土用外加荷载模拟。由于实际工程中排水板的间距为 1.3m，而 8 节点 6 面体单元采用线性函数，为考虑紧邻排水板间的孔压变化，必须在两排水板间设置至少 3～5 个单元，结果会造成模型自由度过多，计算效率很低，因此此处采用等效方法处理，即将排水板间距扩大 10 倍，而将插打排水板范围的地基水平向渗透系数扩大 100 倍，以保证固结系数不变。由于前面反演分析时未考虑井阻和涂抹效应，此处也不考虑这两个因素的影响。整个计算区域的三维有限元网格划分如图 3-27 所示。

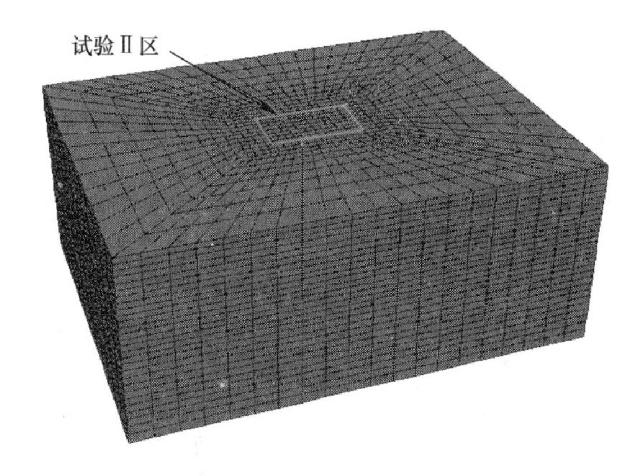

图 3-27　有限元分析模型

3. 土层特性参数反演值的优化

根据土层 1～土层 4 的最终沉降预测值，利用三维有限元分析方法和多目标非线性优化技术，可以得到土层 1～土层 4 的变形模量反演值，见表 3-18 所示。

土层 1～土层 4 计算参数反演结果　　表 3-18

土层编号	变形模量（MPa）	泊松比	固结系数×10^{-3}(cm^2/s)	
			水平向	竖直向
1	0.88	0.35	2.85	4.10
2	2.70	0.33	3.81	1.00

续表

土层编号	变形模量（MPa）	泊松比	固结系数×10^{-3}(cm^2/s)	
			水平向	竖直向
3	3.20	0.34	2.79	1.65
4	17.0	0.32	4.15	6.28

然后，根据前面反演分析得到的土层1～土层4的固结系数，依据堆载中心处各土层顶面固结沉降时程与FC4孔各磁环的沉降记录对比，在考虑地基应力扩散以及实际边界条件影响的基础上，对各土层的固结系数进行微调和优化，最终结果列于表3-18中。

图3-28给出了直接利用前面反演得到的参数时，利用三维有限元方法得到的土层1至土层4分层沉降值与实测值的比较。可以看出，除第4层差距较大外，其余土层的分层沉降均还是吻合较好的，这说明土层1～土层3实际固结情况和Terzaghi一维固结理论的假设比较符合，同时也说明前面得到的反演结果是可以用于三维有限元分析的。图3-29给出了对参数进行微调优化后，利用三维有限元方法计算结果与实测值的对比。

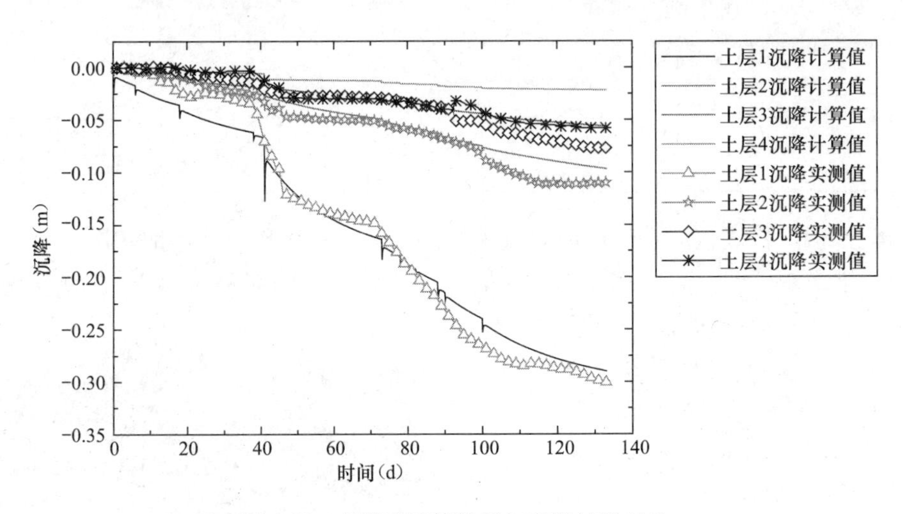

图3-28　有限元计算结果与实测结果对比

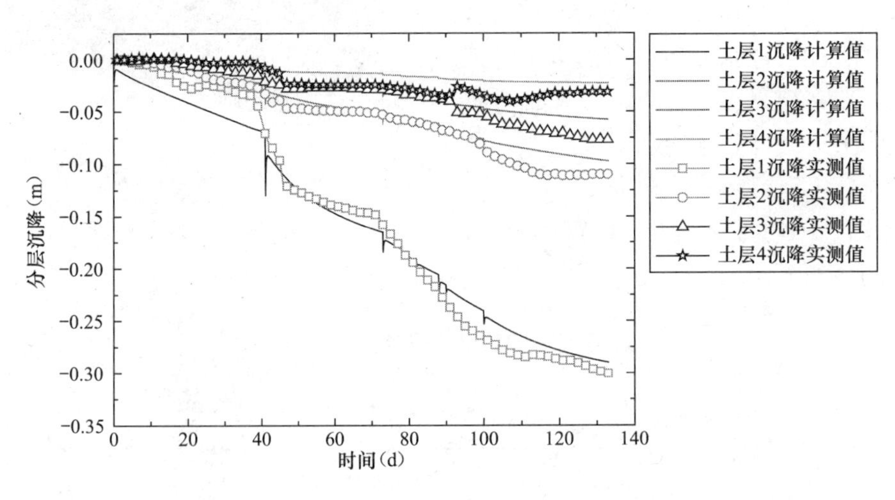

图3-29　参数优化微调后有限元计算结果与实测结果对比

图 3-30 给出了采用优化后的土层特性参数计算得到的各土层顶面孔压时程曲线，图 3-31、图 3-32、图 3-33 分别给出了监测资料截止时间（2008 年 5 月 16 日）土层中各点沉降、水平位移及超孔压等值线图。

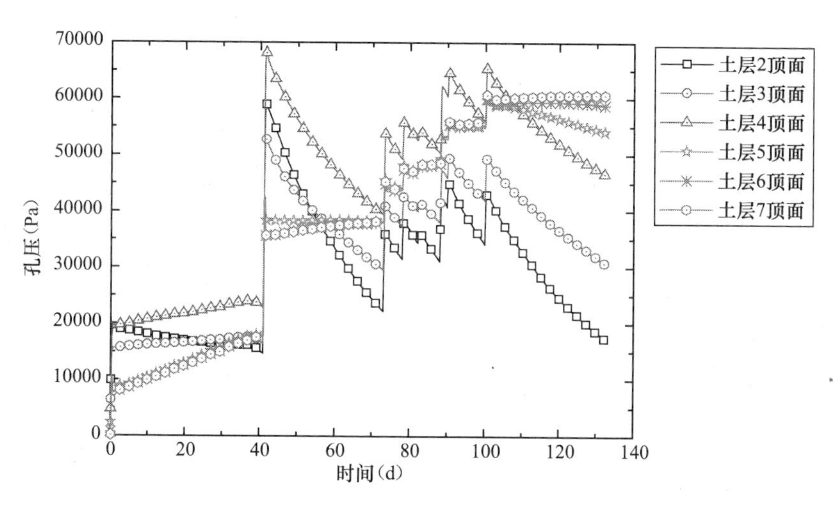

图 3-30 各土层顶面孔压计算结果

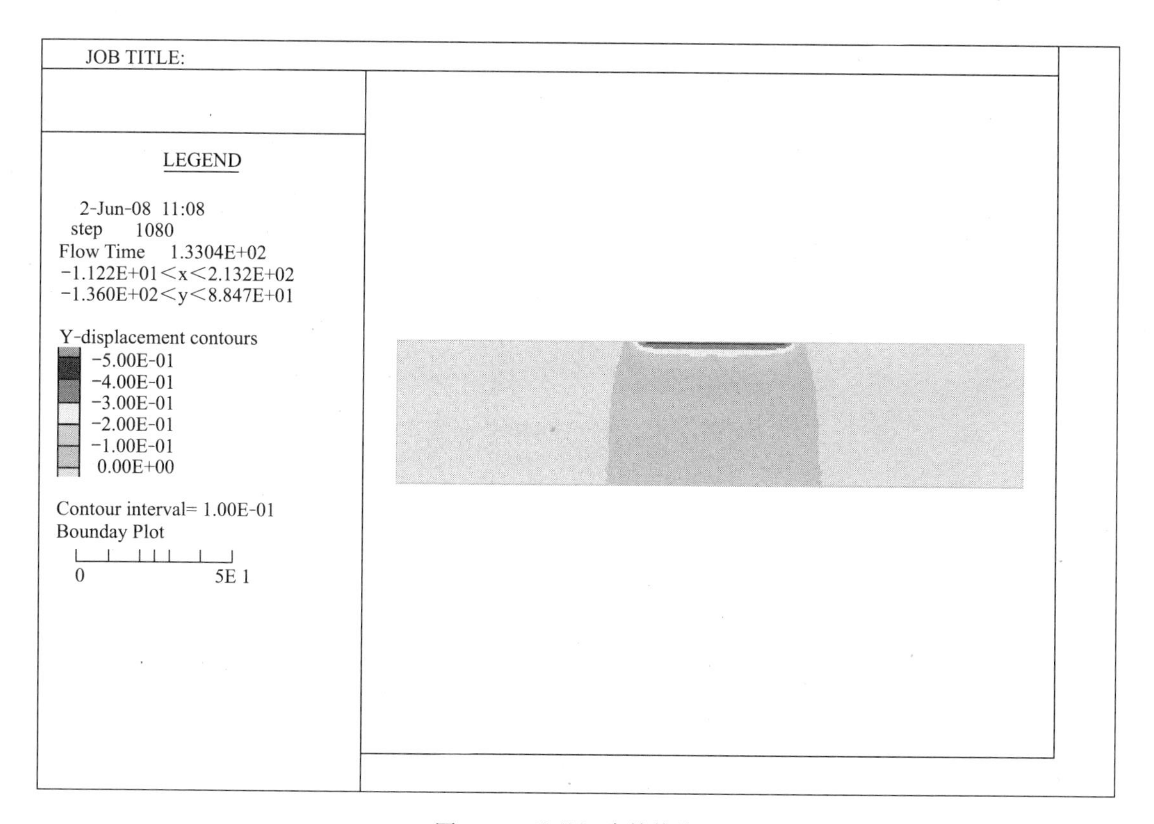

图 3-31 地基沉降等值线图

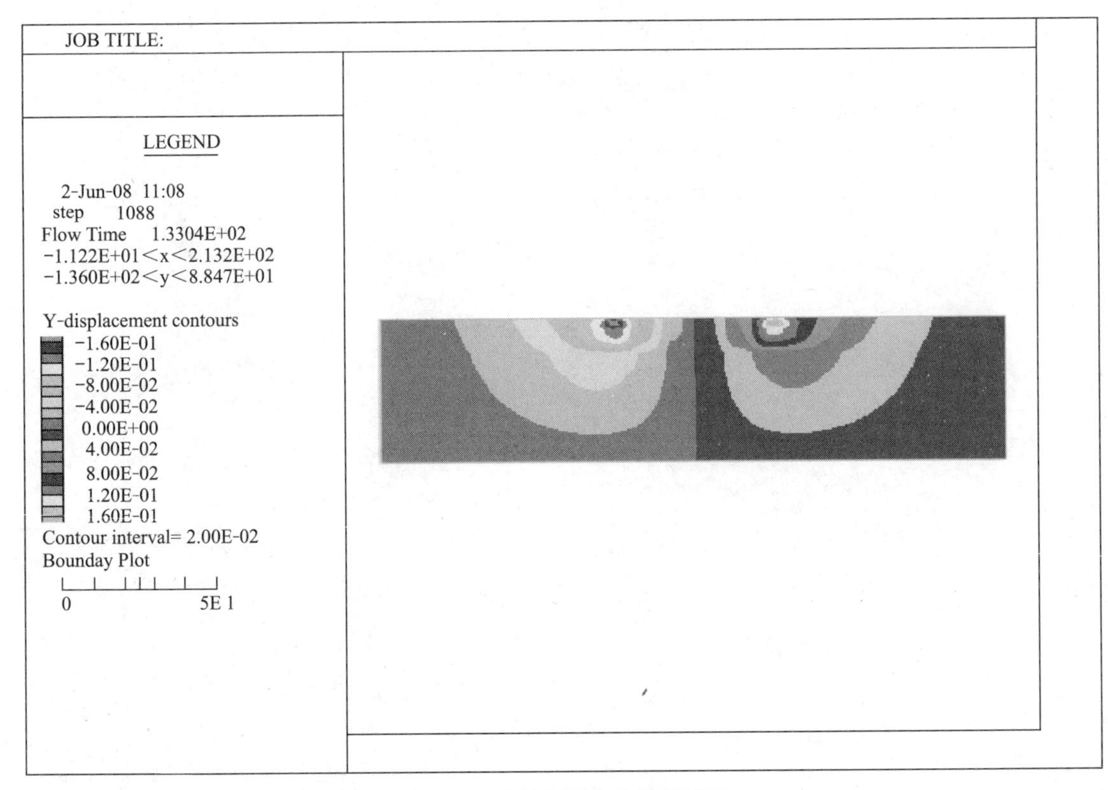

图 3-32　地基水平位移等值线图

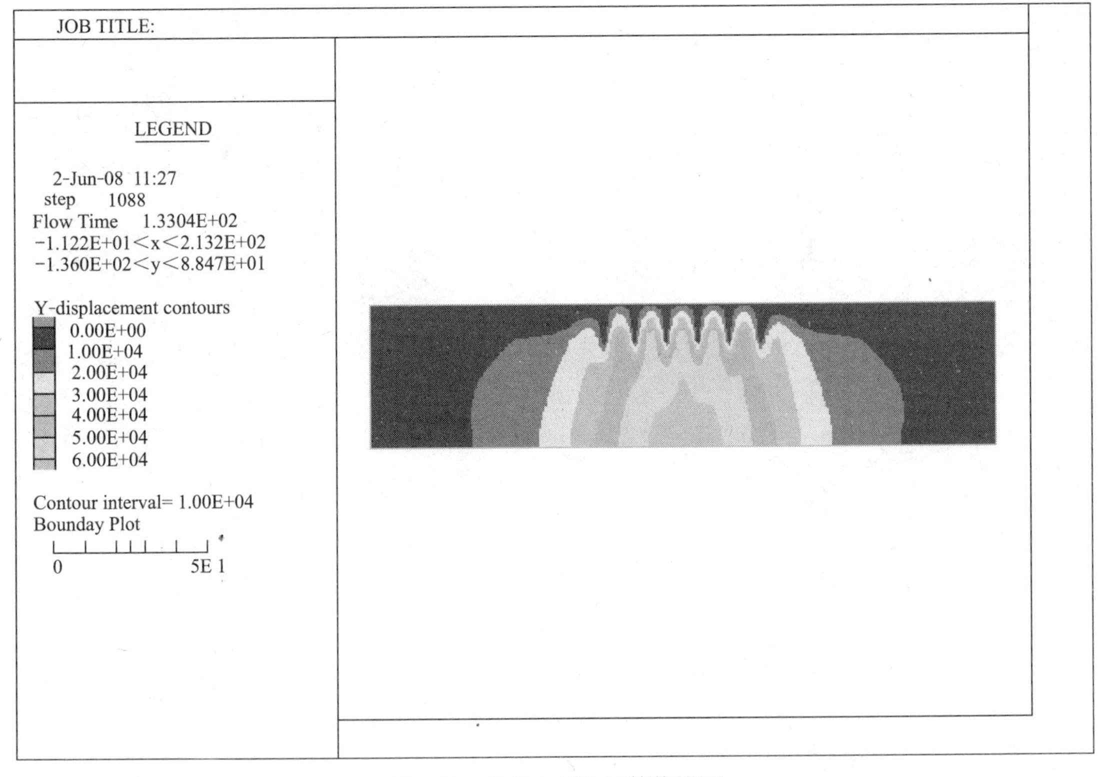

图 3-33　地基中超孔压等值线图

4. 小结

本节根据设计资料和前面反演得到的有关参数建立三维有限元模型，并对各土层的变形模量、固结系数进行了反演和优化，考虑了地基应力扩散和实际边界条件的影响等因素，最终得到了各土层的最优化计算参数，为后续分析打下了基础。

3.3 高填土施工工序分析及建议

由于拟建场地表层为填土及薄层黏性土，地基土浅部（埋深10m以内）主要为软塑～流塑状的软弱黏性土层，其工程性能极差，是典型的高压缩性软土层。背景工程拟完成环辰山的人工地形堆筑，堆土带宽度不一（40～200m），堆土高度一般为2.5～10.5m（自地面算起），一次性加载场地存在整体稳定问题，需要考虑分级加载，每级堆载的高度和加载时间由地基固结情况和高填土地基整体稳定情况来确定，下一级填土堆载必须在前一级填土堆载稳定后方可实施。本节基于Terzaghi一维固结理论，利用前面得到的地基固结系数，对地基承载力随固结过程的增长情况进行计算，进而初步确定堆土加载计划。

3.3.1 计算方法与步骤

（1）对于饱和软黏土，一般可按下式计算第一级容许施加的荷载 P_1：

$$P_1 = 5.52C_u/k \tag{3-13}$$

其中，k 为安全系数，一般取1.1～1.5；C_u 为不排水抗剪强度。

（2）计算第一级荷载下地基强度增长值。在 P_1 荷载作用下经过一定时间预压地基强度会提高，提高后的地基强度为：

$$C_{u1} = \eta(C_u + \Delta C'_u) \tag{3-14}$$

其中，$\Delta C'_u$为 P_1 作用下地基因固结而增长的强度，它与土层的固结度有关，一般可先假定一固结度，通常可假定为70%，然后求出强度增量 $\Delta C'_u$；η 为考虑剪切蠕动的强度折减系数，一般取0.8～0.85。

$$\begin{aligned}\Delta C'_u &= \kappa p_1 U_t \\ \kappa &= \frac{\sin\phi\cos\phi}{1+\sin\phi}\end{aligned} \tag{3-15}$$

计算 P_1 作用下达到所确定的固结度与所需要的时间，亦即第二级荷载开始施加的时间。

（3）计算第二级所施加的荷载 P_2：

$$P_2 = 5.52C_{u1}/k \tag{3-16}$$

同样，求出在 P_2 作用下地基固结度达到70%时的强度及所需要的时间，然后计算第三级所施加的荷载，依次可计算出以后各级荷载和停歇时间，从而确定加载计划。

3.3.2 计算成果及堆土施工工序建议

根据地质勘察报告，背景工程浅层地基土承载力特征值见表3-19。

浅层地基土承载力特征值一览表 **表3-19**

层序	静力触探值 P_s (MPa)	标贯击数（次）	重度 (kN/m³)	固结快剪峰值		特征值 f_{ak} (kPa)
				C（kPa）	Φ（°）	
②	0.56	2.9	18.4	17	11.5	75
③1	0.42	2.1	17.9	11	11.7	55

续表

层序	静力触探值 P_s (MPa)	标贯击数 (次)	重度 (kN/m^3)	固结快剪峰值		特征值 f_{ak} (kPa)
				C (kPa)	Φ (°)	
③$_2$	0.57	2.7	17.5	11	9.7	70
④$_1$	3.07	14.0	19.5	36	19.7	230
④$_2$	4.65	17.8	19.3	34	17.4	230

地表第②层土的不排水抗剪强度为 17kPa，计算考虑 1.1 的安全系数，可承担的第一级荷载为 68kPa，相当于堆土高度 3.6m，但考虑到场区内浅层地层分布不均匀，部分勘探孔在埋深 2m 处即发现③$_1$ 土层，为安全考虑，堆载过程也应考虑第③$_1$ 层的地基承载力。③$_1$ 层的不排水抗剪强度为 11kPa，计算考虑 1.1 的安全系数，可承担的第一级荷载为 55kPa，相当于堆土高度 2.9m。因此，对于堆土高度在 2.9m 以下的区域，可以直接堆至预定标高，对于实际堆土高于 2.9m 且③$_1$ 层埋深较大的区域，推荐按表 3-20 的施工工序。

③$_1$ 层埋深较大的区域堆载施工工序建议　　表 3-20

荷载等级	增加堆土高度 (m)	堆土总高度 (m)	恒载时间 (d)	②层固结度 (%)
1	2.5	6.0	25	75
2	0.5	6.5	15	83
3	0.5	7.0	15	87
4	0.5	7.5	15	90
5	0.5	8.0	15	91
6	0.5	8.5	15	92
7	0.5	9.0	15	93
8	0.5	9.5	15	94
9	0.5	10.0		
总计	6.5		130	

对于实际堆土高于 2.9m，且③$_1$ 层埋深较浅的区域，推荐按表 3-21 的施工工序。

③$_1$ 层埋深较浅的区域堆载施工工序建议　　表 3-21

荷载等级	增加堆土高度 (m)	堆土总高度 (m)	恒载时间 (d)	②层固结度 (%)
1	2.5	6.0	40	78
2	0.5	6.5	15	80
3	0.5	7.0	15	82
4	0.5	7.5	15	84
5	0.5	8.0	15	86
6	0.5	8.5	15	87
7	0.5	9.0	15	88
8	0.5	9.5	15	89
9	0.5	10.0	15	90
总计	6.5		160	

对于两个试验区，由于都已完成堆土高度的一半左右，未发现地基稳定性问题，经计算分析，表明这两个试验区的地基稳定主要是由②层土控制。对于试验Ⅰ区已完成堆载

10.1m，至5月16日堆载2天，②层固结度为86%，计算表明，在当前状态下先恒载15d，然后保持每15d新增堆土高度0.5m的速度，可满足地基承载力要求，经过105d堆载达到最终要求高度13.5m，地基承载力达到185.0kPa，工后沉降8.5cm。推荐的施工工序见表3-22。

试验Ⅰ区继续堆载施工工序建议　　表3-22

荷载等级	增加堆土高度（m）	堆土总高度（m）	恒载时间（d）	②层固结度（%）
1	0.0	10.1	15	94
2	0.5	10.6	15	94
3	0.5	11.1	15	95
4	0.5	11.6	15	95
5	0.5	12.1	15	95
6	0.5	12.6	15	95
7	0.5	13.1	15	96
8	0.4	13.5		
总计	3.4		105	

表3-23给出了堆土完成时刻土层1～土层4的固结度及工后沉降。

堆土完成时刻土层1～土层4的固结度及工后沉降　　表3-23

编　号	最终沉降（mm）	固结度（%）	工后沉降（mm）
土层1	516	92	41
土层2	133	89	15
土层3	123	86	17
土层4	96	88	12
总计	868		85

至5月16日，试验Ⅱ区已完成堆载高度9.2m，并且保持恒载34d，②层固结度95%，计算表明，在当前状态下保持每15d新增堆土高度0.5m的速度，可满足地基承载力要求，经过120d堆载达到最终要求高度13.5m，地基承载力达到180.0kPa，工后沉降9.3cm。推荐的施工工序见表3-24。

试验Ⅱ区继续堆载施工工序建议　　表3-24

荷载等级	增加堆土高度（m）	堆土总高度（m）	恒载时间（d）
1	0.5	9.7	15
2	0.5	10.2	15
3	0.5	10.7	15
4	0.5	11.2	15
5	0.5	11.7	15
6	0.5	12.2	15
7	0.5	12.7	15
8	0.5	13.2	15
9	0.3	13.5	
总计	4.3		120

表 3-25 给出了堆土完成时刻土层 1～土层 4 的固结度及工后沉降。

堆土完成时刻土层 1～土层 4 的固结度及工后沉降　　表 3-25

编号	最终沉降（mm）	固结度（%）	工后沉降（mm）
土层 1	544	92	43
土层 2	205	89	23
土层 3	146	87	19
土层 4	67	88	8
总计	962		93

3.3.3　施工工序小结

本节计算分析表明，对于实际堆土高度小于 2.9m 的区域，可直接堆至预定标高，对于高度大于 2.9m 的区域，应区分两种情况：（1）第③$_1$ 层埋深较浅的区域；（2）第③$_1$ 层埋深较浅的区域。对于第（1）种情况，建议第一级堆载 2.5m，恒载 25d，然后按每 15d 以 0.5m 高的速率施工；对于第（2）种情况，建议第一级堆载 2.5m，恒载 40d，然后按每 15d 以 0.5m 高的速率施工。对于试验区，根据以往监测资料的分析，应该主要是由第②层土的承载力控制，以后的堆载建议保持每 15d 以 0.5m 高的速率，经过 3～4 个月堆至预定标高，堆土完成时工后沉降 8～9cm，平均固结度可达到约 90%。

第四章　控制高填土对紧邻建筑物不利影响措施研究

4.1　减少高填土不利影响的基本思路

背景工程邻近主体建筑的绿环高填方是需要人工填筑形成的，它将影响紧邻的建筑物安全与稳定。它的特点是：不同于普通的建筑边坡，并非是常规建筑开挖或土方平衡填筑形成的边坡，而是建筑景观的一部分，需要长期永久存在及使用的。

现行国家标准《建筑边坡工程技术规范》（GB 50330—2002）规定，边坡变形控制应满足下列要求：

（1）工程行为引发的边坡过量变形和地下水的变化不应造成坡顶建（构）筑物开裂及其基础沉降差超过允许值。

（2）支护结构基础置于土层地基时，地基变形不应造成邻近建（构）筑物开裂和影响基础桩的正常使用。

（3）应考虑施工因素对支护结构变形的影响，变形产生的附加应力不得危及支护结构安全。

背景工程邻近主体建筑的绿环高填土的变形要求可参照建筑边坡考虑。按照《建筑边坡工程技术规范》的要求，结合背景工程自身的特点与现实，设计绿环边坡的变形控制应满足下列要求：

（1）不应造成相邻建筑物基础较大的不均匀沉降及开裂。

（2）不能影响建筑物工程桩基的正常使用。

质量是工程的前提，而时间和费用是工程完成的两个重要因素，它们相互矛盾又相互关联，特别是时间在背景工程中的要求更为“苛刻”。

根据第一章中高填土对相邻建筑不利影响的分析，绿环高填土的影响后果是严重的，时间上是久远的。若要等高填土的影响完全消散，再进行主体结构的施工，显然不能满足工期的要求；若不考虑合理的施工工序，而主要靠主体结构基础的加强消化不利影响，显然属于不合理的“硬扛”。

解题的思路：在规定的工期内，选取合理的措施确保工程质量，并尽可能地节约工程造价，即找到时间与费用的最佳交点。

为了实现以上目标，时间及费用两大要素需要贯穿设计及施工全过程，经过周密探讨与分析，减少高填土对相邻建筑物不利影响的基本思路如下：

（1）主体建筑与高填土间建立隔离缓冲带，减少高填土对主体结构的不利影响。

（2）优化绿环与主体建筑的施工顺序，尽可能减小紧邻主体建筑物附近高填土的工后沉降及不利影响。

（3）本书第二章第 2.3 节中绿环高填方对紧邻建筑物的上部水平力影响分析，“地震作用下的高填土对主体结构水平荷载难以准确考虑，此外主体结构基础也难以承担较大的不平衡水土侧压力”。对此，在主体建筑外周高填土相应位置设置挡土墙，以抵抗并承担高填土的上部各工况下水平荷载；挡土墙与主体建筑之间设置构造空间，将主体建筑与高填土完全隔断，避免高填土与主体建筑的直接联系，简化未固结的高填土与主体结构之间的抗震影响。

4.2　针对性措施方案选择与比较分析

4.2.1　初步方案及优化方案的主要内容

考虑到高填方自身稳定及对紧邻建筑物的影响难点问题，针对上海辰山植物园工程的总体方案，重点考虑安全、造价和工期等重要因素；经过前期大量的分析与论证，针对本项目的两个有效措施方案内容见表 4-1，两个方案的典型剖面示意图如图 4-1、图 4-2 所示。两个方案均经过周密策划及精心设计，都是可行的。其中初步方案是较早形成的，并经过科技委专家论证了可行性，但在时间及费用的严格控制下，经过进一步的深入分析及精确考量，调整初步方案并最终形成了优化方案。

针对性措施方案的内容要点　　**表 4-1**

初步方案	优化方案
（1）主体建筑采用桩基：普通桩基础； （2）紧邻主体建筑的绿环实施地基处理：预排水固结处理； （3）减少紧邻主体建筑的绿环堆载：邻近主体建筑局部用 EPS 填充； （4）绿环尽可能先行堆砌，减少工后沉降	（1）主体建筑采用桩基：普通桩基础； （2）紧邻主体建筑的绿环实施地基处理：减沉路堤桩处理； （3）远离主体建筑的绿环实施地基处理：预排水固结处理； （4）路堤桩范围外绿环尽可能先行堆砌，减少工后沉降； （5）通过多种途径使得挡土墙水平力相互平衡，包括采用加筋土直立挡墙

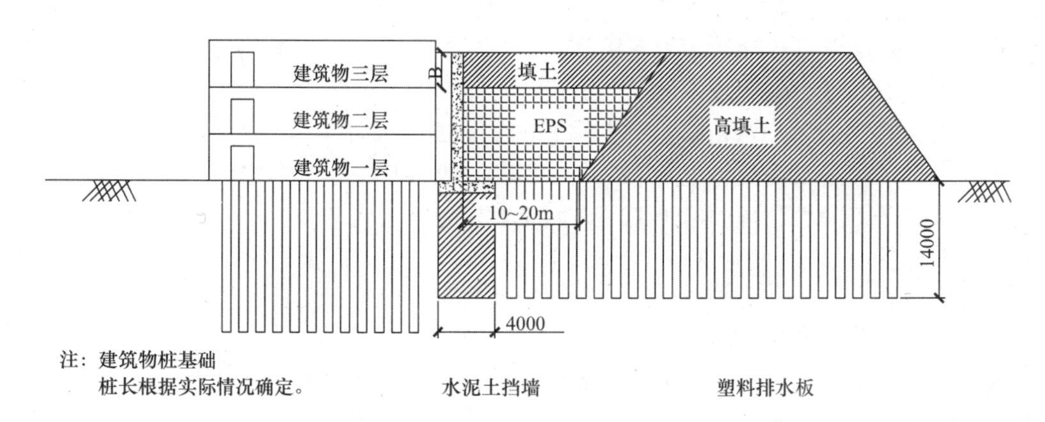

图 4-1　初步方案典型剖面示意图

初步方案具体内容：主体建筑物基础采用桩基础，具体桩型及长度根据计算分析确定。绿环靠近建筑物一侧采用垂直挡墙方案，墙后采用轻质 EPS 填充，EPS 上方覆土厚度为 3m 以满足种植要求，EPS 充填在科研中心建筑附近的长度范围约为 10～20m。为减小高填土堆载对建筑物地基基础的影响，在挡土墙下部设置水泥搅拌桩挡墙，水泥土挡墙宽度为4～6m，深度为14m。初步方案的布置示意图如图4-1所示。绿环填土高度大于5m部位（建筑物一侧挡土墙地基除外，该部位采用水泥搅拌桩加固）先铺设0.5～1.0m厚的砂垫层，打设长14m塑料排水板进行预排水固结处理。

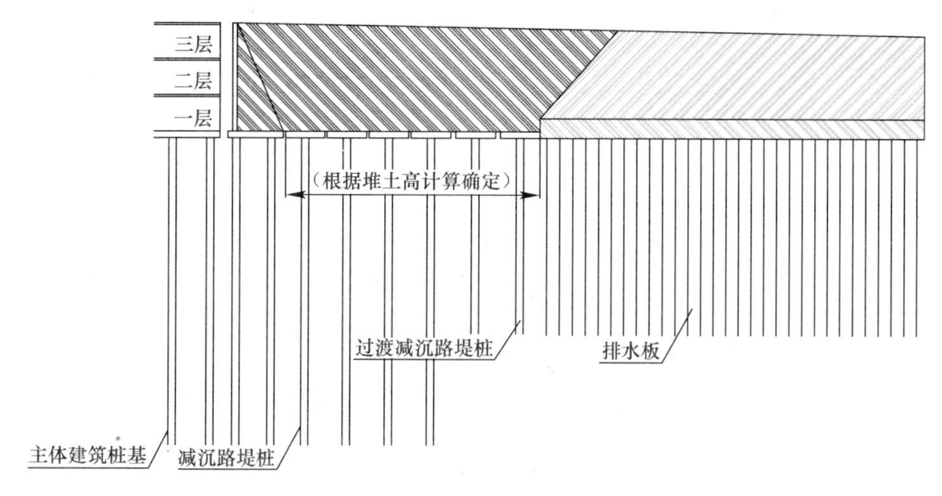

图4-2 优化方案典型剖面示意图

初步方案中对紧邻主体建筑绿环局部充填一定范围的EPS、基础边界一定范围内打水泥搅拌桩及地基排水固结处理能够控制地表竖向沉降，综合减小高填方对主体建筑桩基的弯矩、剪力、水平偏位及不均匀沉降效应。另外，排水预固结能使不利于周边环境的浅层土固结尽快完成，以减少工后变形，从而减少高填方对主体建筑桩基的不利影响。

4.2.2 初步方案及优化方案的对比分析

初步方案与优化方案的经济对比分析：根据高填方绝对标高达到8.000m、12.000m时的两种不同情况进行针对性方案设计，其相应的结构设计如图4-3～图4-6所示；另外，根据以上每种情况进行工程造价测算，经济性详细分析过程及结果见表4-2。

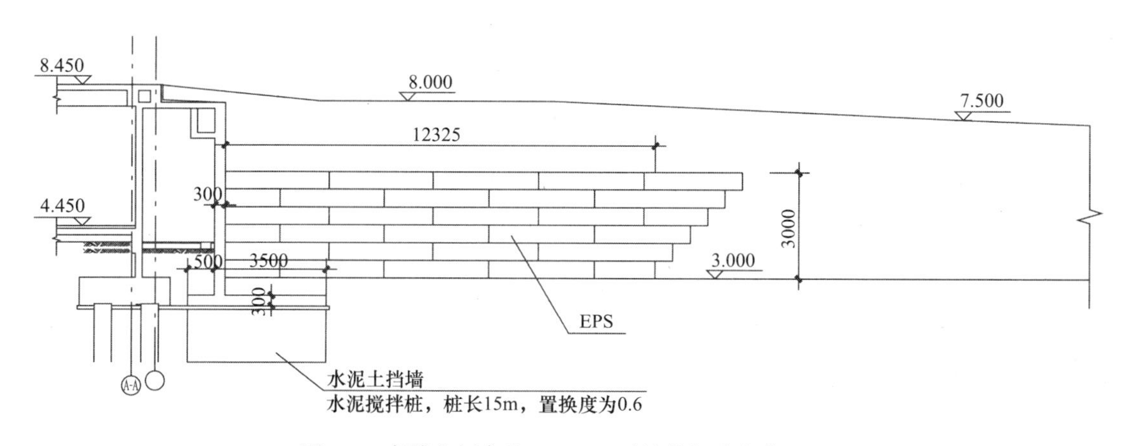

图4-3 高填土标高为8.000m时结构初步方案（一）

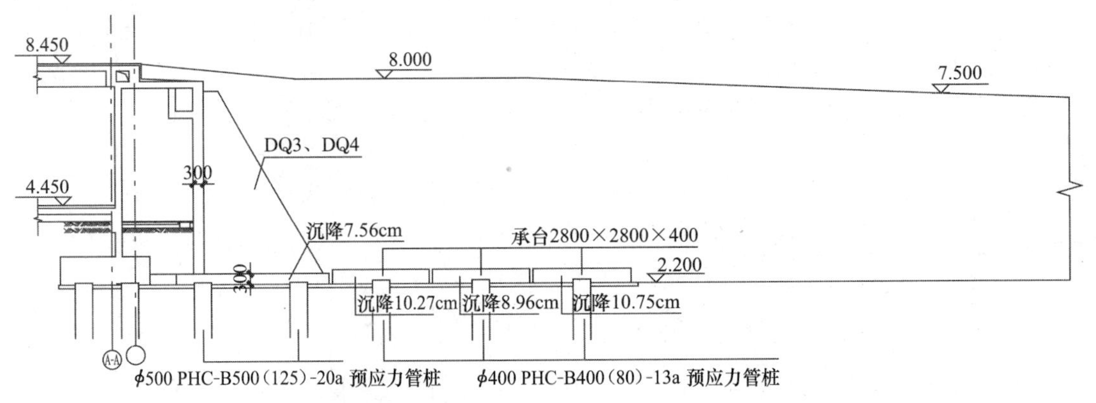

图 4-4　高填土标高为 8.000m 时结构优化方案（一）

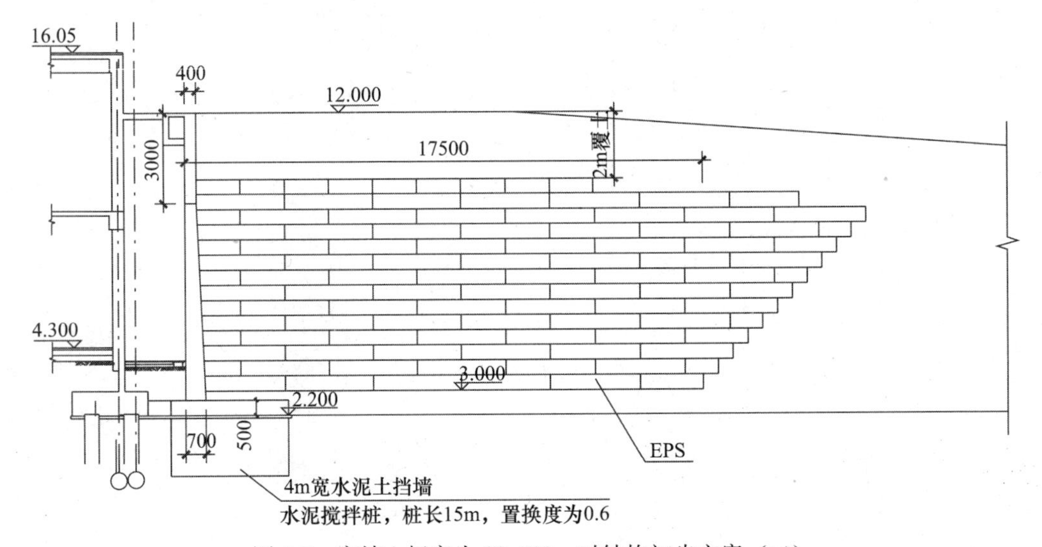

图 4-5　高填土标高为 12.000m 时结构初步方案（二）

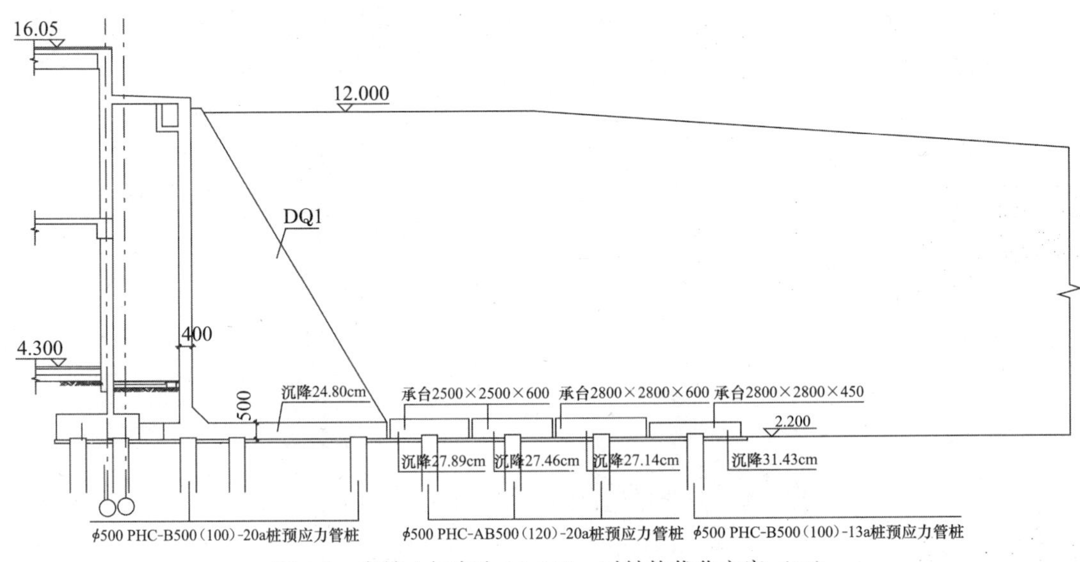

图 4-6　高填土标高为 12.000m 时结构优化方案（二）

初步与优化方案费用对比 **表 4-2**

组合报表［高填土标高为 12.000m 时结构初步方案（二）］

工程名称：单价测算
编制单位：

	编号	名称	单位	单价（元）	合价（元）	工程量
		EPS 处理（12m 标高、17m 宽）	延米	173，235.64	173，236	1.00
1	2-5-7 换	深层搅拌桩（水泥掺量 60%）1 喷 2 搅	m^3	605.80	36，348	60.00
2	1-1-10	平整场地	m^2	4.91	98	20.00
3	4-8-1 换	现浇泵送混凝土 基础垫层 现浇泵送混凝土（5-40）C20	m^3	376.37	158	0.42
4	4-1-1	模板 基础垫层 素混凝土带基	m^2	43.43	9	0.20
5	4-8-4	现浇泵送混凝土 满堂基础 地下室底板 现浇泵送混凝土（5-40）C30	m^3	375.53	751	2.00
6	4-1-2	模板 钢混凝土带基	m^2	60.35	60	1.00
7	4-4-3	钢筋 满堂基础 地下室底板	t	4，348.66	1，044	0.24
8	4-8-11	现浇泵送混凝土 地下室墙 挡土墙 现浇泵送混凝土（5-40）C30	m^3	388.69	1，813	4.67
9	4-1-27	模板 地下室墙 挡土墙	m^2	39.27	730	18.60
10	4-4-12	钢筋 地下室墙、挡土墙	t	4，495.93	2，517	0.56
11	2-1-32 换	铺设排水板	m^2	27.36	397	14.50
12	9-2-25 换	EPS 聚苯泡沫板填充	m^3	849.09	104，013	122.50
13	2-1-32	铺设土工布	m^2	14.73	258	17.50
14	1-2-26	填土碾压 内燃压路机	m^3	6.09	213	35.00
15	BC	外购土方来源	m^3	50.00	1，750	35.00
1	直接费	直接费			150，159	
2	其中人工费	人工费			44，614	
3	其中材料费	材料费			102，816	
4	其中机械费	机械费			2，728	
5	综合费用	［1］×8%			12，013	
6	安全文明施工措施费	（［1］＋［5］）×3.3%			5，352	
7	施工措施费	施工措施费				
8	其他费用	［1］×0%＋（［1］＋［5］＋［6］＋［7］）×0%				
9	税前补差	税前补差				
10	税金	（［1］＋［5］＋［6］＋［7］＋［8］＋［9］）×3.41%			5，713	
11	税后补差	税后补差				
12	甲供材料	-甲供材料				
13	工程施工费	［1］＋［5］＋［6］＋［7］＋［8］＋［9］＋［10］＋［11］＋［12］			173，236	

续表

组合报表［高填土标高为12.000m时结构优化方案（二）］

工程名称：单价测算
编制单位：

	编号	名称	单位	单价（元）	合价（元）	工程量
		PHC管桩处理（12m标高、17.5m宽）	延米	55，747.66	267，589	4.80
16	2-1-17	打钢混凝土管桩 ϕ800mm以内 32m以内	m^3	1，449.58	59，868	41.30
17	2-1-23	送钢混凝土管桩 ϕ800mm以内 桩长32m以内 送深6m以内	m^3	375.96	7，884	20.97
18	5-3-2	混凝土构件 堆卸费	m^3	55.78	2，304	41.30
19	2-1-29	钢混凝土管桩接桩 ϕ450mm以外	个	284.79	4，841	17.00
20	4-9-6	现浇非泵送混凝土 填芯 现浇非泵送混凝土（5-40）C30	m^3	433.88	2，282	5.26
21	2-4-11	灌芯 钢筋笼制作	t	4，616.72	4，940	1.07
22	4-4-41	预埋铁件	t	8，083.30	2，667	0.33
23	1-1-10	平整场地	m^2	4.91	471	96.00
24	4-8-1	现浇泵送混凝土 基础垫层 现浇泵送混凝土（5-40）C30	m^3	380.41	3，250	8.54
25	4-1-1	模板 基础垫层 素混凝土带基	m^2	43.43	42	0.96
26	4-8-4	现浇泵送混凝土 满堂基础 地下室底板 现浇泵送混凝土（5-40）C30	m^3	375.53	6，309	16.80
27	4-1-2	模板 钢混凝土带基	m^2	60.35	290	4.80
28	4-4-3	钢筋 满堂基础 地下室底板	t	4，348.66	8，767	2.02
29	4-8-11	现浇泵送混凝土 地下室墙 挡土墙 现浇泵送混凝土（5-40）C30	m^3	388.69	13，772	35.43
30	4-1-27	模板 地下室墙 挡土墙	m^2	39.27	5，806	147.87
31	4-4-12	钢筋 地下室墙、挡土墙	t	4，495.93	19，117	4.25
32	4-8-1	现浇泵送混凝土 基础垫层 现浇泵送混凝土（5-40）C30	m^3	380.41	2，480	6.52
33	4-1-1	模板 基础垫层 素混凝土带基	m^2	43.43	396	9.12
34	4-8-3	现浇泵送混凝土 独立基础 杯形基础 现浇泵送混凝土（5-40）C30	m^3	380.35	11，967	31.46
35	4-1-4	模板 独立基础	m^2	59.07	2，807	47.52
36	4-4-2	钢筋 独立基础 杯形基础	t	4，446.36	5，602	1.26
37	1-2-26	填土碾压 内燃压路机	m^3	6.09	4，754	781.20
38	2-1-32	铺设土工布（路基）	m^3	14.73	22，265	1，512.00
39	BC	外购土方来源	m^3	50.00	39，060	781.20
1	直接费	直接费			231，943	
2	其中人工费	人工费			18，184	
3	其中材料费	材料费			196，607	
4	其中机械费	机械费			17，152	
5	综合费用	[1] ×8%			18，555	
6	安全文明施工措施费	([1] + [5]) ×3.3%			8，266	
7	施工措施费	施工措施费				

续表

组合报表

工程名称：单价测算
编制单位：

	编号	名称	单位	单价（元）	合价（元）	工程量
8	其他费用	[1] ×0%+ ([1] + [5] + [6] + [7]) ×0%				
9	税前补差	税前补差				
10	税金	([1] + [5] + [6] + [7] + [8] + [9]) ×3.41%			8，824	
11	税后补差	税后补差				
12	甲供材料	-甲供材料				
13	工程施工费	[1] + [5] + [6] + [7] + [8] + [9] + [10] + [11] + [12]			267，589	

组合报表 [高填土标高为 8.000m 时结构初步方案（一）]

工程名称：单价测算
编制单位：

	编号	名称	单位	单价（元）	合价（元）	工程量
		EPS 处理（8m 标高、12.325m 宽）	延米	83，868.61	83，869	1.00
40	2-5-7 换	深层搅拌桩（水泥掺量 60%）1 喷 2 搅	m^3	605.80	36，348	60.00
41	1-1-10	平整场地	m^2	4.91	83	17.00
42	4-8-1 换	现浇泵送混凝土 基础垫层 现浇泵送混凝土（5-40）C20	m^3	376.37	158	0.42
43	4-1-1	模板 基础垫层 素混凝土带基	m^2	43.43	9	0.20
44	4-8-4	现浇泵送混凝土 满堂基础 地下室底板 现浇泵送混凝土（5-40）C30	m^3	375.53	451	1.20
45	4-1-2	模板 钢混凝土带基	m^2	60.35	36	0.60
46	4-4-3	钢筋 满堂基础 地下室底板	t	4，348.66	626	0.14
47	4-8-11	现浇泵送混凝土 地下室墙 挡土墙 现浇泵送混凝土（5-40）C30	m^3	388.69	583	1.50
48	4-1-27	模板 地下室墙 挡土墙	m^2	39.27	393	10.00
49	4-4-12	钢筋 地下室墙、挡土墙	t	4，495.93	809	0.18
50	2-1-32 换	铺设排水板	m^2	27.36	241	8.82
51	9-2-25 换	EPS 聚苯泡沫板填充	m^3	849.09	31，395	36.98
52	2-1-32	铺设土工布	m^2	14.73	181	12.32
53	1-2-26	填土碾压 内燃压路机	m^3	6.09	150	24.65
54	BC	外购土方来源	m^3	50.00	1，233	24.65
1	直接费	直接费			72，696	
2	其中人工费	人工费			15，031	
3	其中材料费	材料费			55，012	
4	其中机械费	机械费			2，653	
5	综合费用	[1] ×8%			5，816	

续表

	编号	名称	单位	单价（元）	合价（元）	工程量
6	安全文明施工措施费	([1] + [5]) ×3.3%			2，591	
7	施工措施费	施工措施费				
8	其他费用	[1] ×0%+ ([1] + [5] + [6] + [7]) ×0%				
9	税前补差	税前补差				
10	税金	([1] + [5] + [6] + [7] + [8] + [9]) ×3.41%			2，766	
11	税后补差	税后补差				
12	甲供材料	-甲供材料				
13	工程施工费	[1] + [5] + [6] + [7] + [8] + [9] + [10] + [11] + [12]			83，869	

组合报表［高填土标高为 8.000m 时结构优化方案（一）］

工程名称：单价测算
编制单位：

	编号	名称	单位	单价（元）	合价（元）	工程量
		PHC 管桩处理（8m 标高、12.325m 宽）	延米	22，816.89	114，084	5.00
55	2-1-17	打钢混凝土管桩 ϕ800mm 以内 桩长 32m 以内	m^3	1，449.58	25，208	17.39
56	2-1-23	送钢混凝土管桩 ϕ800mm 以内 桩长 32m 以内 送深 6m 以内	m^3	375.96	2，226	5.92
57	5-3-2	混凝土构件 堆卸费	m^3	55.78	970	17.39
58	2-1-29	钢混凝土管桩接桩 ϕ450mm 以外	个	284.79	2，848	10.00
59	4-9-6	现浇非泵送混凝土 填芯 现浇非泵送混凝土（5-40）C30	m^3	433.88	955	2.20
60	2-4-11	灌芯 钢筋笼制作	t	4，616.72	2，078	0.45
61	4-4-41	预埋铁件	t	8，083.30	1，132	0.14
62	1-1-10	平整场地	m^2	4.91	368	75.00
63	4-8-1	现浇泵送混凝土 基础垫层 现浇泵送混凝土（5-40）C30	m^3	380.41	799	2.10
64	4-1-1	模板 基础垫层 素混凝土带基	m^2	43.43	43	1.00
65	4-8-4	现浇泵送混凝土 满堂基础 地下室底板 现浇泵送混凝土（5-40）C30	m^3	375.53	2，253	6.00
66	4-1-2	模板 钢混凝土带基	m^2	60.35	181	3.00
67	4-4-3	钢筋 满堂基础 地下室底板	t	4，348.66	3，131	0.72
68	4-8-11	现浇泵送混凝土 地下室墙 挡土墙 现浇泵送混凝土（5-40）C30	m^3	388.69	4，917	12.65
69	4-1-27	模板 地下室墙 挡土墙	m^2	39.27	3，024	77.00
70	4-4-12	钢筋 地下室墙、挡土墙	t	4，495.93	6，825	1.52
71	4-8-1	现浇泵送混凝土 基础垫层 现浇泵送混凝土（5-40）C30	m^3	380.41	1，837	4.83
72	4-1-1	模板 基础垫层 素混凝土带基	m^2	43.43	280	6.44

续表

	编号	名称	单位	单价（元）	合价（元）	工程量
73	4-8-3	现浇泵送混凝土 独立基础 杯形基础 现浇泵送混凝土（5-40）C30	m^3	380.35	6，405	16.84
74	4-1-4	模板 独立基础	m^2	59.07	1，421	24.06
75	4-4-2	钢筋 独立基础 杯形基础	t	4，446.36	2，995	0.67
76	1-2-26	填土碾压 内燃压路机	m^3	6.09	2，063	338.94
77	2-1-32	铺设土工布（路基）	m^2	14.73	9，982	677.88
78	BC	外购土方来源	m^3	50.00	16，947	338.94
1	直接费	直接费			98，887	
2	其中人工费	人工费			8，365	
3	其中材料费	材料费			83，221	
4	其中机械费	机械费			7，301	
5	综合费用	[1] ×8%			7，911	
6	安全文明施工措施费	([1] + [5]) ×3.3%			3，524	
7	施工措施费	施工措施费				

组合报表

工程名称：单价测算
编制单位：

	编号	名称	单位	单价（元）	合价（元）	工程量
8	其他费用	[1] ×0%+ ([1] + [5] + [6] + [7]) ×0%				
9	税前补差	税前补差				
10	税金	([1] + [5] + [6] + [7] + [8] + [9]) ×3.41%			3，762	
11	税后补差	税后补差				
12	甲供材料	-甲供材料				
13	工程施工费	[1] + [5] + [6] + [7] + [8] + [9] + [10] + [11] + [12]			114，084	

从两个方案所需费用对比表 4-2 中可见：优化方案费用显著低于初步方案，根据以上两种高填土堆高情况可见，填土标高越高，优化方案的经济性越显著。以堆高 12m 为例，优化方案较初步方案每延米可节约 10 万元。

分析其主要原因，是初步方案中的 EPS 价格相对较高。虽然优化方案中的混凝土结构及桩基结构费用肯定超过初步方案的相对项目，但仍比 EPS 节约较多。

除经济性能的比较之外，其他工程性能的对比因素有以下一些：

初步方案的时间与质量的不确定性如下：

① 高堆土地基固结时间不确定性及经验缺失。

② 紧邻主体建筑堆土沉降影响不确定性。

③ EPS 最大堆砌高度的稳定性不确定。

④ 混凝土搅拌桩抗水平力刚度不确定性。

⑤ 方案依靠的三维固结理论工程计算不成熟，工程经验不足。

优化方案的优势因素如下：

① 复合桩基在工程界应用及对沉降预估已有成熟经验。

② 上海地区减沉路堤桩使用已有成功经验。

③ 建立减沉路堤桩缓冲隔离带对主体建筑更为安全。

④ 过渡减沉路堤桩的使用使地基沉降均匀过渡，不产生过大突变，更利于保护主体建筑。

⑤ 桩基相互影响计算相对比较成熟，并积累了一定的工程经验。

⑥ 桩基复合挡土墙水平力自身相互平衡，竖向沉降由桩基控制。

由此可见优化方案的确定性在时间工期、质量控制上更胜一筹，全部采用填土实现了绿色环保的低碳建筑要求，与植物园的生态性高度吻合。

4.2.3　针对性优化方案的实施内容与细节

以科研中心建筑为例，其周围填土标高达到 13.500～14.000m（绝对标高），以天然地坪标高 3.000m 计算，最大填土高度在 10.5～11.0m 以上。为此，针对性方案的实施内容如下：

（1）紧邻主体建筑周围高填土支挡结构采用扶壁式挡土墙＋桩基方案，局部挡墙后填土采用单向格栅加筋。

（2）紧邻建筑挡土墙外影响范围内高填土采用路堤桩方案进行地基处理。

（3）建筑周围路堤桩区域外高填土地基采用堆载预压联合塑料排水板固结法。

根据以上实施方案，形成科研中心建筑周围填土分区示意图如图 4-7 所示，方案平面

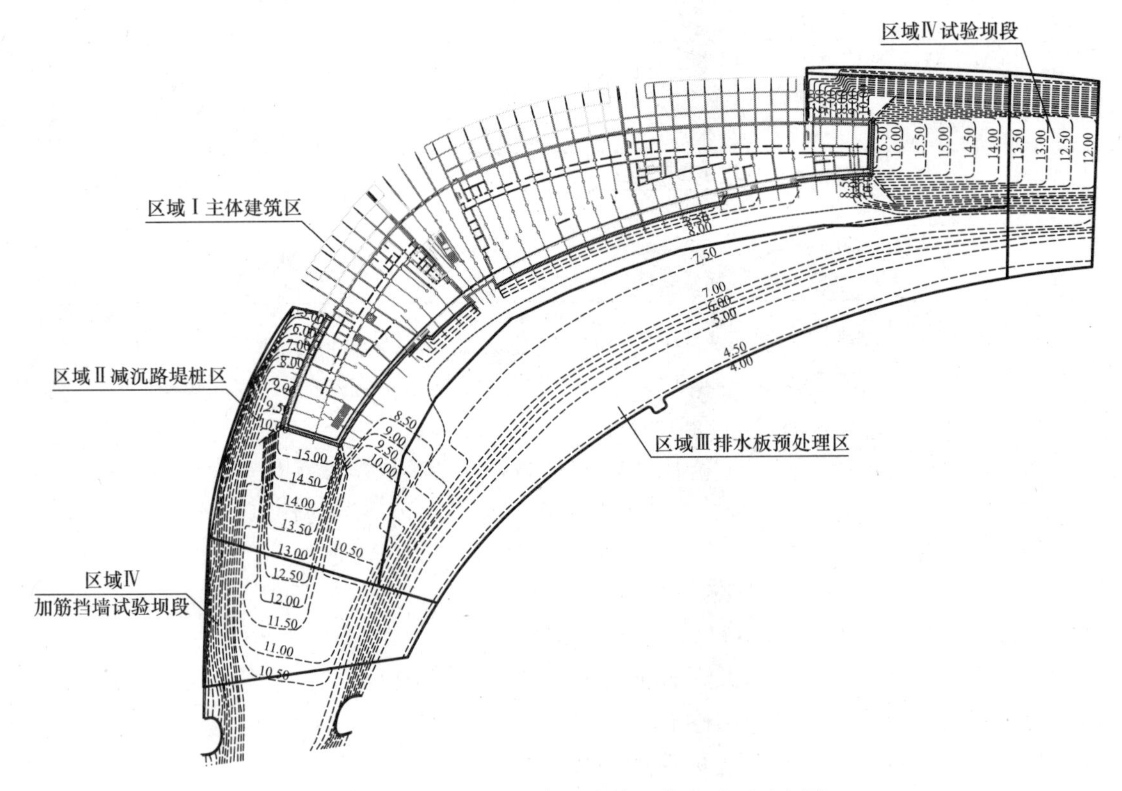

图 4-7　科研中心建筑邻近高填土分区平面示意图

分区的功能意义如下：

（1）Ⅱ区减沉路堤桩隔离水平变形影响。

（2）Ⅱ区减沉路堤桩减少竖向沉降影响。

（3）Ⅲ区排水板预处理加速地基土固结，确保堆土稳定。

（4）Ⅲ区预先堆砌减少工后沉降，控制对减沉路堤桩影响。

（5）Ⅱ区增加过渡减沉路堤桩使其交接面沉降均匀过渡，不产生过大突变。

（6）Ⅱ区与主体Ⅰ区结构间使用复合型挡土墙，隔离水土压力对主体建筑的直接影响。

完善及详细的施工工序设计见图4-8。

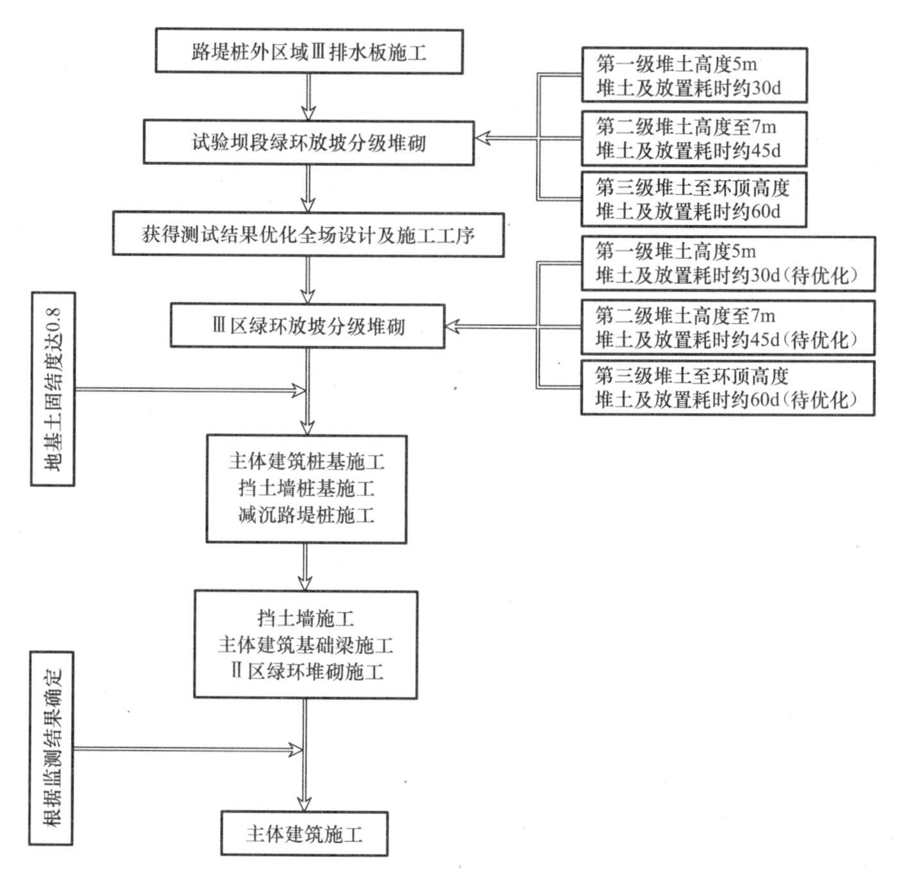

图4-8 施工工序示意图

试验段工程是以验证设计和指导施工为主要目的，其具体内容及结论详见本书第二章。

4.3 减沉路堤桩设计研究

主体建筑与高填土间建立隔离缓冲带，减少高填土对主体结构的不利影响；而减沉路堤桩主要承担了隔离缓冲的任务，在高堆土与建筑挡墙桩基之间发挥了承上启下过渡的重要功能。减沉路堤桩的设计在背景工程中的地位是举足轻重的，上海地区在类似工程中的运用并不多见，工程经验的欠缺更需要设计与实际紧密联系的周密考虑。

背景工程减沉路堤桩设计遵循上海市地方标准《地基基础设计规范》（DG J08—11—2010）中沉降控制复合桩基有关内容，另需要考虑工程特点，特别是控制路堤桩范围对主体结构的沉降影响，兼顾考虑路堤桩以外区域高填土对其自身的安全影响。

减沉路堤桩由刚性桩及桩帽（承台）和路堤高填土组成，是处理软基的一种桩承式路堤形式，具有施工工期短、沉降变形小等优点，除在道路工程及机场等填筑堆土中运用外，之前在上海 F1 国际赛车场工程中也得到成功运用，可见它比较适合需要快速施工或对沉降要求严格的工程。

桩承式路堤设计中的土拱效应是分析的核心与重点。国内外学者提出了多种土拱效应计算方法。D. Russell 和 N. Pierpoint 在 Terzaghi 平面土拱效应计算方法的基础上提出了三维土拱效应计算方法。W. J. Hewlett 和 M. F. Randolph 将路堤中形成的土拱假定为半球壳形，并将其拆分为一个球形土拱和四个平面土拱，认为球形土拱拱顶或者平面土拱拱脚的土单元体会达到极限状态，得到了桩及桩间土承担的路堤荷载。陈云敏等基于 Hewlett 方法分别提出了改进的土拱效应计算方法。根据桩承式路堤研究成果：桩间距与路堤高度之比、桩顶托板宽度与桩间距之比及桩土相对刚度对桩体荷载分担比有较大的影响，路堤填土剪切模量的影响次之，而水平加筋体拉伸强度的影响很小。为了获得较高的桩体荷载分担比，在路堤填土高度一定时，主要应从调整桩间距及桩顶托板（桩帽）宽度入手。随着承台宽度与桩间距之比增大，桩体荷载分担比逐渐增大。承台宽度增大会使更多的路堤荷载传递到桩上，提高桩体荷载分担比，从而使桩的作用得到充分发挥。

4.3.1　背景工程减沉路堤桩针对性设计内容

背景工程减沉路堤桩不同于通常减沉路堤桩的设计。首先背景工程减沉路堤桩区域需要重点考虑对相邻主体结构的影响，减沉路堤桩设计的目的就是顺利承担上部高填土的重量传递至地基深度。在经济可行条件下，力求将主体部分沉降控制在规范要求之内，这就需要达到较高的桩体荷载分担比例。

另外，考虑前期及施工过程中减沉路堤桩区域以外高填土及自身区域高填土对减沉路堤桩基础不利影响因素较多且难以确定的现实情况，例如减沉路堤桩区域之外紧邻高填土的不利影响、背景工程高填土的范围一般要大于减沉路堤桩区域，如此高度的高填土边坡并不平缓，有些地段较陡，高填土自身的稳定性包括填筑过程中的影响、施工过程中大型机械（压路机、挖机等）的反复来回移动对基础的不利影响等；虽然减沉路堤桩控制沉降上有比较突出的特点，但是其单桩加承台独立工作的特点，特别是承台之间通常有较大的距离难以抵抗侧向及水平力的影响，所以迫切需要加大基础部分的整体刚度。为解决以上难题，背景工程设计中加大了路堤桩刚性承台的范围，承台与承台间的间隙控制在 100mm 左右，之间用砂灌实并通过钢筋等措施连为一体，达到建筑初期增强整体刚度的效果。具体构造如图 4-10、图 4-11 所示。

以科研中心建筑高填土下路堤桩的单桩 $\phi500$（$l=28$m）为例，其竖向抗压极限承载力为 3150kN，则设计值为 1968.75kN；以填土标高为 13.500m 考虑，则根据强度验算的桩承面积为 7.10m^2，则桩间距为 2.60m（按正方形布置考虑），则桩间距与路堤高度之比为 0.23，而工程中常用的桩间距与路堤高度之比范围为 0.5～0.8，已经不属于桩承式路堤的常规比例范围。

计算荷载分担比中比较简单且适合工程设计的是 W. J. Hewlett 在分析了桩承式路堤土工效应的基础上提出的计算桩体荷载分担比的公式：

$$N=\beta/(1+\beta) \tag{4-1}$$

$$\beta=2K_{\rm p}/[K_{\rm p}+1(1+\delta)]\times[(1-\delta)^{-K_{\rm p}}-(1+\delta K_{\rm p})]$$

$$\delta=b/s$$

式中 N——桩体荷载分担比；

b——桩帽宽；

s——桩间距；

$K_{\rm p}$——被动土压力系数，$K_{\rm p}=(1+\sin\phi)/(1-\sin\phi)$，$\phi$ 为路堤填土内摩擦角。

背景工程桩帽与桩间距比接近 1.0，根据式（4-1）得桩体荷载分担比接近 1.0。

未考虑大面积堆载及群桩影响，单桩承受以上荷载时，计算沉降达到 8.5cm；当考虑实际大面积堆载及群桩影响时的沉降计算结果如图 4-9 所示，最大沉降达到 20.98cm。由此可见，即使高填土重量由桩基全部承担的情况下，其自身最大沉降也已经超过 20cm；则考虑对主体建筑的影响，邻近主体的路堤桩沉降也达到 17cm，控制邻近主体结构的沉降是之后需要研究的问题。

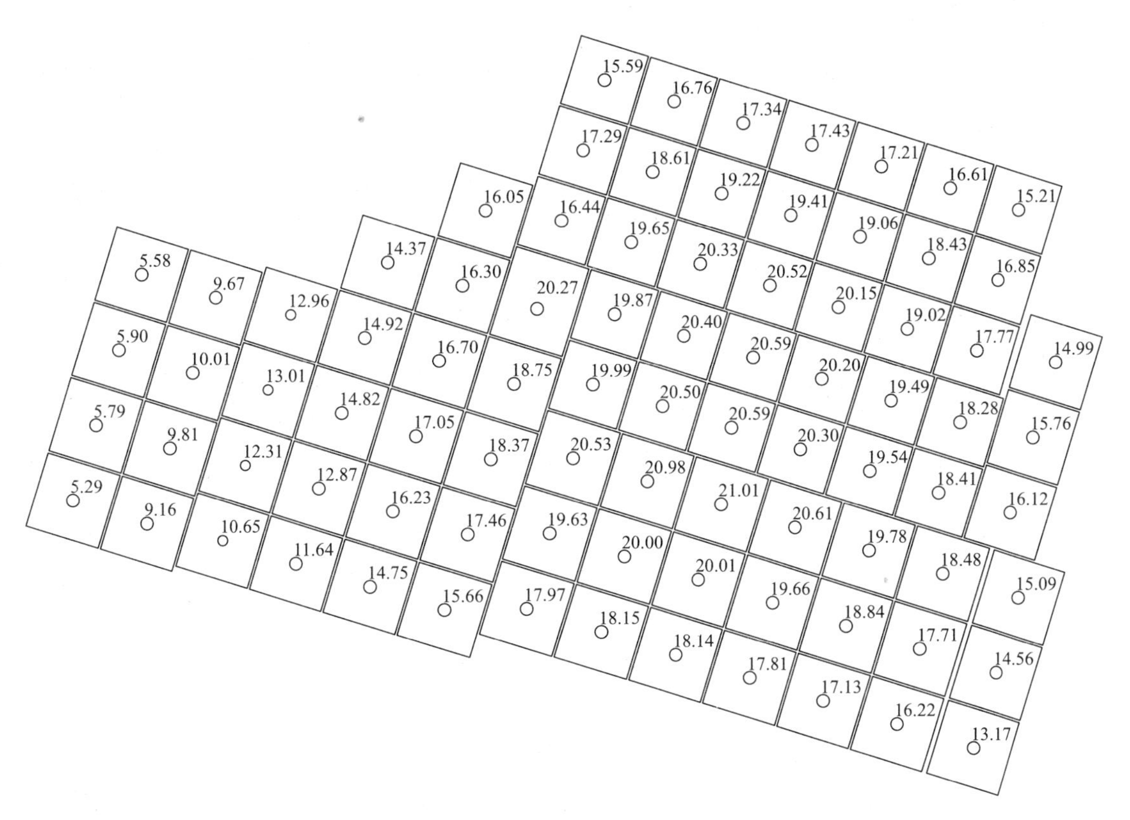

图 4-9 实际大面积堆载及群桩沉降示意图

路堤桩所采用预应力管桩桩型及技术参数见表 4-3。

预应力管桩技术参数　　表 4-3

外径（mm）	型号	壁厚（mm）	混凝土有效预压应力（MPa）	抗裂弯矩（kN·M）	极限弯矩（kN·M）	主筋截面含钢率（%）	单桩结构强度竖向承载力设计值（kN）
500	AB	120	5.46	114.6	242.3	0.69	3200
500	B	100	7.56	144.0	258	1.07	2460
400	B	80	7.15	75.0	135	1.01	1580

路堤桩强度验算按上海市地方标准《地基基础设计规范》（DGJ 08-11-2010）中沉降控制复合桩基要求进行设计。

路堤桩单桩极限承载力标准值为：

$$R_k = \Sigma U_p f_{s_i} l_i + f_p A_p \tag{4-2}$$

式中　U_p——桩身截面周长（m）；

f_{s_i}、f_p——分别为桩侧第 i 土层的极限摩擦力标准值（kPa）和桩端处土层的极限端阻力标准值（kPa）；

l_i——第 i 土层厚度（m）；

A_p——桩的截面积（m^2）。

同时应满足桩身强度要求。

承台厚度及配筋根据抗冲切、抗剪及抗弯计算确定，构造详图如图 4-10、图 4-11 所示。

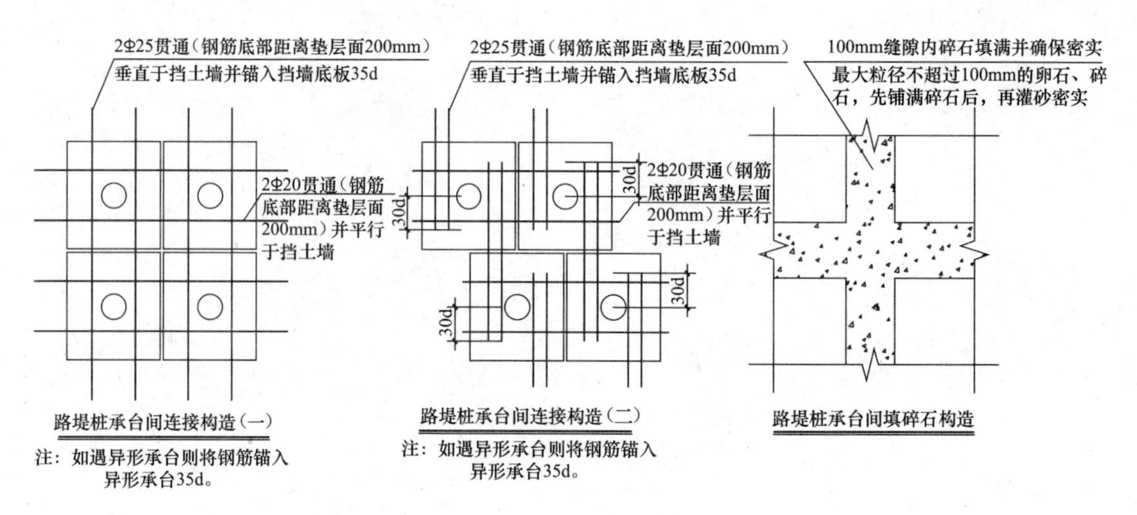

图 4-10　路堤桩承台构造示意图（一）

科研中心建筑邻近高填土部分路堤桩承台板底持力层为②层褐黄～灰黄色粉质黏土，桩端穿越高压缩性淤泥质土层，进入压缩性相对较低但不十分坚硬的持力层$④_1$层暗绿～草黄色粉质黏土或$④_2$层草黄色粉质黏土，桩距不小于 5 倍桩身截面边长。具体路堤桩承台板技术参数见表 4-4，科研中心建筑邻近高填土路堤桩桩基平面及承台平面图如图 4-12、图 4-13 所示。

工程桩灌芯配筋表

管桩类型	外径（mm）	配筋		
		③	④	⑤
PHC桩	ϕ400	4Φ20	2Φ8	ϕ6@100
	ϕ500	6Φ18	3Φ8	ϕ8@100

桩顶与承台连接说明：

1. 桩顶内应设置托板及放入钢筋骨架，浇灌桩顶设计标高以下的填芯混凝土，其强度等级同承台或基础梁。
2. 浇灌填芯混凝土前，应先将管桩内壁浮浆清除干净，可根据设计要求，采用内壁涂刷水泥净浆、混凝土界面剂或采用膨胀混凝土等措施，以提高填芯混凝土与管桩桩身混凝土的整体性。
3. ④号筋应与③号筋焊牢。
4. 桩顶埋入承台内深度及①号筋锚固长度La按现行工程规范取值，托板尺寸宜略小于管桩内径。

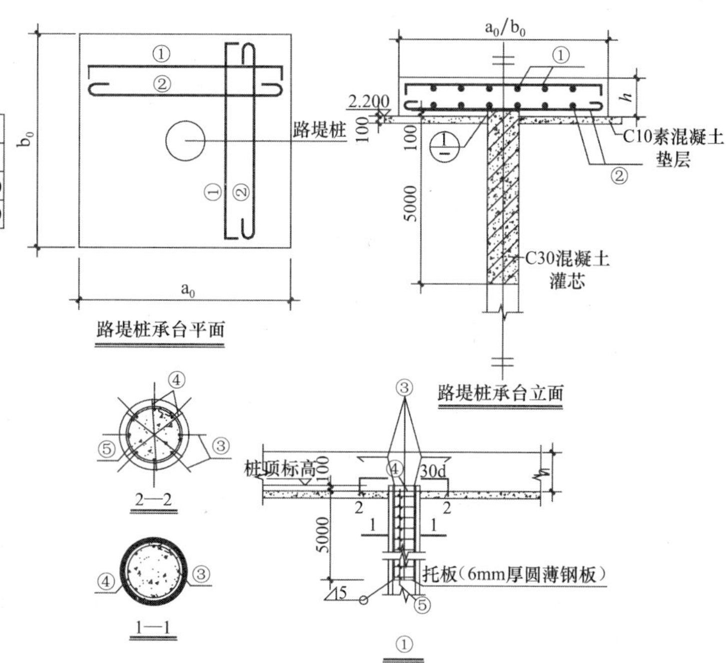

图 4-11 路堤桩承台构造示意图（二）

科研中心建筑附近高填土路堤桩承台技术参数 **表 4-4**

高填土标高（m）	长度 a_0（mm）	宽度 b_0（mm）	厚度（mm）	承台下桩基桩径（mm）及桩长（m）
16.000m	2600	2600	700	ϕ500（l=28m）
14.750m	2800	2800	700	ϕ500（l=28m）
13.500m	3000	3000	700	ϕ500（l=28m）
10.500m	3000	3000	550	ϕ500（l=19m）
8.000m	2800	2800	400	ϕ400（l=13m）

入口综合建筑邻近高填土部分路堤桩承台板底持力层为②层褐黄～灰黄色粉质黏土，桩端穿越高压缩性淤泥质土层，进入压缩性相对较低但不十分坚硬的持力层④$_1$层暗绿～草黄色粉质黏土或④$_3$层草黄-灰色砂质粉土，桩距不小于 5 倍桩身截面边长。具体路堤桩承台板技术参数见表 4-5，入口综合建筑邻近高填土路堤桩桩基平面及承台平面图如图 4-14、图 4-15 所示。

入口综合建筑附近高填土路堤桩承台技术参数 **表 4-5**

高填土标高（m）	长度 a_0（mm）	宽度 b_0（mm）	厚度（mm）	承台下桩基桩径（mm）及桩长（m）
13.500m	2500	2500	600	ϕ500（l=20m）
11.500m	2800	2800	600	ϕ500（l=20m）
9.500m	2800	2800	550	ϕ400（l=20m）
7.500m	3300	3300	450	ϕ500（l=13m）

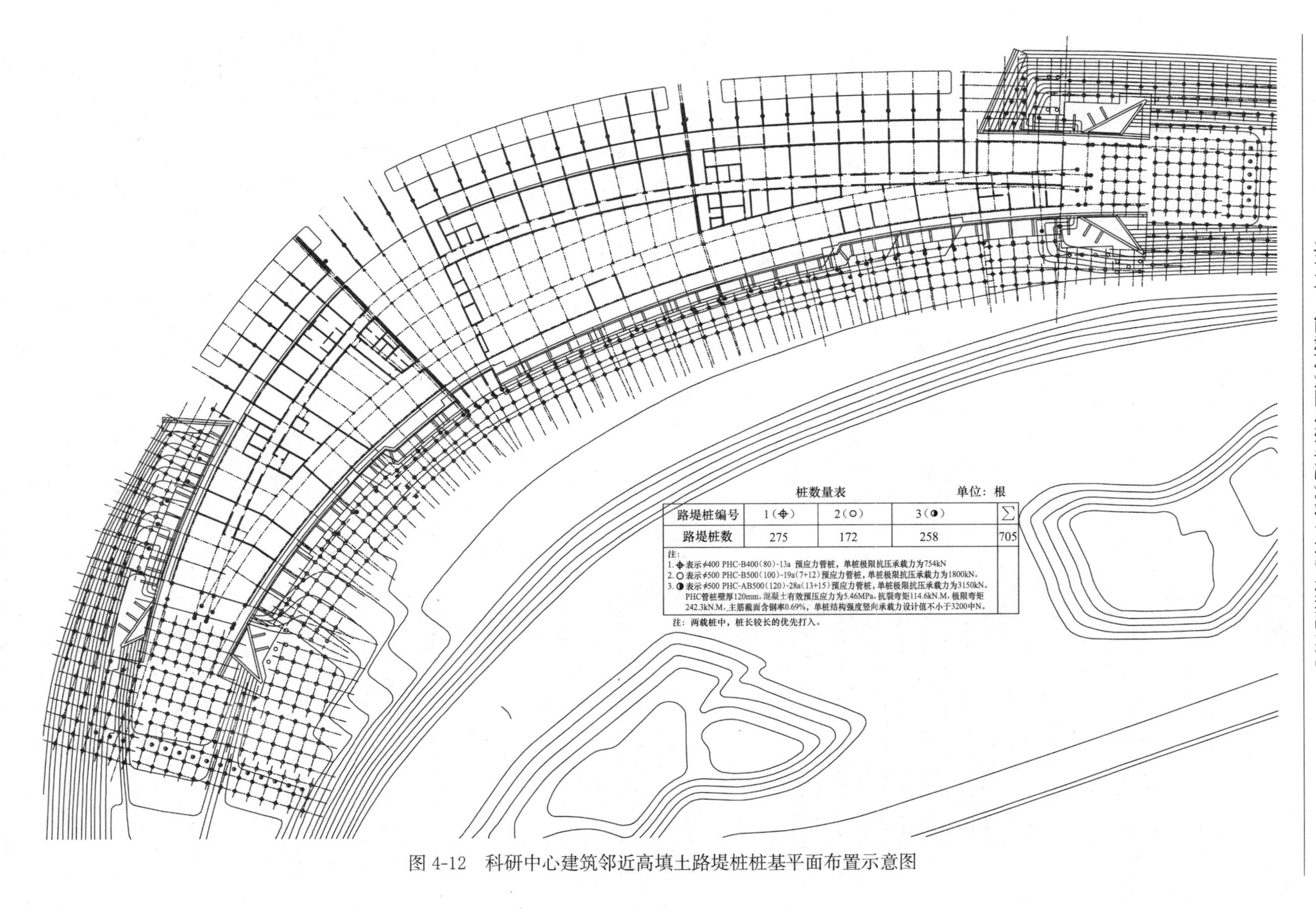

桩数量表　　单位：根

路堤桩编号	1(⊕)	2(○)	3(◑)	∑
路堤桩数	275	172	258	705

注：
1. ⊕表示ϕ400 PHC-B400(80)-13a 预应力管桩，单桩极限抗压承载力为754kN
2. ○表示ϕ500 PHC-B500(100)-19a(7+12)预应力管桩，单桩极限抗压承载力为1800kN。
3. ◑表示ϕ500 PHC-AB500(120)-28a(13+15)预应力管桩，单桩极限抗压承载力为3150kN。PHC管桩壁厚120mm，混凝土有效预压应力为5.46MPa，抗裂弯矩114.6kN.M，极限弯矩242.3kN.M，主筋截面含钢率0.69%，单桩结构强度竖向承载力设计值不小于3200中N。

注：两载桩中，桩长较长的优先打入。

图 4-12　科研中心建筑邻近高填土路堤桩桩基平面布置示意图

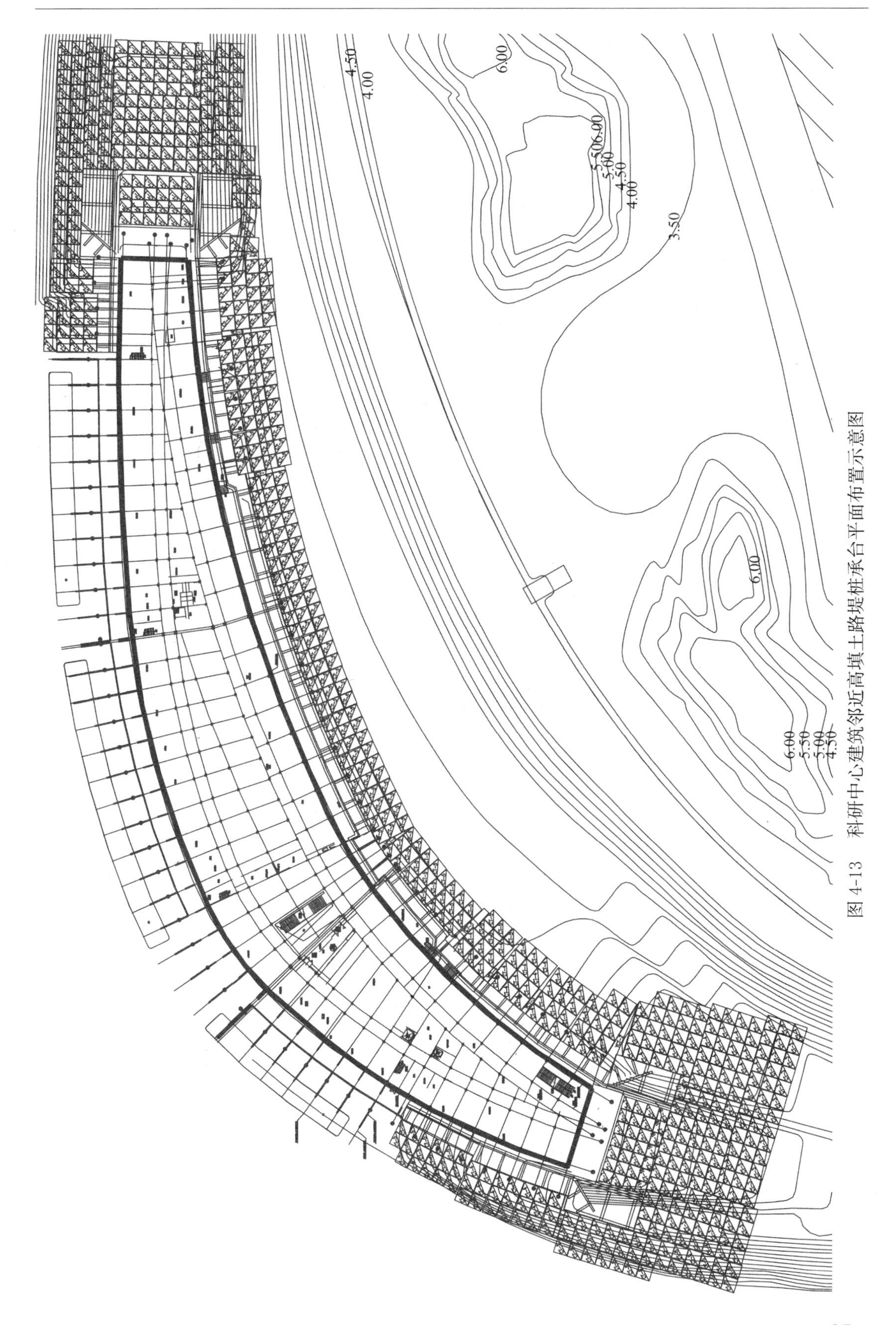

图 4-13 科研中心建筑邻近高填土路堤桩承台平面布置示意图

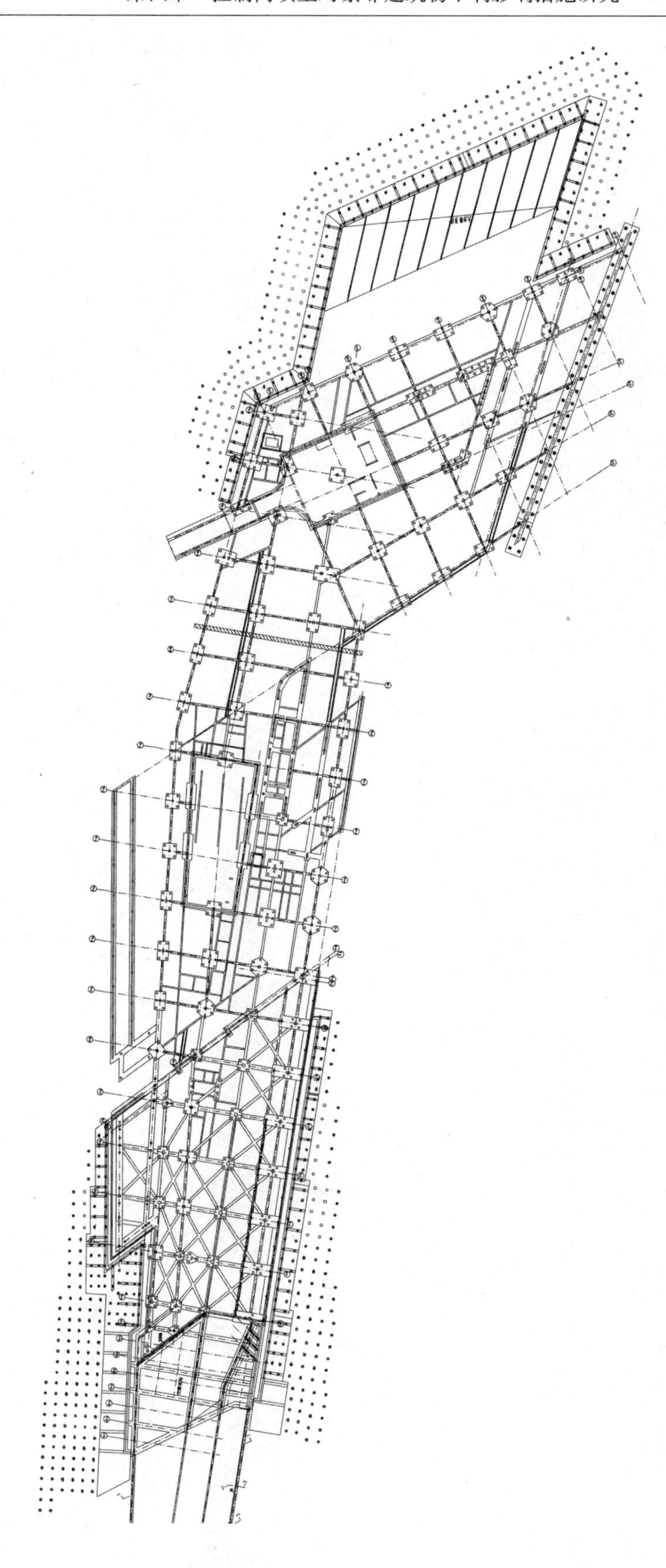

图 4-14　入口综合建筑邻近高填土路堤桩桩基平面布置示意图

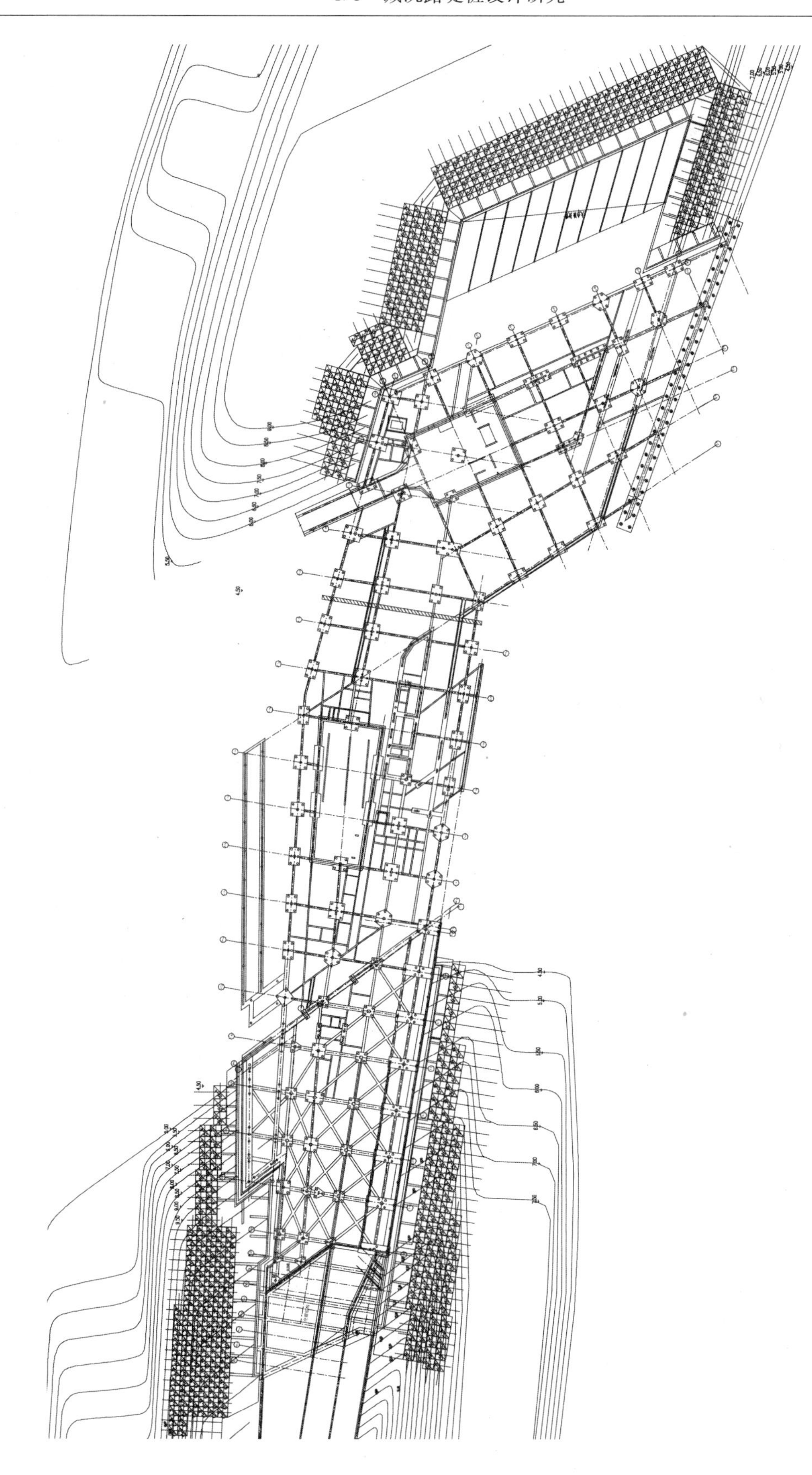

图 4-15 人口综合建筑邻近高填土路堤桩承台平面布置示意图

4.3.2　减沉路堤桩试验分析研究

以科研中心建筑为例，为确定单桩、复合桩基、天然地基竖向极限抗压承载力、复合桩基承台板下桩顶反力及土压力分布、天然地基承台板下土压力分布，需要进行相关承载力测试。科研中心建筑桩基检测平面布置如图 4-16、图 4-17 所示。

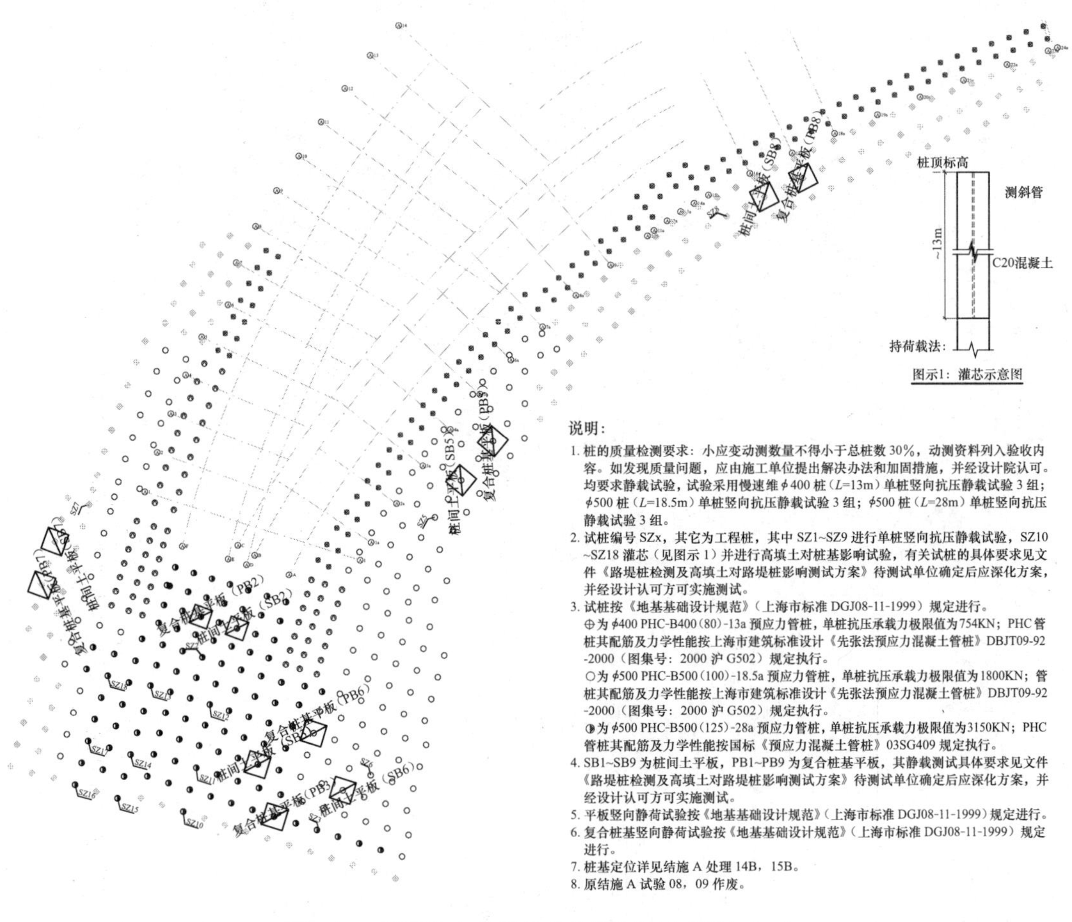

桩顶标高
测斜管
~13m
C20混凝土
持荷载法:
图示1：灌芯示意图
说明：
1. 桩的质量检测要求：小应变动测数量不得小于总桩数 30%，动测资料列入验收内容。如发现质量问题，应由施工单位提出解决办法和加固措施，并经设计院认可。均要求静载试验，试验采用慢速维 ϕ400 桩（L=13m）单桩竖向抗压静载试验 3 组；ϕ500 桩（L=18.5m）单桩竖向抗压静载试验 3 组；ϕ500 桩（L=28m）单桩竖向抗压静载试验 3 组。
2. 试桩编号 SZx，其它为工程桩，其中 SZ1~SZ9 进行单桩竖向抗压静载试验，SZ10~SZ18 灌芯（见图示 1）并进行高填土对桩基影响试验，有关试桩的具体要求见文件《路堤桩检测及高填土对路堤桩影响测试方案》待测试单位确定后应深化方案，并经设计认可方可实施测试。
3. 试桩按《地基基础设计规范》（上海市标准 DGJ08-11-1999）规定进行。
⊕为 ϕ400 PHC-B400（80）-13a 预应力管桩，单桩抗压承载力极限值为754KN；PHC 管桩其配筋及力学性能按上海市建筑标准设计《先张法预应力混凝土管桩》DBJT09-92-2000（图集号：2000 沪 G502）规定执行。
○为 ϕ500 PHC-B500（100）-18.5a 预应力管桩，单桩抗压承载力极限值为1800KN；管桩其配筋及力学性能按上海市建筑标准设计《先张法预应力混凝土管桩》DBJT09-92-2000（图集号：2000 沪 G502）规定执行。
◑为 ϕ500 PHC-B500（125）-28a 预应力管桩，单桩抗压承载力极限值为3150KN；PHC 管桩其配筋及力学性能按国标《预应力混凝土管桩》03SG409 规定执行。
4. SB1~SB9 为桩间土平板，PB1~PB9 为复合桩基平板，其静载测试具体要求见文件《路堤桩检测及高填土对路堤桩影响测试方案》待测试单位确定后应深化方案，并经设计认可方可实施测试。
5. 平板竖向静荷试验按《地基基础设计规范》（上海市标准 DGJ08-11-1999）规定进行。
6. 复合桩基竖向静荷试验按《地基基础设计规范》（上海市标准 DGJ08-11-1999）规定进行。
7. 桩基定位详见结施 A 处理 14B，15B。
8. 原结施 A 试验 08，09 作废。

图 4-16　科研中心建筑桩基检测平面布置图（一）

（1）试验及测试内容：

1）9 根单桩静载荷试验，编号为 SZ1～SZ9。

2）9 组复合桩基试验，编号为 PB1～PB9，每组复合桩基均在桩顶设置反力计。

3）9 组天然地基静载荷试验，编号为 SB1～SB9，并在其中的 2 组天然地基试验承台板下设置土压力计。

试验基桩参数见表 4-6。

（2）检测依据：

《建筑基桩检测技术规程》（DGJ 08-218—2003）。

（3）检测设备：

1）静载荷测试分析仪型号：RSWS-50。

2）土压力计型号：江苏金坛 TYJ-20 型。

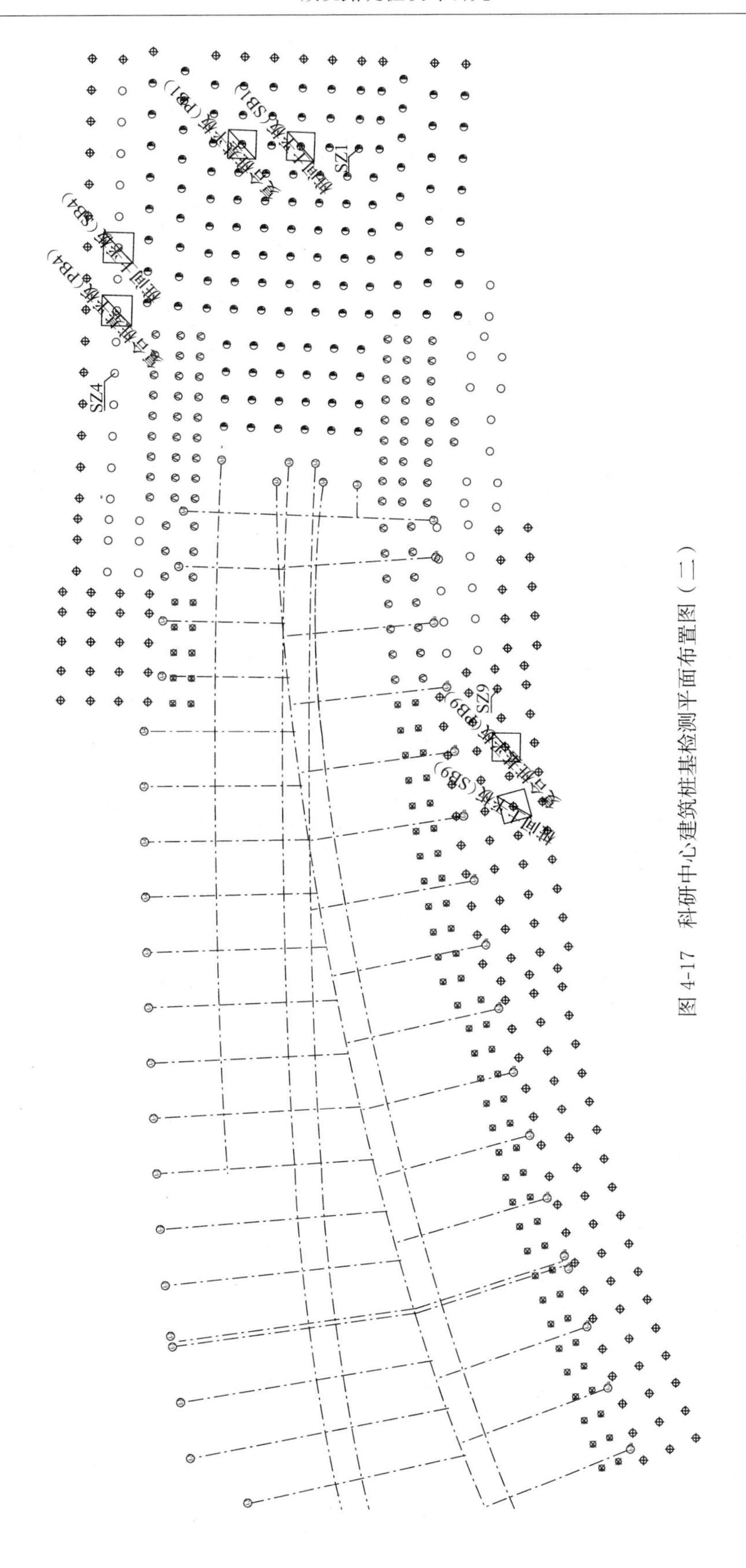

图 4-17　科研中心建筑桩基检测平面布置图（二）

试验基桩参数一览　　表 4-6

编号	SZ1 PB1	SZ2 PB2	SZ3 PB3	SZ4 PB4	SZ5 PB5	SZ6 PB6	SZ7 PB7	SZ8 PB8	SZ9 PB9
桩型	PHC	PHC	PHC	PHC	PHC	PHC	PHC	PHC	PHC
试桩桩长（m）	28	28	28	18.5	18.5	18.5	13	13	13
桩径（mm）	500	500	500	500	500	500	400	400	400
板宽（mm）	2800	2800	2800	3000	3000	3000	2800	2800	2800
预估最大加载量（kN）	3150	3150	3150	1800	1800	1800	754	754	754

注：板宽为相应编号的天然地基和复合桩基的板宽，试验载荷板全部为正方形。

3）反力计型号：江苏金坛 FLJ-40。

（4）静载荷试验测试方法：

1）加荷期间，每级荷载施加后第一小时按第 5、15、30、45、60（min）测读试桩的沉降量，以后每 0.5h 测读一次，直至达到相对稳定标准，施加下一级荷载。

2）相对稳定标准，每小时位移变形量小于 0.1mm，并连续出现两次。

3）卸载时，每级荷载测读 1h，按 5、15、30、60（min）测读四次，即可卸载，卸至零时，测读稳定时的残余沉降量，一般为 3h。

（5）反力计及土压力计测试方法：

试验加荷前测量三次读数作为初值，每级加荷稳定后测读作为本级荷载下的读数。

（6）单桩竖向抗压静载荷试验终止加荷条件：

当出现下列情况之一时，即可终止加荷：

1）试桩在某级荷载作用下的沉降量大于前一级荷载沉降量的 5 倍。

2）试桩在某级荷载下的沉降量大于前一级的 2 倍，且经 24h 尚未稳定。

3）试桩荷载达到单桩设计极限荷载，且沉降达到稳定。

4）试桩荷载达到桩身材料的极限强度以及试桩桩顶出现明显的破损现象。

5）试桩总沉降量超过 100mm。

6）其他危及试验安全继续加载的意外情况。

（7）天然地基竖向静载荷试验终止加荷条件：

当出现下列情况之一时，即可终止加荷：

1）沉降量急剧增大，土被挤出或压板周围出现明显的裂缝。

2）累计沉降量已大于载荷板宽度的 10%。

3）在某级荷载作用下载荷板的沉降量大于前一级荷载沉降量的 2 倍，且经过 24h 尚未稳定，同时累计沉降已达到压板宽度的 7%以上。

4）千斤顶达到最大加荷行程。

5）其他危及试验安全继续加载的意外情况。

（8）复合桩基竖向静载荷试验终止加荷条件：

1）沉降量急剧增大，土被挤出或压板周围出现明显的裂缝。

2）累计沉降量已大于载荷板宽度的 10%。

3）在某级荷载作用下载荷板的沉降量大于前一级荷载沉降量的 2 倍，且经过 24h 尚未稳定，同时累计沉降已达到压板宽度的 7%以上。

4）千斤顶达到最大加荷行程。

5）其他危及试验安全继续加载的意外情况。

（9）试验结果与分析：

共进行的 9 组单桩竖向抗压静载荷均加载至试桩破坏，最大变形超过 10cm。根据规范取 Q-s 曲线发生明显陡降的起始点对应的荷载值为单桩的抗压极限承载力。进行的 9 组天然地基平板载荷试验和 9 组复合桩基静载荷试验均加至千斤顶的最大行程无法继续加载而中止试验。极限承载力均取 s-lg$t$ 曲线尾部明显向下曲折的前一级为极限承载力或试验由于千斤顶行程达到最大值中止加荷的前一级。

（10）试桩极限承载力的分析：

以 SZ1、SB1、PB1 为例，其试验结果见表 4-7～表 4-10 及图 4-18～图 4-20。

上海辰山植物园科研中心建筑邻近高填土试验段 SZ1＃试桩基本情况一览表　　表 4-7

桩号	桩长（m）	试验日期		最大加荷量（kN）	累计沉降量（mm）	残余沉降量（mm）	回弹量（mm）	回弹率（%）
		开始	完成					
SZ1＃	28	2008.6.1	2008.6.2	3780	101.41	82.88	18.53	18.3

上海辰山植物园科研中心建筑邻近高填土试验段 SZ1＃试桩基本情况一览表　　表 4-8

加荷级数	荷载（kN）	沉降量（mm）											
		5min	15min	30min	45min	60min	90min	120min	150min	180min	210min	240min	270min
1	630	1.84	1.91	2.11	2.27	2.27	2.47	2.47					
2	945	2.43	2.98	3.12	3.15	3.2	3.2	3.2					
3	1260	5.81	5.85	5.93	5.99	6	6.12	6.14					
4	1575	8.47	8.48	8.49	8.52	8.52	8.54	8.55					
5	1890	11.58	11.58	11.59	11.58	11.59	11.63	11.63					
6	2205	14.35	14.35	14.35	14.35	14.36	14.36	14.36					
7	2520	16.26	16.29	16.31	16.32	16.33	16.34	16.35					
8	2835	18.82	18.84	18.86	18.88	18.91	18.94	18.97					
9	3150	22	22.03	22.07	22.12	22.25	22.25	22.26	22.27				
10	3465	25.68	25.97	26.05	26.13	26.18	26.33	26.33	26.33	26.33			
11	3780	31.77	37.65	48.05	101.41								
12	3150	101.55	101.57	101.67		101.82							
13	2520	101.15	101.15	101.16		101.16							
14	1890	99.1	98.89	98.19		96							
15	1260	93.11	92.06	91.36		89.75							
16	630	86.23	86.16	86.16		86.15							
17	0	85.13	84.15	83.39		83.13	82.92	82.91	82.89	82.88			

上海辰山植物园科研中心建筑邻近高填土试验段 SB1＃试桩基本情况一览表　　表 4-9

桩号	试验日期		最大加荷量（kPa）	累计沉降量（mm）	残余沉降量（mm）	回弹量（mm）	回弹率（%）
	开始	完成					
SB1＃	2008.6.4	2008.6.4	184	159.14	129.24	29.90	18.8

上海辰山植物园科研中心建筑邻近高填土试验段 PB1＃试桩基本情况一览表　　表 4-10

桩号	桩长（m）	试验日期		最大加荷量（kPa）	累计沉降量（mm）	残余沉降量（mm）	回弹量（mm）	回弹率（%）
		开始	完成					
PB1＃	28	2008.6.2	2008.6.2	638	177.88	155.45	22.43	12.6

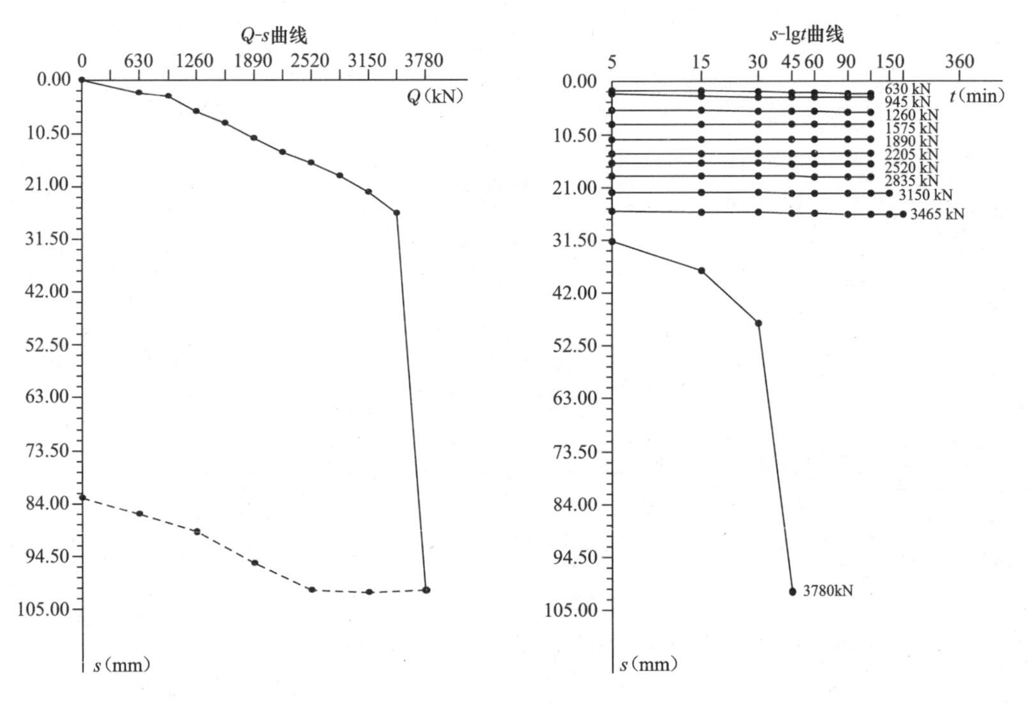

图 4-18　上海辰山植物园科研中心建筑邻近高填土试验段 SZ1＃试桩静载试验 Q-s、s-lg$t$ 曲线

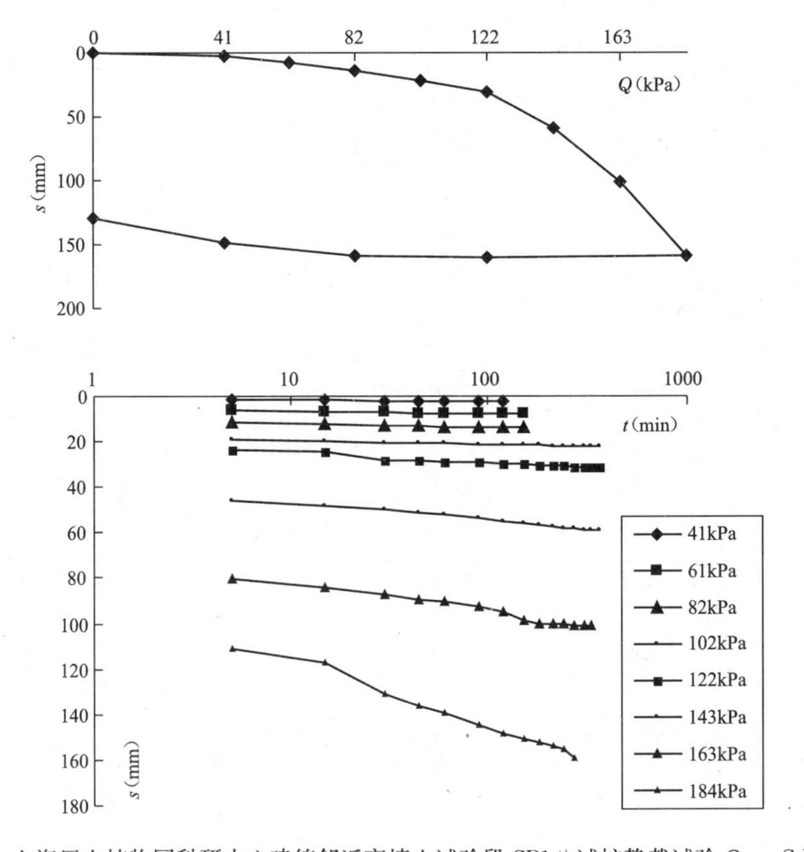

图 4-19　上海辰山植物园科研中心建筑邻近高填土试验段 SB1＃试桩静载试验 Q-s、S-lg$t$ 曲线

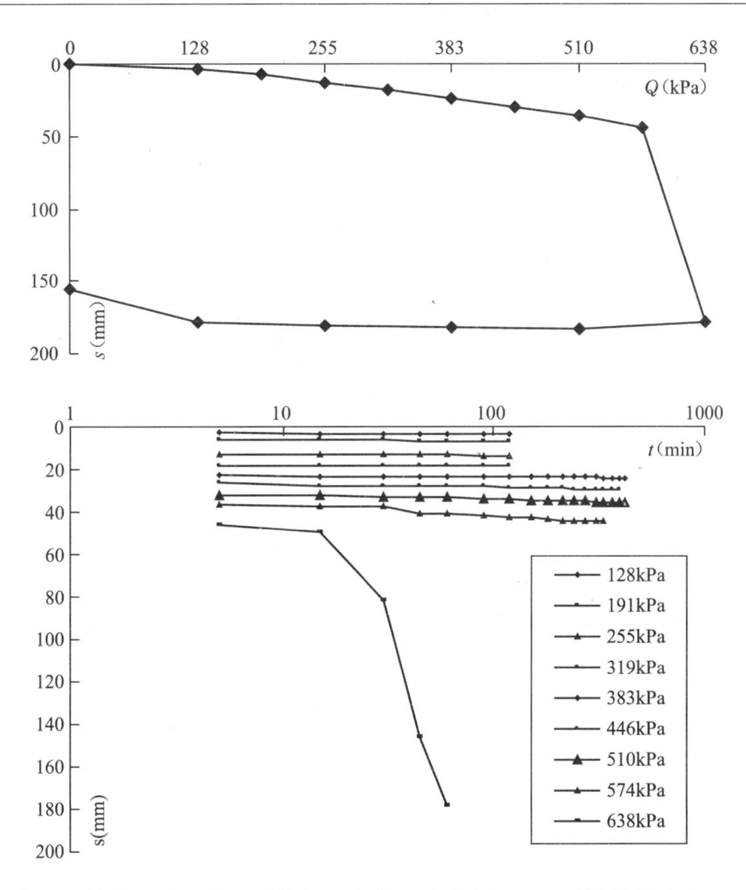

图 4-20　上海辰山植物园科研中心建筑邻近高填土试验段 PB1＃试桩静载试验 Q-s、s-lg$t$ 曲线

根据现场试验情况、实测数据和曲线图，判断上海辰山植物园科研中心建筑邻近高填土试验段进行的 27 组静载荷试验的结果汇总见表 4-11～表 4-13。

单桩极限承载力试验结果　　表 4-11

试桩编号	实测单桩极限承载力（kN）	计算单桩极限承载力（kN）
SZ1	3465	3150
SZ2	2520	3150
SZ3	3150	3150
SZ4	2160	1800
SZ5	2340	1800
SZ6	2160	1800
SZ7	679	754
SZ8	754	754
SZ9	754	754

天然地基极限承载力试验结果　　表 4-12

试验承台板编号	实测地基土极限承载力（kPa）	勘察报告提供地基土极限承载力（kPa）
SB1	≥163	150
SB2	≥204	150

续表

试验承台板编号	实测地基土极限承载力（kPa）	勘察报告提供地基土极限承载力（kPa）
SB3	≥160	150
SB4	≥140	150
SB5	≥180	150
SB6	≥160	150
SB7	≥184	150
SB8	≥184	150
SB9	≥163	150

路堤桩极限承载力试验结果　　表 4-13

复合试桩编号	实测极限承载力（kPa）	复合桩基承载力设计值（kN）	设计荷载集中力（kN）/平均荷载数值（kPa）
PB1	≥574	≥2812	2405
PB2	≥574	≥2812	2405
PB3	≥556	≥2724	2405
PB4	≥480	≥2700	1843
PB5	≥360	≥2025	1843
PB6	≥320	≥1800	1843
PB7	≥332	≥1626	1135
PB8	≥298	≥1460	1135
PB9	≥265	≥1298	1135

注：复合桩基承载力设计值由实测极限承载力得到。

根据以上实测结果，SZ2、SZ7 未能达到设计极限承载力，其原因除土质情况分布不均外，主要与这批试桩的质量有关。事后总结得知，由于试桩数量较少，未能使用高质量厂商的产品，这在之后的大量工程桩试桩均达到合格中可以得到验证。

背景工程路堤桩极限承载力除 PB6 未能达到要求外，其余均能满足设计要求。应该讲，针对路堤桩强度的设计方法是经过验证并可行的。

（11）桩顶反力及土压力测试：

根据要求，9 组（PB1～PB9）复合桩基的桩顶安装反力计，进行了桩顶反力的测试，并在其中的两块复合桩基（PB1、PB4）和两块天然地基（SB1、SB4）的承台板下埋设了土压力计，通过对反力计及土压力的测试，得到承台板下土压力的分布，以及桩土分担比。SB1、PB1 承台板的尺寸为 2.8m×2.8m，承台底标高为 2.300m；PB1 复合桩基承台板厚度为 900mm，SB1 天然地基承台板厚度为 500mm；SB4、PB4 承台板的尺寸为 3m×3m，承台底标高为 2.300m，PB4 复合桩基承台板厚度为 700mm，SB4 天然地基承台板厚度为 500mm。

本次测试均是在试验开始加荷前测读三次初读数，每级加荷稳定后读数作为本级荷载下的读数，并以此计算每级荷载下承台下土压力及桩顶反力。SB1、PB1 承台的大小、反力计及土压力的位置如图 4-21～图 4-25 所示，土压力数据汇总见表 4-14、表 4-15，PB1～

PB3、PB5～PB9 桩顶反力汇总及 PB1～PB9 桩顶反力所占复合桩基比例见表 4-16～表 4-21。

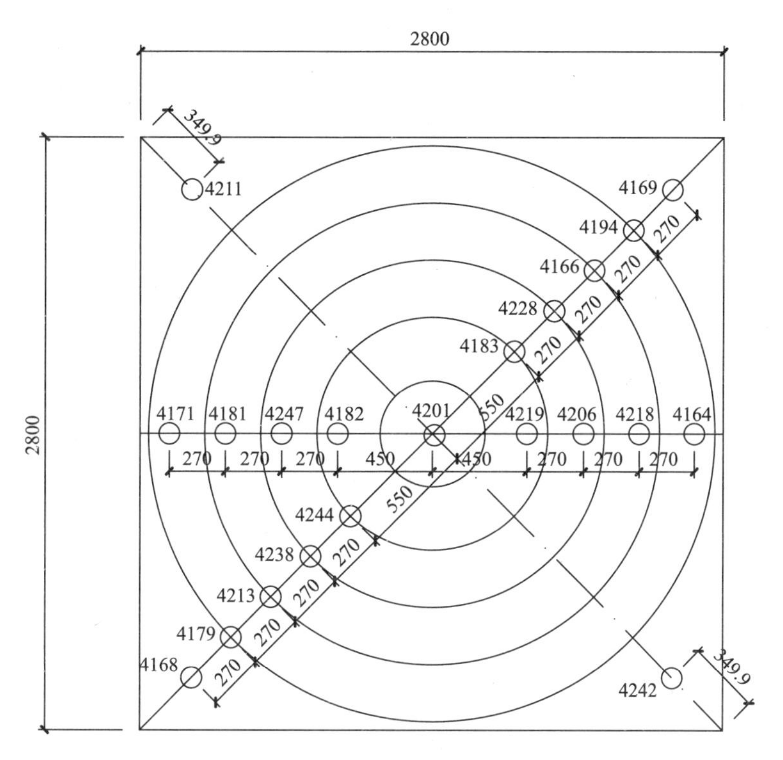

图 4-21 SB1 土压力计分布示意图

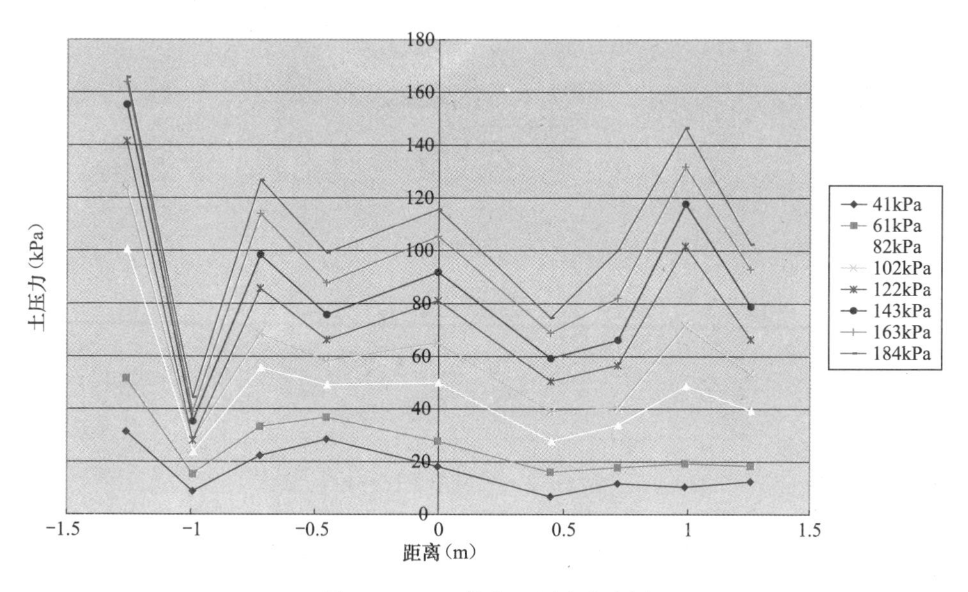

图 4-22 SB1 横向土压力分布图

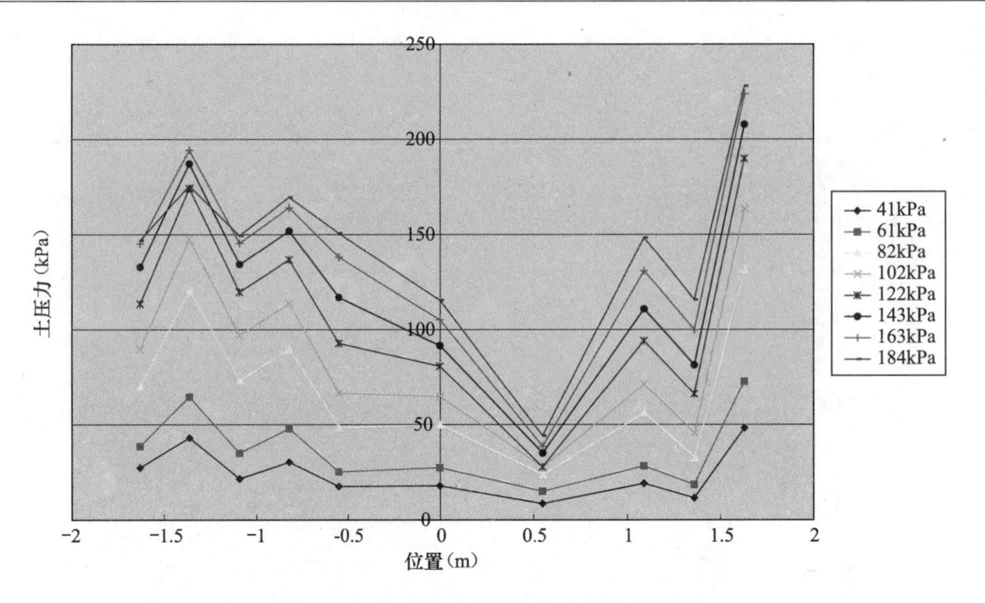

图 4-23　SB1 沿对角线方向土压力分布图

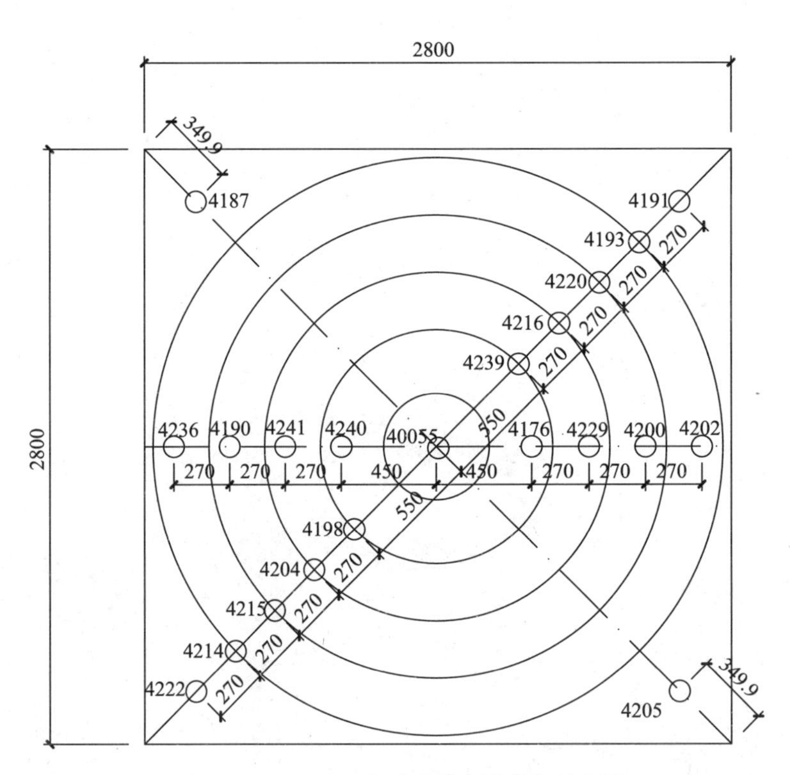

图 4-24　PB1 土压力计及反力计分布示意图

桩与承台的复合作用机理是比较复杂的；根据以上 PB* 的测试结果显示，从对角线方向看，承台下的反力明显是中间小两端大，并不均匀。

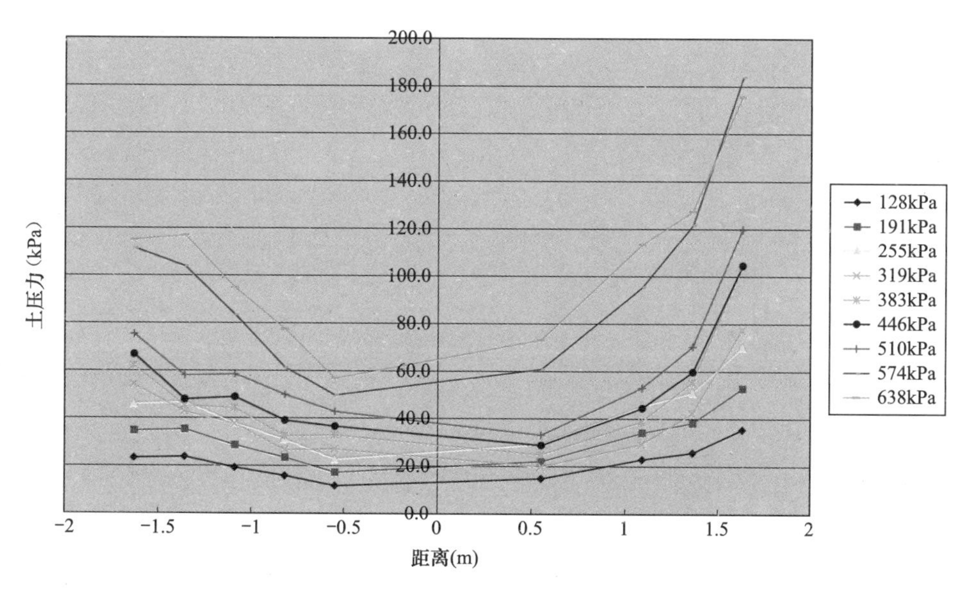

图 4-25 PB1 沿对角线方向土压力分布图

SB1 土压力汇总表 **表 4-14**

序 号	荷载分级（kPa）							
	41	61	82	102	122	143	163	184
4171	31.3	51.5	100.4	123.6	141.4	155.2	164.0	165.7
4181	8.8	15.3	23.7	28.1	28.1	35.2	38.8	44.4
4247	22.2	33.2	55.7	68.5	85.7	98.3	114.1	126.7
4182	28.4	36.7	49.1	58.1	66.2	75.7	87.7	99.1
4201	18.1	27.7	49.9	65.1	81.0	91.7	105.3	115.6
4219	6.8	16.0	27.9	39.0	50.4	59.2	68.8	74.5
4206	11.7	17.8	34.0	40.4	56.4	66.2	82.0	100.1
4218	10.4	19.3	48.7	71.7	101.7	117.8	131.8	146.5
4164	12.4	18.4	39.3	53.2	66.4	78.8	92.9	102.4
4168	27.4	38.7	70.2	89.8	113.6	132.9	145.4	147.0
4179	43.1	64.6	120.4	147.6	174.4	187.2	194.6	175.8
4213	21.7	35.1	73.2	97.2	119.8	134.3	145.6	149.5
4238	30.4	48.1	89.6	114.0	136.9	152.0	164.3	169.8
4244	17.7	25.4	48.3	66.7	93.0	117.0	138.3	150.9
4201	18.1	27.7	49.9	65.1	81.0	91.7	105.3	115.6
4183	8.8	15.3	23.7	28.1	28.1	35.2	38.8	44.4
4166	19.4	28.6	56.1	71.6	94.4	111.1	131.2	148.7

续表

序　号	荷载分级（kPa）							
	41	61	82	102	122	143	163	184
4194	11.8	18.8	32.5	45.9	66.4	81.6	100.1	116.0
4169	48.6	73.1	131.3	164.2	190.3	208.0	224.3	228.4
4242	13.5	23.2	43.2	55.2	71.5	85.8	100.0	113.8
4211	22.7	33.1	62.1	78.8	98.0	115.3	128.7	136.3
平均值	20.6	31.8	58.5	74.8	92.6	106.2	119.1	127.2

PB1 土压力汇总表　　**表 4-15**

类　型	编　号	荷载分级（kPa）								
		128	191	255	319	383	446	510	574	638
土压力（kN）	4222	23.0	34.3	45.8	53.8	61.9	66.6	75.1	111.1	114.7
	4214	23.4	34.9	46.6	42.4	45.0	47.5	57.7	103.5	116.8
	4215	19.0	28.3	37.7	37.5	43.9	48.5	58.2	83.2	94.6
	4204	15.5	23.1	30.8	26.4	32.3	38.7	49.6	61.0	77.3
	4198	11.4	16.9	22.6	26.8	32.6	36.3	42.4	49.4	56.6
	4239	14.6	21.8	29.1	19.7	24.7	28.6	32.9	60.7	73.0
	4220	22.7	33.8	45.2	29.1	38.6	44.3	52.8	95.3	113.2
	4193	25.5	38.0	50.8	42.1	55.2	59.7	70.2	121.5	127.2
	4191	35.2	52.5	70.1	77.3	103.9	104.4	119.7	183.6	175.7
	4236	28.0	41.7	55.6	54.5	58.8	65.5	80.7	143.9	139.4
	4190	21.0	31.2	41.7	50.3	60.6	62.1	71.2	89.2	104.5
	4241	19.9	29.7	39.6	38.5	45.7	48.2	53.4	92.8	99.2
	4240	10.0	15.0	20.0	38.0	42.9	44.5	48.9	69.5	50.0
	4239	14.6	21.8	29.1	19.7	24.7	28.6	32.9	60.7	73.0
	4176	25.6	38.1	50.8	69.2	81.5	84.5	95.3	129.3	127.4
	4229	24.5	36.6	48.8	54.8	64.9	69.0	78.5	115.1	122.3
	4200	20.8	31.0	41.3	41.7	49.6	54.0	61.7	95.8	103.6
	4202	15.4	23.0	30.7	45.2	54.7	56.6	62.6	76.4	77.0
	4205	24.8	36.9	49.3	62.6	82.4	86.7	104.9	147.0	123.5
	4187	44.0	65.6	87.6	90.3	94.5	94.7	103.8	201.0	219.5
	平均值	22.0	32.7	43.7	46.0	54.9	58.4	67.6	104.5	109.4

PB1、PB2、PB3 桩顶反力汇总表　　表 4-16

路堤桩编号	编号	荷载分级（kN）								
		1000	1500	2000	2500	3000	3500	4000	4500	5000
PB1	40055	663.9	989.1	1320.4	1866.8	2167.7	3126.3	3309.3	3033.3	2490.1
PB2	40053	721.3	1111.9	1455.28	2144.55	2586.9	3186.98	3398.12	3421.6	3212.2
PB3	40054	628.3	950.9	1235.22	2015	2487.7	2930.2	3121.5	3223.6	2910.2

路堤桩 PB1、PB2、PB3 桩反力所占复合桩基比例　　表 4-17

桩反力占比（%）/ 荷载分级（kN）/ 路堤桩编号	1000	1500	2000	2500	3000	3500	4000	4500	5000
PB1	66.39	65.94	66.02	74.67	72.26	89.32	82.73	67.41	49.80
PB2	72.13	74.13	72.76	85.78	86.23	91.06	84.95	76.04	64.24
PB3	62.83	63.39	61.76	80.60	82.92	83.72	78.04	71.64	58.20
平均值	67.12	67.82	66.85	80.35	80.47	88.03	81.91	71.69	57.42

PB5、PB6 桩顶反力汇总表　　表 4-18

路堤桩编号	编号	荷载分级（kN）								
		720	1080	1440	1800	2160	2520	2880	3240	3600
PB5	25086	423.2	568.9	789.2	923.6	1213.1	1302	1503.6	1536.9	1436.9
PB6	25804	458.1	623.5	895.2	853.6	956.8	1362.5	1463.9	1356.9	

注：PB4 由于桩顶反力计损坏，未能得到 PB4 桩顶反力。

路堤桩 PB4、PB5、PB6 桩反力所占复合桩基比例　　表 4-19

桩反力占比（%）/ 荷载分级（kN）/ 路堤桩编号	720	1080	1440	1800	2160	2520	2880	3240	3600
PB4	66.85	66.85	66.77	66.79	66.74	66.76	66.77	66.74	66.75
PB5	58.78	52.68	54.81	51.31	56.16	51.67	52.21	47.44	39.91
PB6	63.63	57.73	62.17	47.42	44.30	54.07	50.83	41.88	
平均值	63.08	59.09	61.25	55.17	55.73	57.50	56.60	52.02	35.56

注：PB4 桩顶反力根据承台应力反算得到。

PB7、PB8、PB9 桩顶反力汇总表　　　　表 4-20

路堤桩编号	编号	荷载分级（kN）									
		520	780	1040	1300	1560	1820	2080	2340	2600	2860
PB7	10046	340.5	447.3	480.6	528.5	687.5	731.5	689.3	653.2	651.2	623.2
PB8	10045	221.2	316.2	369.2	453.2	589.6	612.3	653.2	689.2	612.1	/
PB9	10044	256.1	352.3	389.5	478.2	523.6	632.5	594.4	553.2	/	/

路堤桩 PB7、PB8、PB9 桩反力所占复合桩基比例　　　　表 4-21

荷载分级(kN) / 桩反力占比(%) / 路堤桩编号	520	780	1040	1300	1560	1820	2080	2340	2600	2860
PB7	65.48	57.35	46.21	40.65	44.07	40.19	33.14	27.91	25.05	21.79
PB8	42.54	40.54	35.50	34.86	37.79	33.64	31.40	29.45	23.54	/
PB9	49.25	45.17	37.45	36.78	33.56	34.75	28.58	23.64	/	/
平均值	52.42	47.68	39.72	37.43	38.48	36.20	31.04	27.00	16.20	21.79

从桩与承台复合中所占比例来看：同种类型路堤桩的分摊比例与荷载级别有关。在到达极限之前，PB1、PB2、PB3 桩反力所占比例是随着＋荷载等级的增长而增长，在荷载等级为 3500kN 时，平均值达到 88.03%，此时，单桩反力约为 3080kN，应该说已经是接近或达到单桩极限承载力。

PB7、PB8、PB9 桩反力是随着荷载等级的增长而增长，而所占比例相对减小；则土承担反力比例在增加。

PB1、PB2、PB3 桩反力所占比例均超过 50%，根据复合桩基研究成果，随着时间的增长，初期承台部分所承担的反力将逐渐减小，而桩反力将逐渐加大，甚至完全承担，所以这种情况下单桩桩身设计需达到全部的荷载值；PB7、PB8、PB9 桩反力所占比例大多在 50%以下，可见初期承台部分将承担较大的反力，而桩反力将逐渐加大并与承台共同承担上部荷载。

4.3.3　减沉路堤桩沉降计算分析研究

桩基的最终沉降量计算采用以 Mindlin 应力公式为依据的单向压缩分层总和法。科研中心建筑沉降计算分析单元平面分布如图 4-26 所示，入口综合建筑沉降计算分析单元平面分布图如图 4-27 所示。

力求将邻近高填土的主体建筑沉降控制在规范要求的 20cm 左右。从科研中心建筑沉降计算分析结果来看，最大主体沉降量数值为 20.42～21.42cm，入口综合建筑的最大主体沉降量为 16.90cm。

科研中心建筑南侧高填土处理剖面沉降示意如图 4-28 所示。

入口综合建筑西侧高填土处理剖面沉降示意如图 4-29 所示。

由图中可见，路堤桩充分发挥了过渡段的功能，以主要竖向承载的形式将紧邻主体建筑的高填土荷载传递到桩基深度，合理的控制了对主体结构沉降的影响。

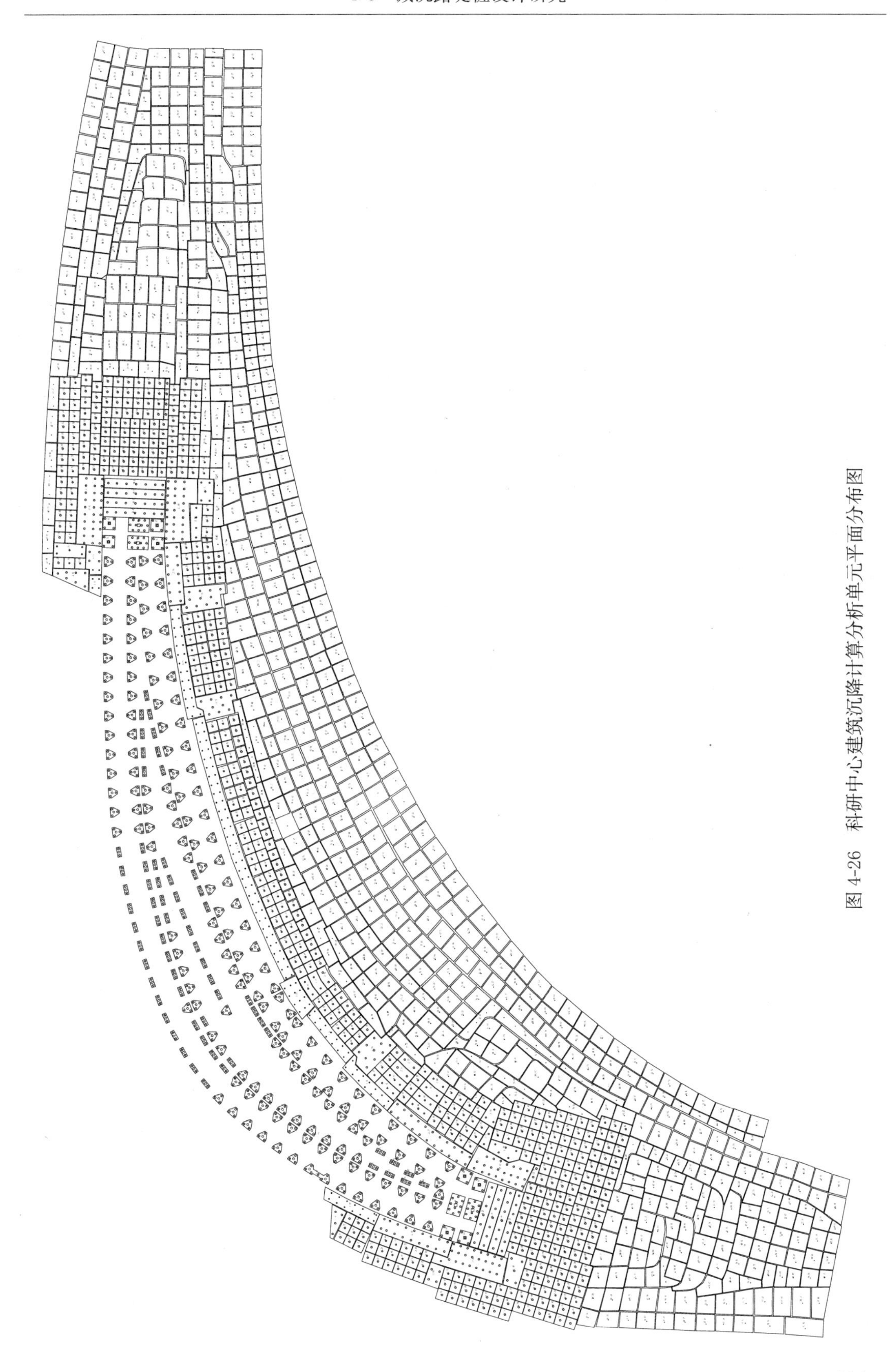

图 4-26 科研中心建筑沉降计算分析单元平面分布图

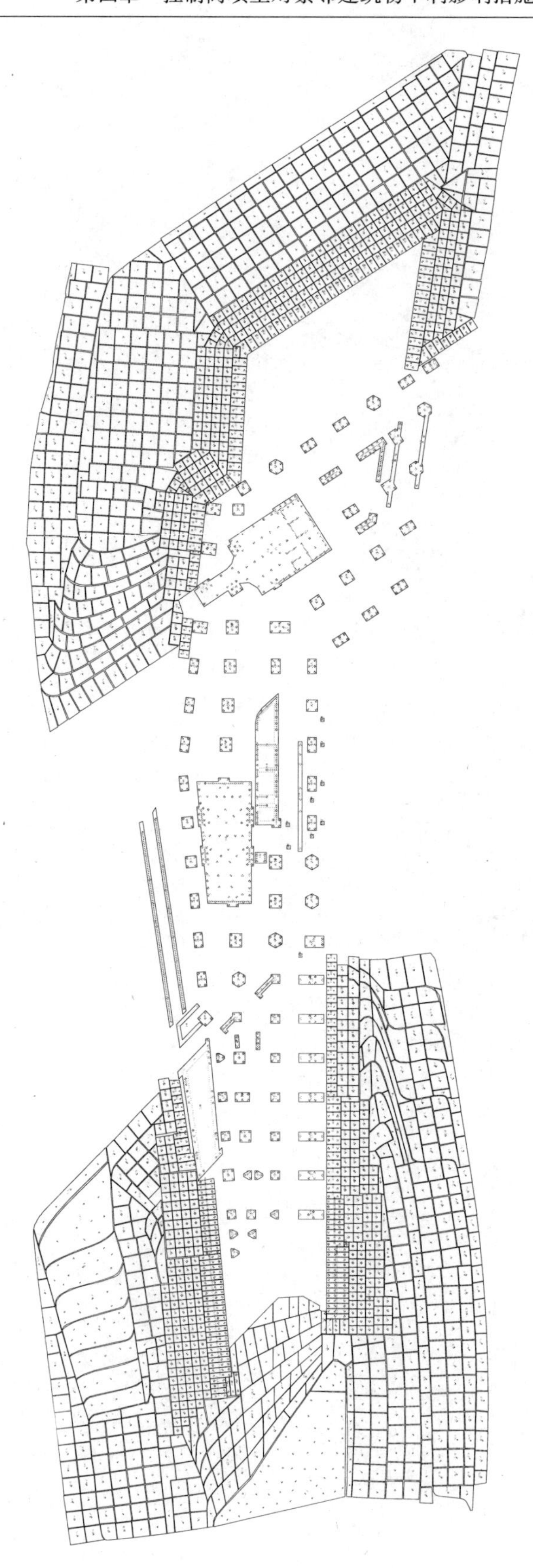

图 4-27　入口综合建筑沉降计算分析单元平面分布图

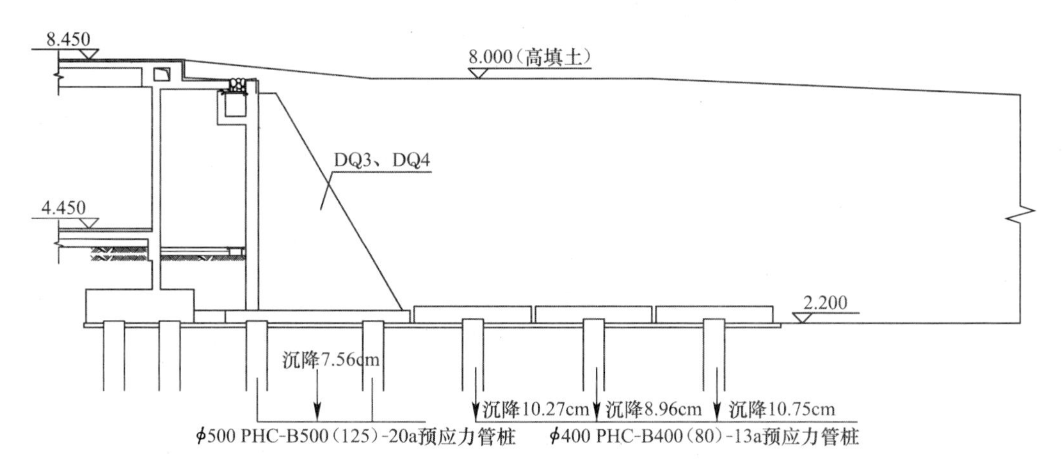

图4-28　科研中心建筑南侧高填土处理剖面沉降示意图

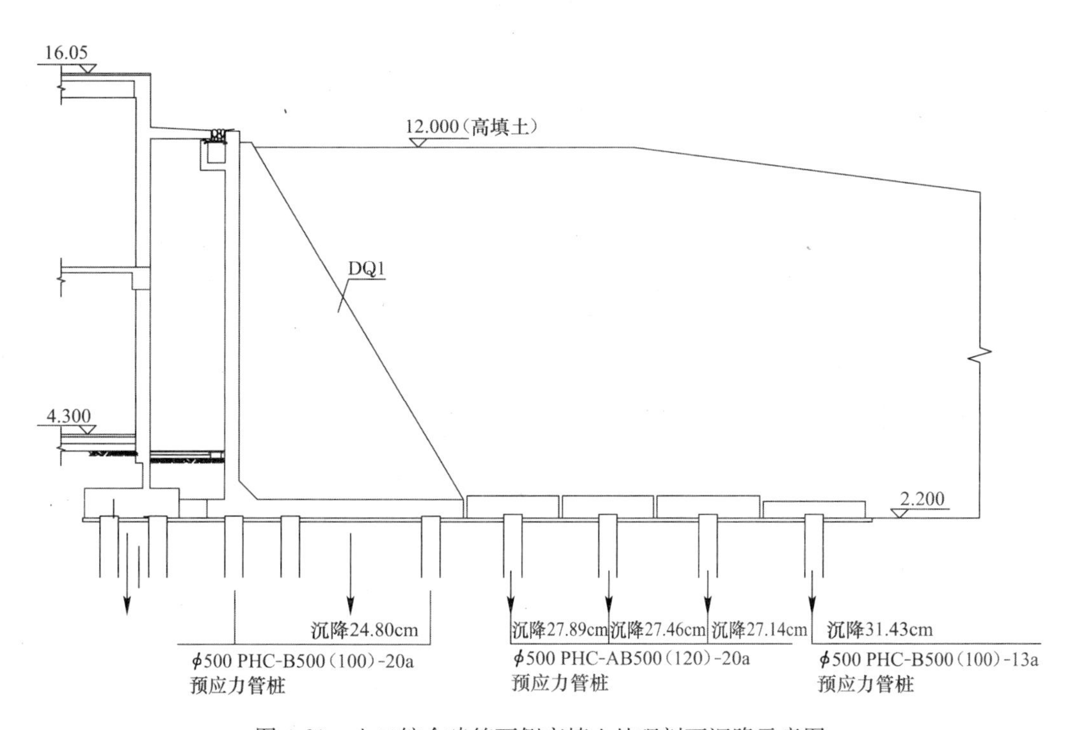

图4-29　入口综合建筑西侧高填土处理剖面沉降示意图

4.4　背景工程科研中心建筑两端高填土不利影响构造设计分析

科研中心建筑东西两端的绿环高填土与建筑主体紧密相连，填土标高达到14.000m并与建筑屋面连通；从东西两端的绿环高填土平面图（图4-30、图4-31）可见，密集的高填土沿着绿环逐渐延伸，在建筑屋面处达到较高点。如何处理与主体建筑的关系，特别是构造的设计尤其重要。

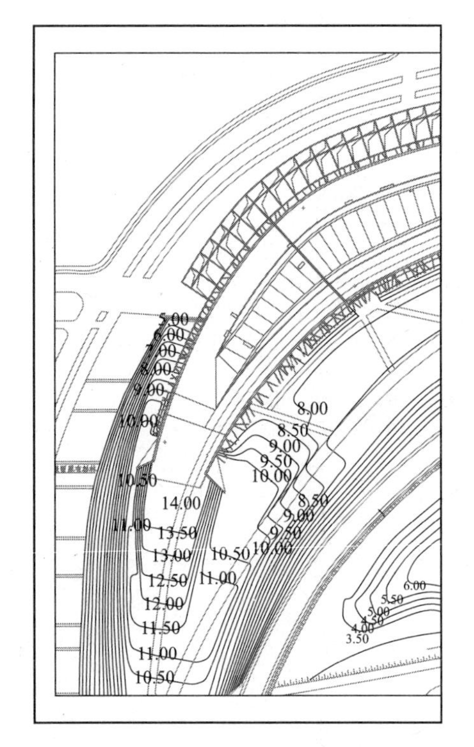

图 4-30　科研中心建筑西端高填土平面示意图

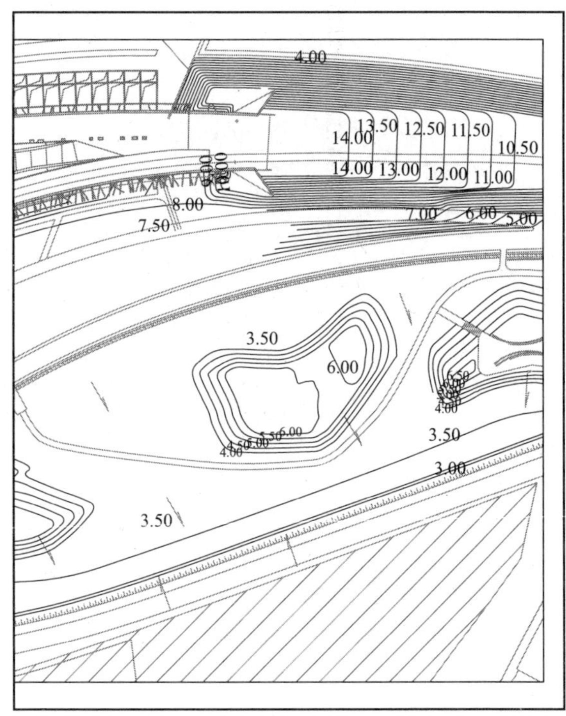

图 4-31　科研中心建筑东端高填土平面示意图

根据高填土与主体建筑脱开的原则，初步方案可设计挡土墙将高填土隔离在主体建筑之外，但是与建筑侧向高填土不同的是，端部的填土高度远大于侧向填土，则挡土墙需要较大的自身刚度来抵抗标高达到 14.000m 以上的高填土侧向力。而为满足高大挡土墙的强度设计、抗倾覆、抗滑移验算及水平力的传递等要求，则需要更多的经济投入。

结合背景工程主体建筑端部已处于绿环高填土之中的特点，优化实施方案将端部主体建筑配合高填土斜率设计成斜面，其相邻高填土按稳定角度堆筑并在填方斜表面设置护坡结构，将主体斜向结构与填土护坡结构构造脱开，而斜向结构不需要大跨悬挑，可通过设置斜撑斜柱等更加稳妥的结构形式来完成。具体构造设计如图 4-32、图 4-33 所示。

优化实施方案在不影响建筑使用的情况下，既节省了高大挡土墙设计，又可减少相邻高堆土的重量，从而达到减小对主体建筑影响的目的。

此外，初步方案中如此高度的高填土对邻近主体建筑的影响较大，而要达到控制的要求，地基处理范围及桩基设计深度都需要相应增加。根据初步设计方案进行的沉降分析结论见图 4-34，此方案下路堤桩最大沉降达到 28.28cm，挡土墙基础形心沉降达到 22.52cm，相邻主体建筑的沉降影响达到 15.33cm。

而优化方案的显著优势是可以通过斜撑的设置形成填方空区，将实际高填方与主体建筑的间距拉大，减少对主体结构的不利影响。同时可根据影响范围的计算分析反求二者间的距离，并通过增设支撑结构的形式而达到要求。

优化方案较为适合背景工程，在达到要求的影响距离的同时，实际的高填土标高随着绿环斜率相应减小，更加有利于主体结构的安全。背景工程设置了两道斜撑，第一道斜撑主要为满足建筑功能而设置，第二道斜撑属于增设用于控制对主体结构的影响。优化方案

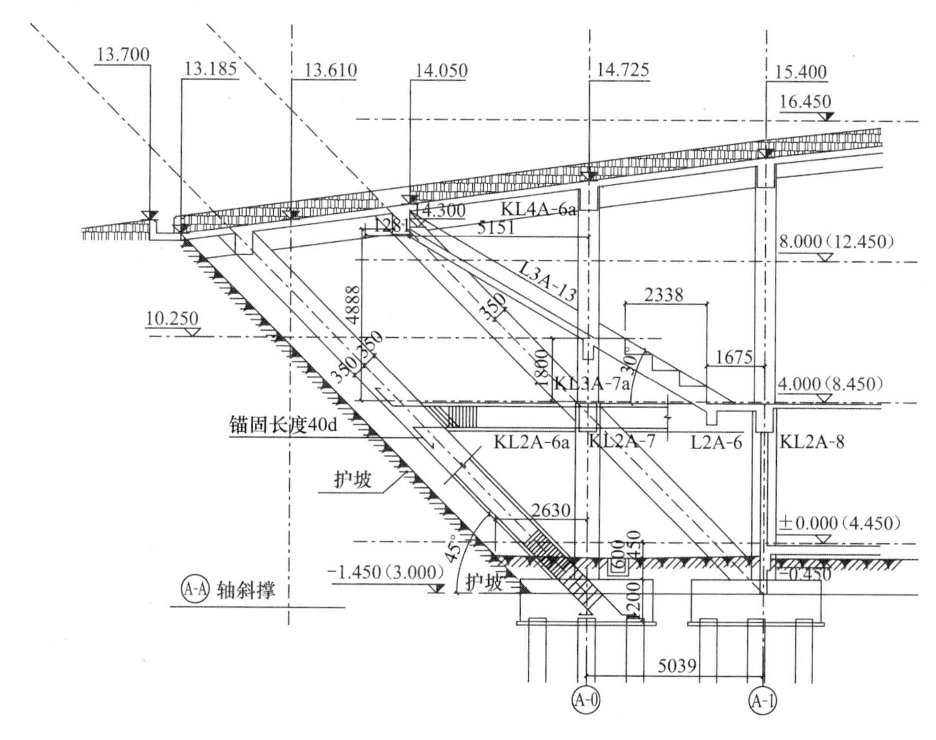

图 4-32 科研中心建筑西端高填土与主体建筑构造剖面示意图

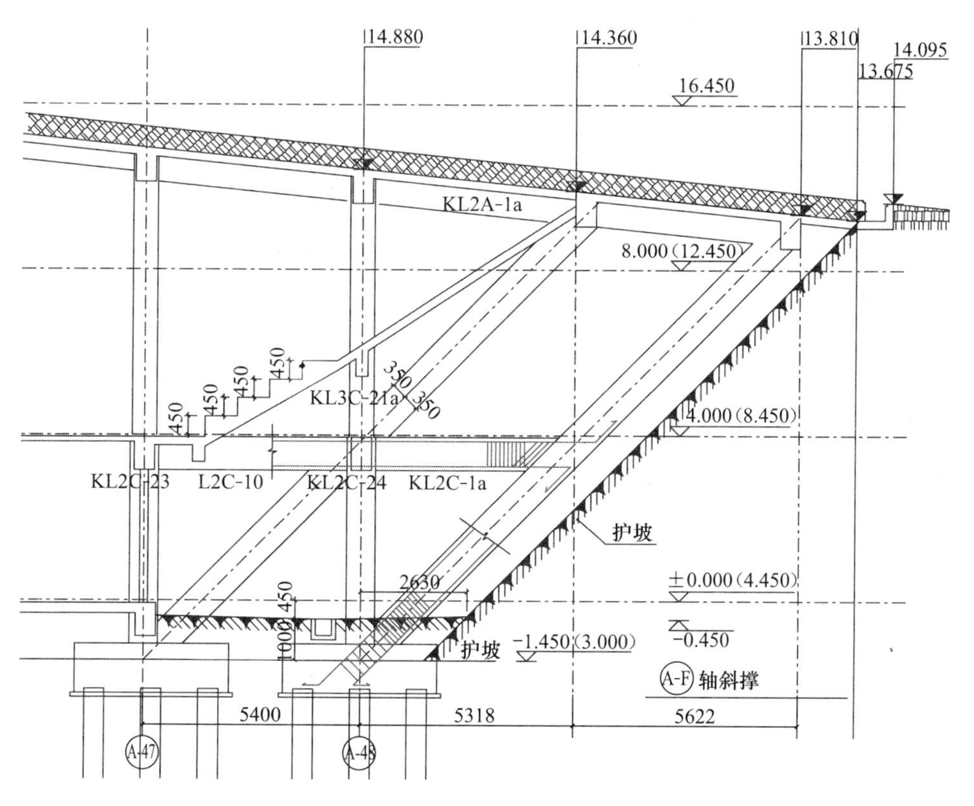

图 4-33 科研中心建筑东端高填土与主体建筑构造剖面示意图

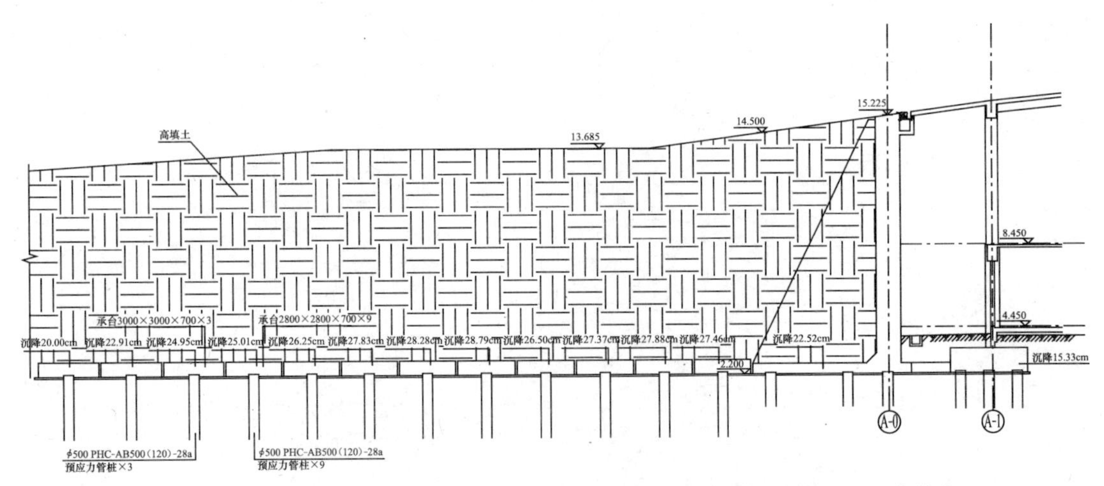

图 4-34　科研中心建筑西端初步方案中高填土与主体建筑构造关系及沉降示意

的沉降计算分析结果如图 4-35、图 4-36 所示，从图中可见路堤桩最大沉降达到 26.63cm，相邻主体建筑的沉降影响达到 16.46cm。未增设斜撑的沉降计算分析结果见图 4-37，从图中可见路堤桩最大沉降达到 28.98cm，相邻主体建筑的沉降影响达到 17.04cm。由于未增设斜撑的路堤桩沉降较大，已经接近 30cm，通过增设支撑减少了沉降量。

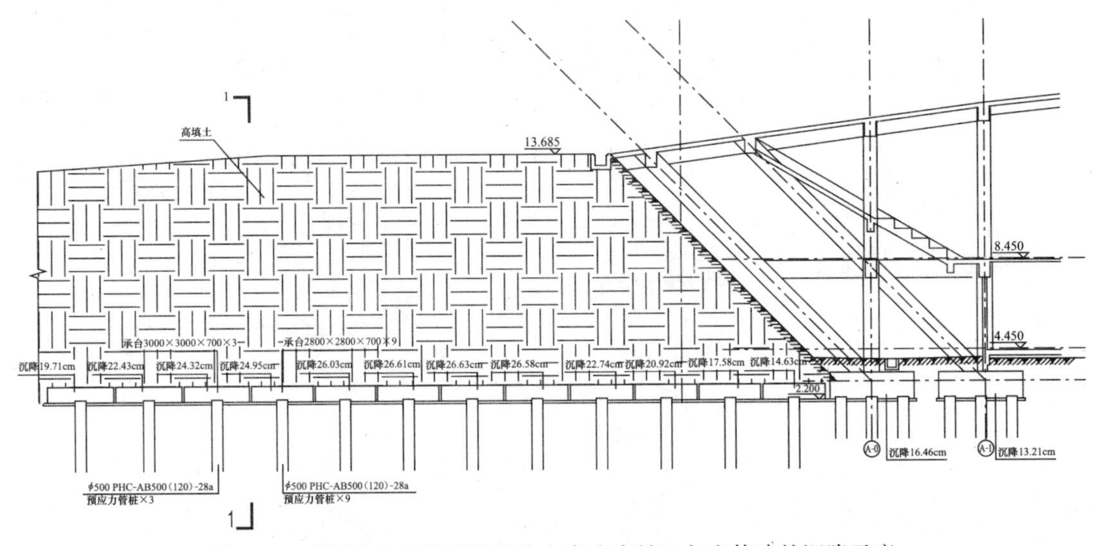

图 4-35　科研中心建筑西端优化方案中高填土与主体建筑沉降示意

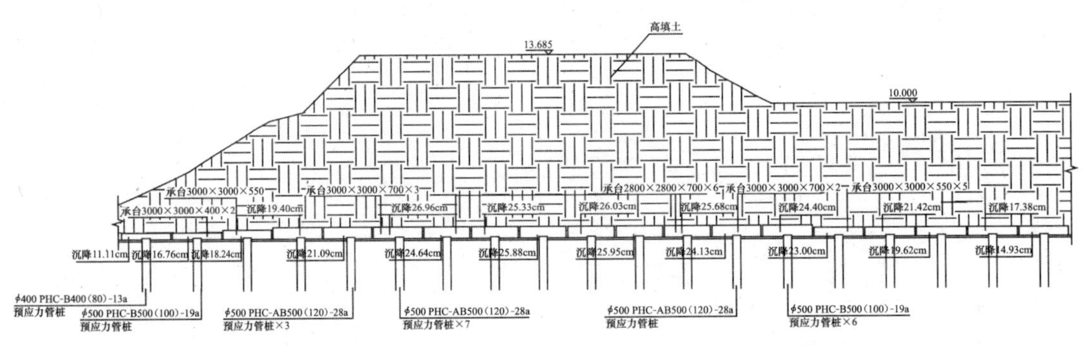

图 4-36　科研中心建筑西端优化方案中 1-1 剖面高填土沉降示意

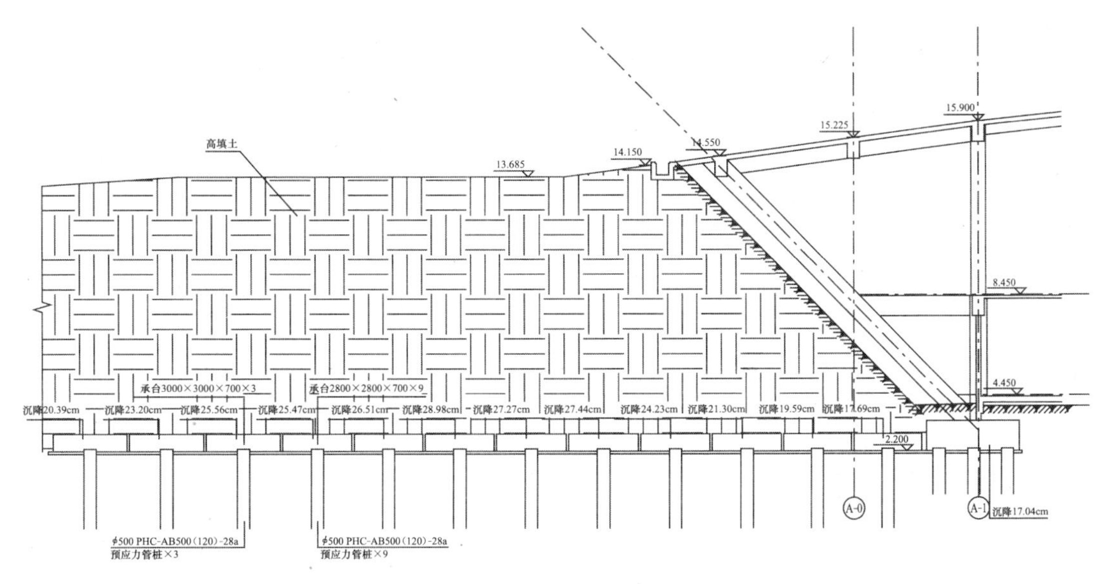

图 4-37 科研中心建筑西端末增设斜撑方案中高填土与主体建筑沉降示意

根据以上分析得到，斜撑的设置可根据实际高填土的影响而精确确定，需要时可通过设置多道斜撑达到控制主体建筑沉降的要求。

斜撑的设计同时要兼顾建筑及填土的实际要求及条件，当然要反对不必要的斜撑的增设，不考虑实际情况而一味增加土建造价的方案是必须放弃的。

4.5 背景工程主入口综合建筑西侧高填土影响的高桩承台设计分析

主入口综合建筑的西侧被高填土所包裹，在 12.000m 标高以上的主体即属于坡地建筑立面的整体要求，内部功能仅为贵宾通道，无需其他使用功能房间，所以其并不属于一般建筑物；而与之紧密相连的高填土标高达到目的 16.500m，是背景工程整体设计绿环之中的最高处。西侧建筑等高线平面如图 4-38 所示。

从图 4-39 中可见，入口建筑物西侧高填土范围较大，高填土沿着主体建筑物从 5.000m 标高起至 16.500m 标高的水平长度即达到 100m，处理此范围高填土的经济性显得更加重要。

4.5.1 高填土处理首选方案设计

考虑到主入口建筑主体的土建施工属于二期工程，要在一期科研中心建筑之后方能开工。首选方案是针对此部分尽早预先进行高填土工作，争取在计算预估的时间内完成高填土，再做相应的土建工作。

根据之前的分析，首选方案考虑在保证地基土充分固结的条件下，分级堆土，堆土高度可达到设计高度，但地基土固结时间较长。采用地基处理排水板方法，可以有效地缩短地基土固结时间，加快堆土施工进度，确保绿环整体稳定。

首选方案中此部分高填土施工顺序说明如下，施工工序如图 4-40～图 4-45 所示。

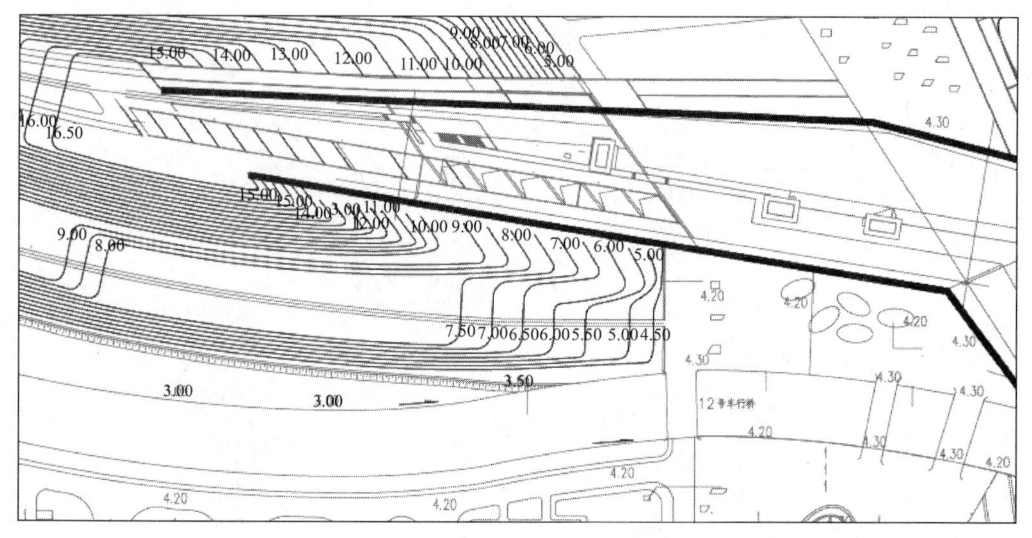

图 4-38　主入口综合建筑西侧高填土与主体建筑平面关系示意

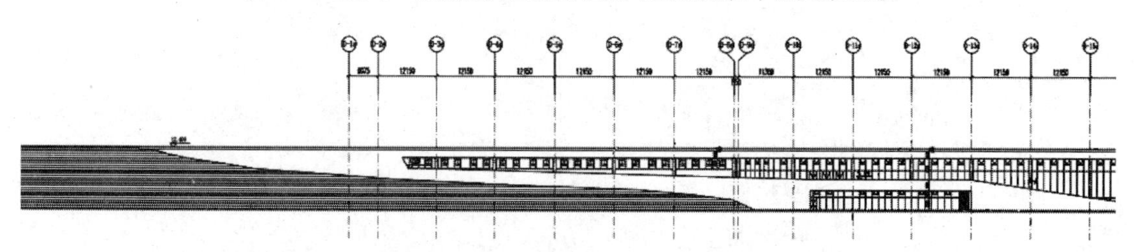

图 4-39　主入口综合建筑西侧高填土与主体建筑立面关系示意

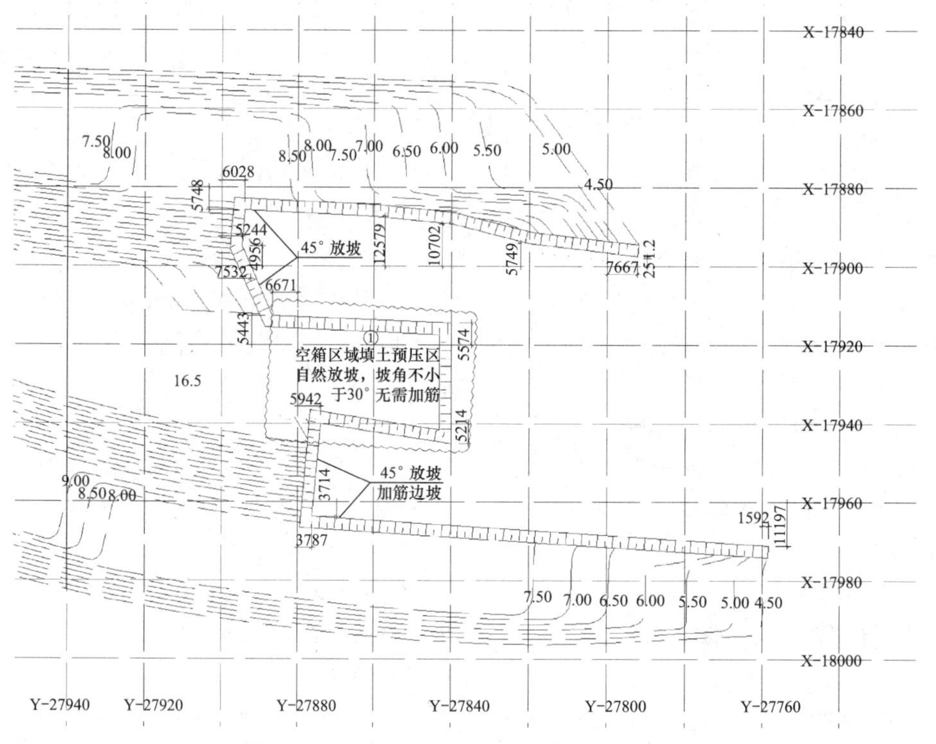

图 4-40　工序 1：地基处理及填土堆载施工

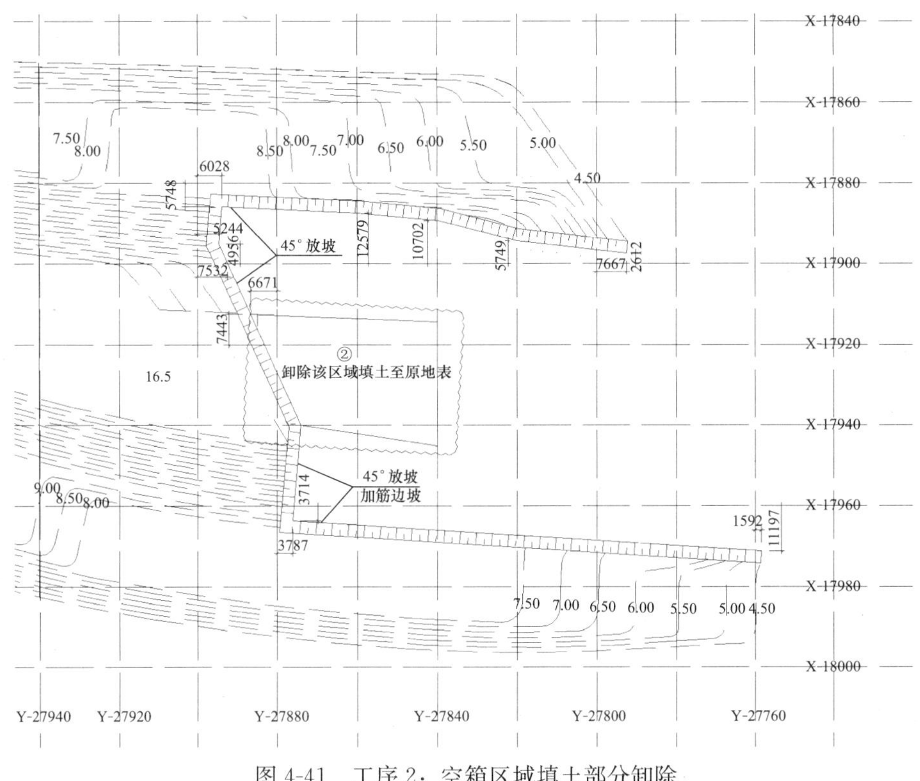

图 4-41　工序 2：空箱区域填土部分卸除

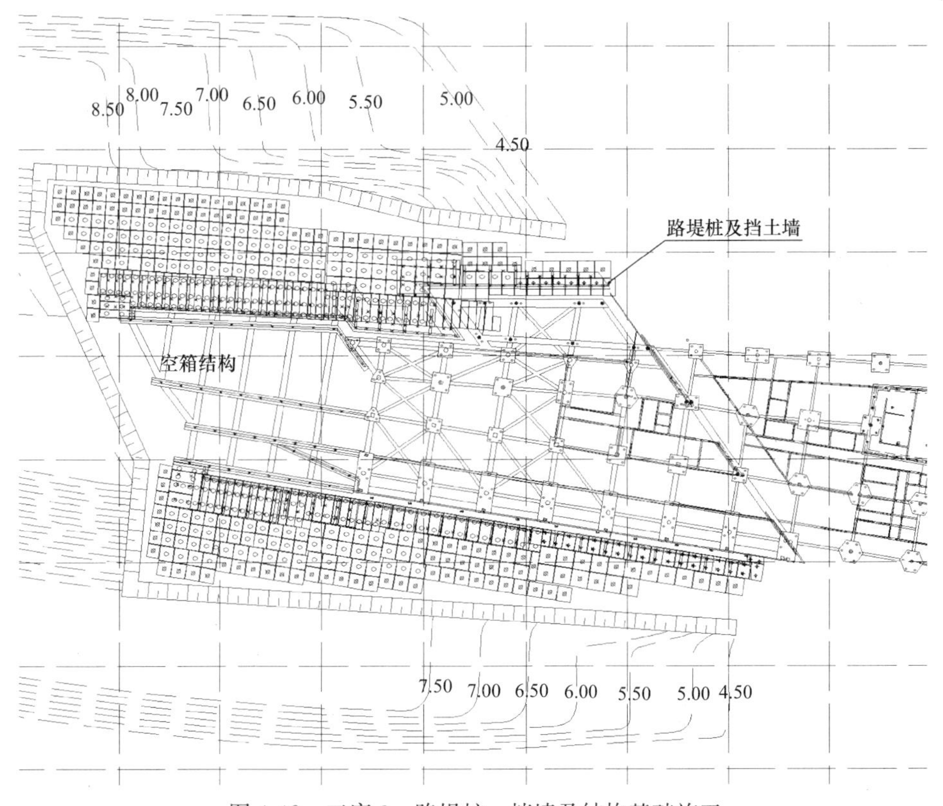

图 4-42　工序 3：路堤桩、挡墙及结构基础施工

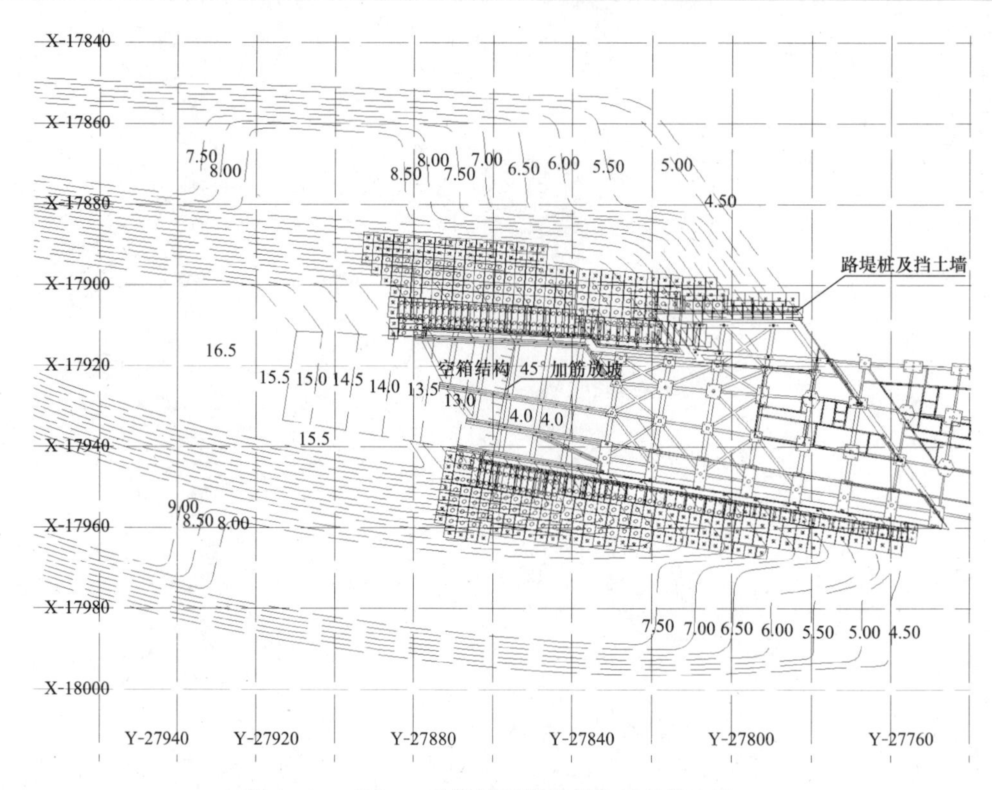

图 4-43　工序 4：路堤桩区域及挡土墙后填土施工

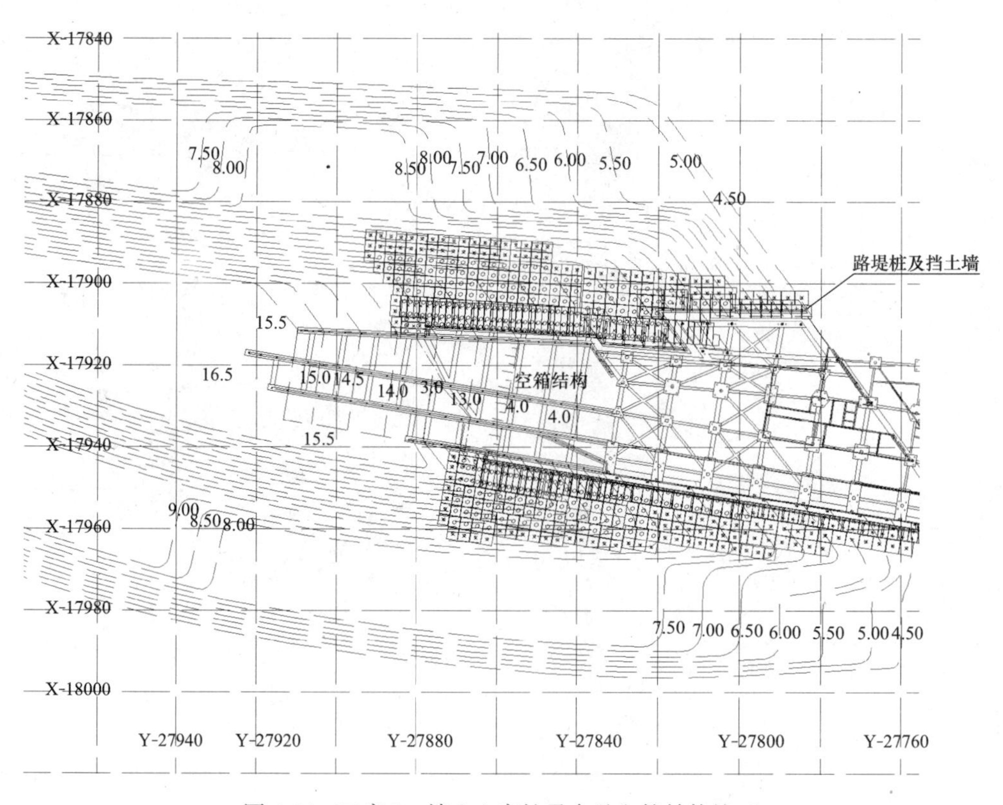

图 4-44　工序 5：填土上高桩承台及空箱结构施工

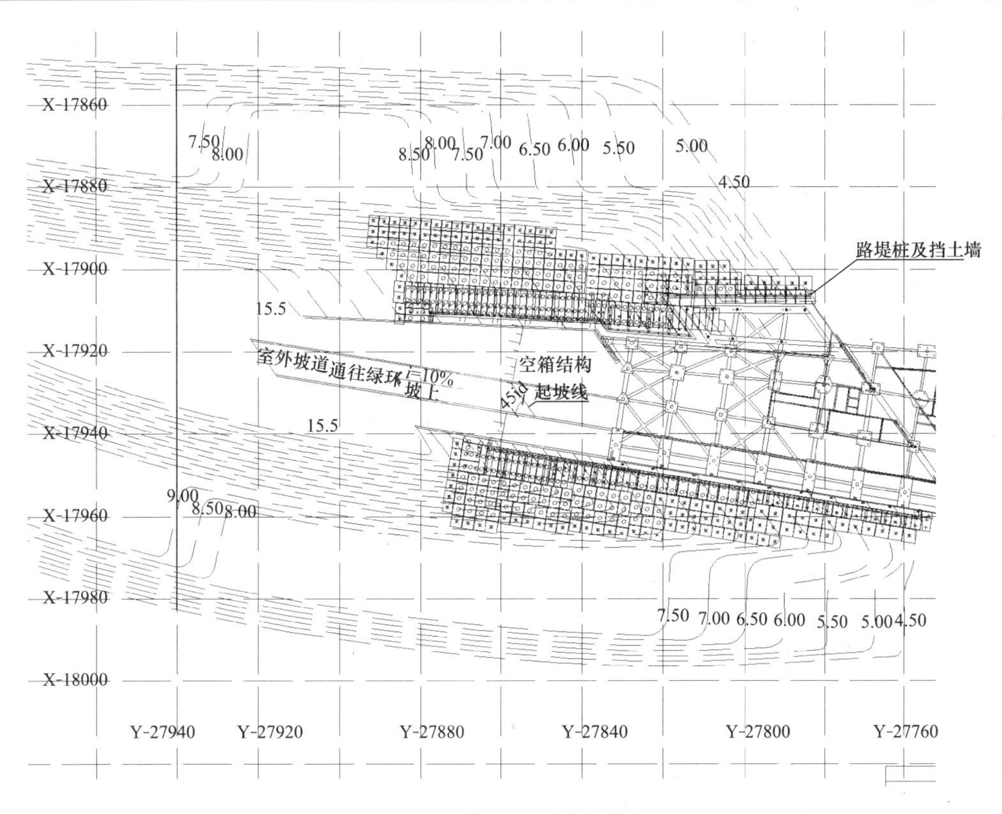

图 4-45 工序 6：室外坡道施工

（1）首先施工路堤桩区域外高填土，邻近路堤桩区域一侧 45°放坡，坡高大于 5m 区域采用单向格栅加筋；空箱区域填土进行预压，边缘自然放坡。

（2）通过监测，地基土固结度达到 80%以上后，卸除空箱区域填土至原地表。

（3）施工路堤桩及挡土墙桩基、挡墙以及空箱结构桩基、承台、地梁及空箱墙体。

（4）施工路堤桩区域及挡墙后填土，空箱区域内按等高线填土，边缘 45°加筋放坡，加筋构造参见详图。

（5）监测填土沉降稳定后，施工填土上高桩承台及空箱墙体。

（6）施工空箱内坡道填土。

（7）主体结构施工。

此部分高填土地基处理及填土设计施工说明如下：

（1）堆载区域进行预填土起坡，根据堆土标高确定先期填土厚度。堆土标高 16.500m 区域先期填土中心高度为 1.5m，由中心预填土向绿环内外侧放坡至原地面，形成砂垫层排水坡度。预填土应该选用易于压实的粉质黏土或粉土，采用振动碾压分层压实，每层铺设厚度不大于 30cm。

（2）填土边缘外侧根据地形设置明沟排水，沟底纵坡 0.5‰～1.0‰，明沟宽度和深度根据场地集水面积进行计算确定。

（3）铺设 300mm 厚中粗砂垫层，然后打设塑料排水板，长度不小于 15m。填土标高大于等于 7.500m 区域打插塑料排水板，根据填土厚度，将堆载区划分为 A 区（主入口西侧，最大填土标高为 16.500m）、A 区塑料排水板间距为 1.0m。

（4）打插完塑料排水板后再填筑厚度20～30cm中粗砂（A区30cm），其中，铺设两层双向土工格栅（抗拉强度不小于30kN/m），两层格栅之间应保障15～20cm的间距。

（5）在砂垫层表面铺设一层土工布（$200g/m^2$），土工布与下层土工格栅之间填土厚度不得小于5cm。

（6）16.500m标高区域填土分五级填筑。第一层填土：堆填至7.000m标高，控制填土速率小于50cm/d，预计停放25d；第二层填土：堆填至10.000m标高，控制填土速率小于30cm/d，预计停放20d；第三层填土：堆填至13.000m标高，控制填土速率小于30cm/d，预计停放20天；第四层填土：堆填至15.000m标高，控制填土速率小于30cm/d，预计停放15天；第五层填土至设计标高16.500m，填土速率小于30cm/d。每级堆土至设计标高后，根据监测，沉降稳定（沉降速率<2mm/d）及超孔隙水压力消散80%后方可进行下一级填筑。考虑到此区域填土堆土工艺复杂，施工周期长，其施工进度直接影响主体结构的施工，从而对整个工程进度产生影响，施工单位应认真做好施工组织设计，并尽快组织地基处理及填土堆筑施工。

（7）填土分层碾压厚度不大于30cm，碾压密实，压实系数不小于0.90，挡土墙附近10m范围内压实系数不小于0.93。

4.5.2　高填土处理最终方案设计

主入口综合建筑及周边附近堆土属于工程二期，由于报批等种种因素，二期开工时间较晚，特别是堆土时间也相应推迟。在2008年11月，填土刚达到标高9.000m，根据这种情况，如仍贯彻首选方案则难以在预定的工期内完成任务。经各方商榷，决定放弃首选方案，应采用适合工期要求的优选方案。

为赶上工期的需要，最终方案设计如下：在堆高9.000m标高的填土上进行高桩承台设计，工程桩穿越填土至持力层⑤$_2$灰色砂质粉土。在9.000m标高的填土上设计承台板，用以抵抗上部高填土重量，并传递至深层土层。

虽然标高9.000m填土经过分层压实的施工操作，每级堆土至设计标高后，应根据监测沉降稳定（沉降速率<2mm/d）及超孔隙水压力消散80%后，方可进行下一级填筑。根据现场堆筑时间考虑和第二章中分层沉降观测内容可知，9.000m标高下的分层沉降主要发生在④层以上的几个土层之中。背景工程高桩承台的负摩擦影响按以下考虑：单桩竖向承载力计算中的④层以上土层摩擦力不予考虑，针对④$_1$层的摩擦力考虑7折折减，同时进行单桩承载力静载荷试验。选用PHC-AB500（120）桩型，桩长从30～37m，单桩竖向抗压承载力设计值为1750kN。桩基结构布置平面如图4-46所示。

高填土上桩基承台设计除在需要范围外，还需考虑高填土标高16.500m，如何向主体结构正常设计标高4.300m过渡；设计将过渡段做成台阶式承台，台阶下结构桩顶标高相应调整，有效承担上部填土荷载。高填土上桩基承台平面如图4-47所示。

关于高填土的合理过渡也是背景工程设计的重点，由于空箱结构端部功能南北腔体主要为建筑立面需要，为节约工程造价可将相应的填土引入腔体内，使外侧墙体内外填土平衡而无需做挡土墙设计；中间腔体为贵宾通道，通道的斜率并不同于南北侧高填土的斜率，南北腔体内填土传递过来的水平力需要通过坡道结构来抵抗与平衡。空腔体内填土设计如图4-48、图4-49所示。合理调整空箱内填土的斜率可达到最佳受力及经济的良好效果。空箱承台构造如图4-50、图4-51所示。

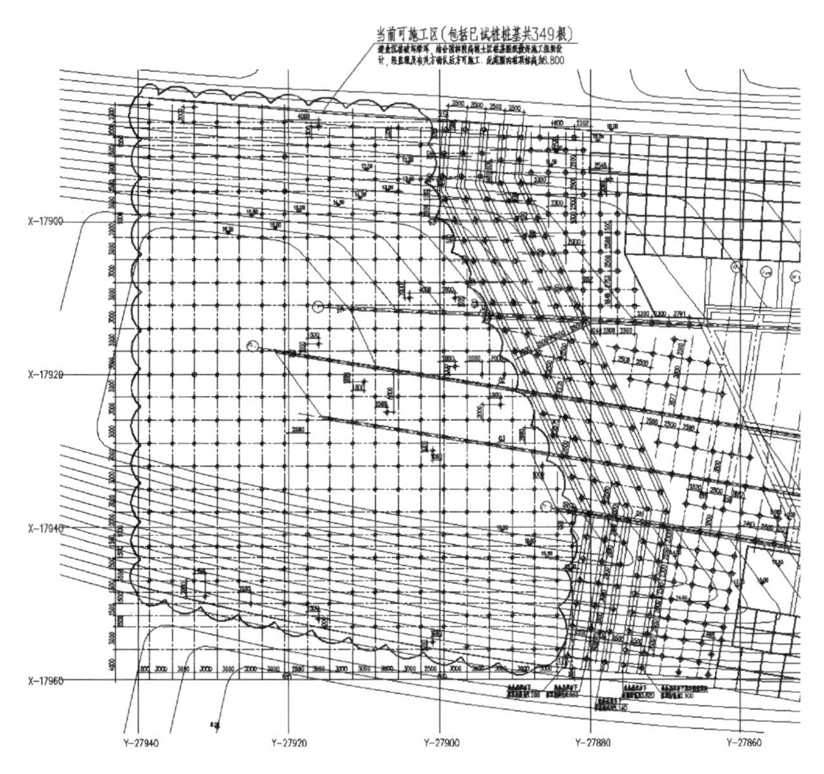

图 4-46 高桩结构平面布置

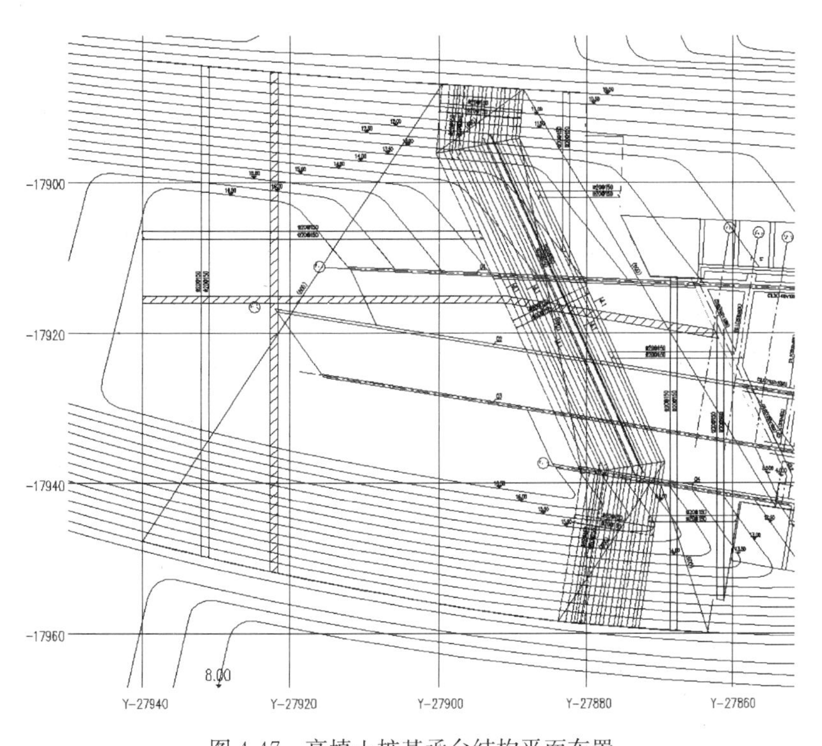

图 4-47 高填土桩基承台结构平面布置

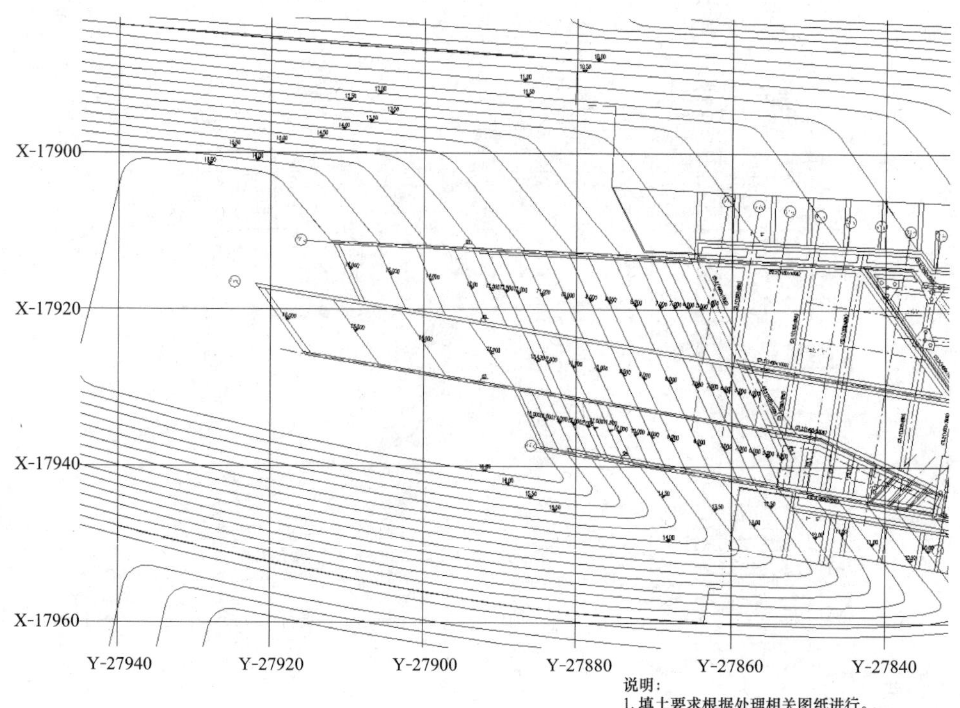

说明：
1. 填土要求根据处理相关图纸进行。
2. 总包单位应初实作好相关填土组织设计，确保填土主体结构产生不利影响特别是混凝土墙两侧严格要求同时对称填土。
3. 其中堆土开始时间需经设计确认后方能施工。

图 4-48　空箱内填土平面

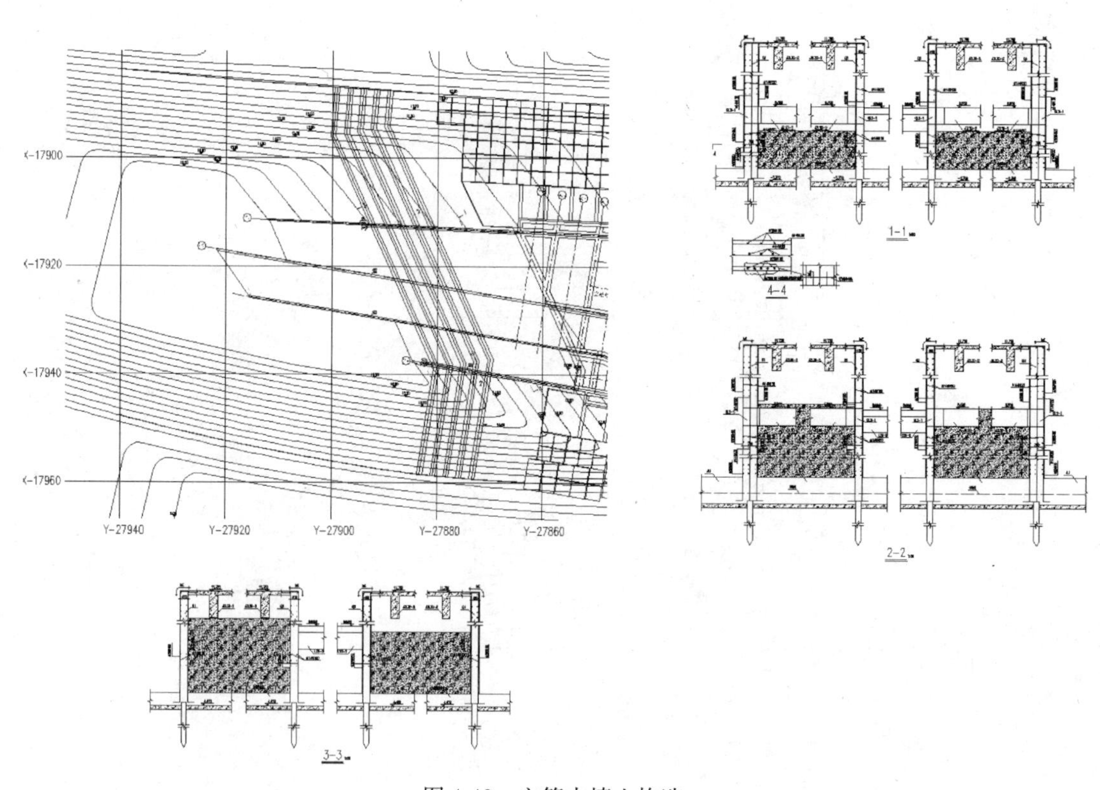

图 4-49　空箱内填土构造

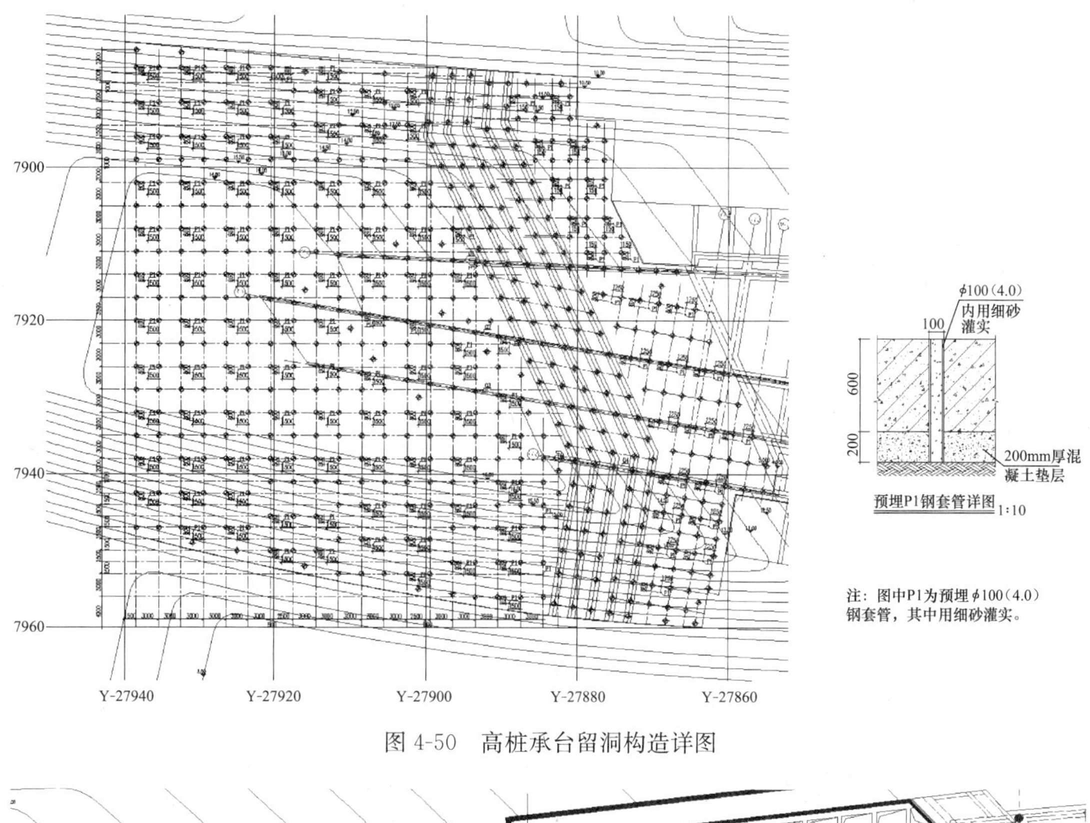

图 4-50　高桩承台留洞构造详图

图 4-51　空箱结构 11.500m 标高平面支撑布置

空箱结构三个腔体内结构剖面如图 4-52～图 4-54 所示。

主入口综合建筑西侧高填土沉降分析平面如图 4-55 所示，其中高填土区域最大沉降数值为 30cm，主体建筑沉降控制在 30cm 以内。

4.6　高填土挡墙基础水平力传递设计分析

建筑物两侧填土高度差较大，填料的性质较差，将会产生较大的水平土压力。挡土墙设计中需要进行抗滑移验算，高大的挡土墙若要满足要求，需要付出较大的土建代价，通常需要采用大型重力式或钻孔灌注桩等形式。而设计中采用经济性较高的 PHC 管桩所能承受的水平力有限，挡土墙抗滑移验算更难以满足要求。

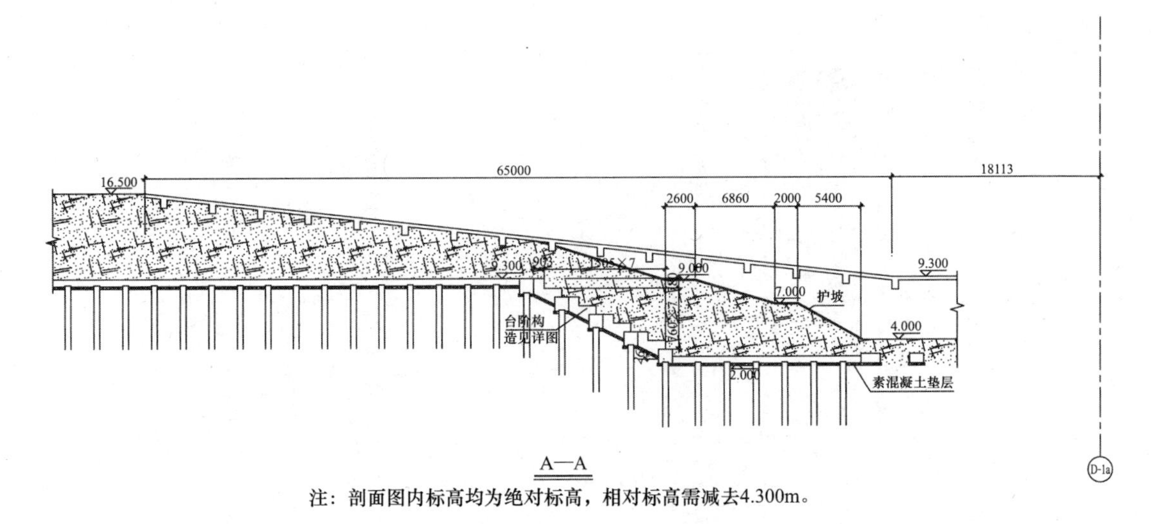

注：剖面图内标高均为绝对标高，相对标高需减去4.300m。

图 4-52　空箱结构内剖面示意（一）

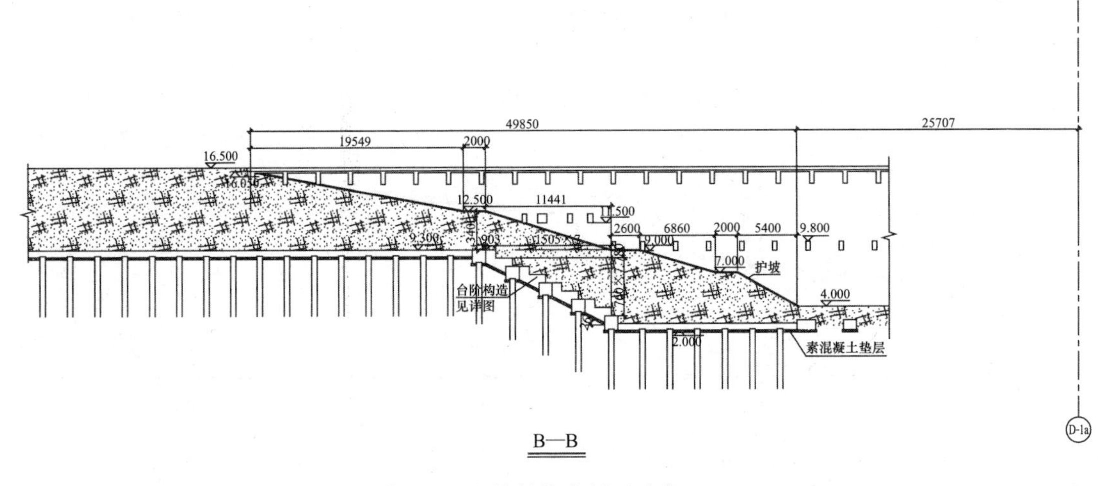

图 4-53　空箱结构内剖面示意（二）

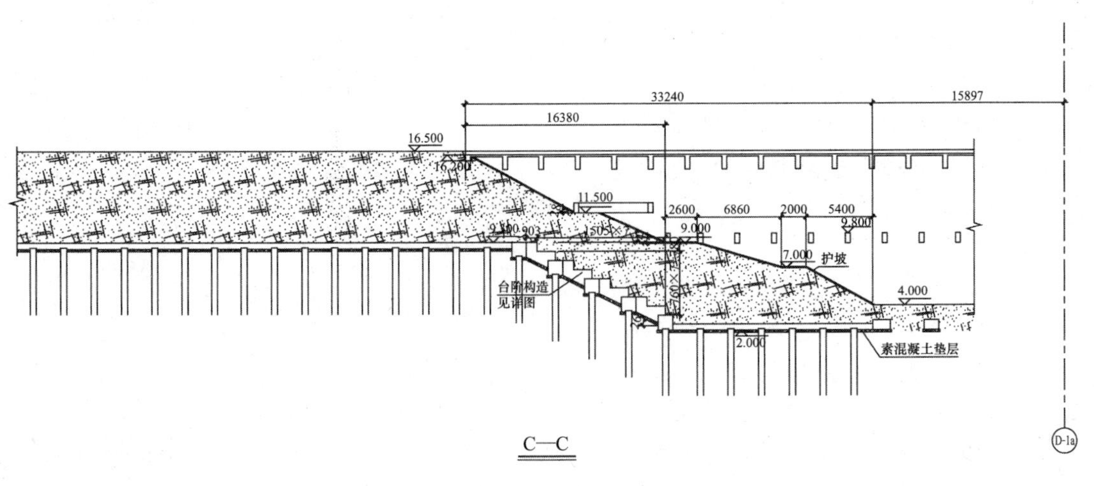

图 4-54　空箱结构内剖面示意（三）

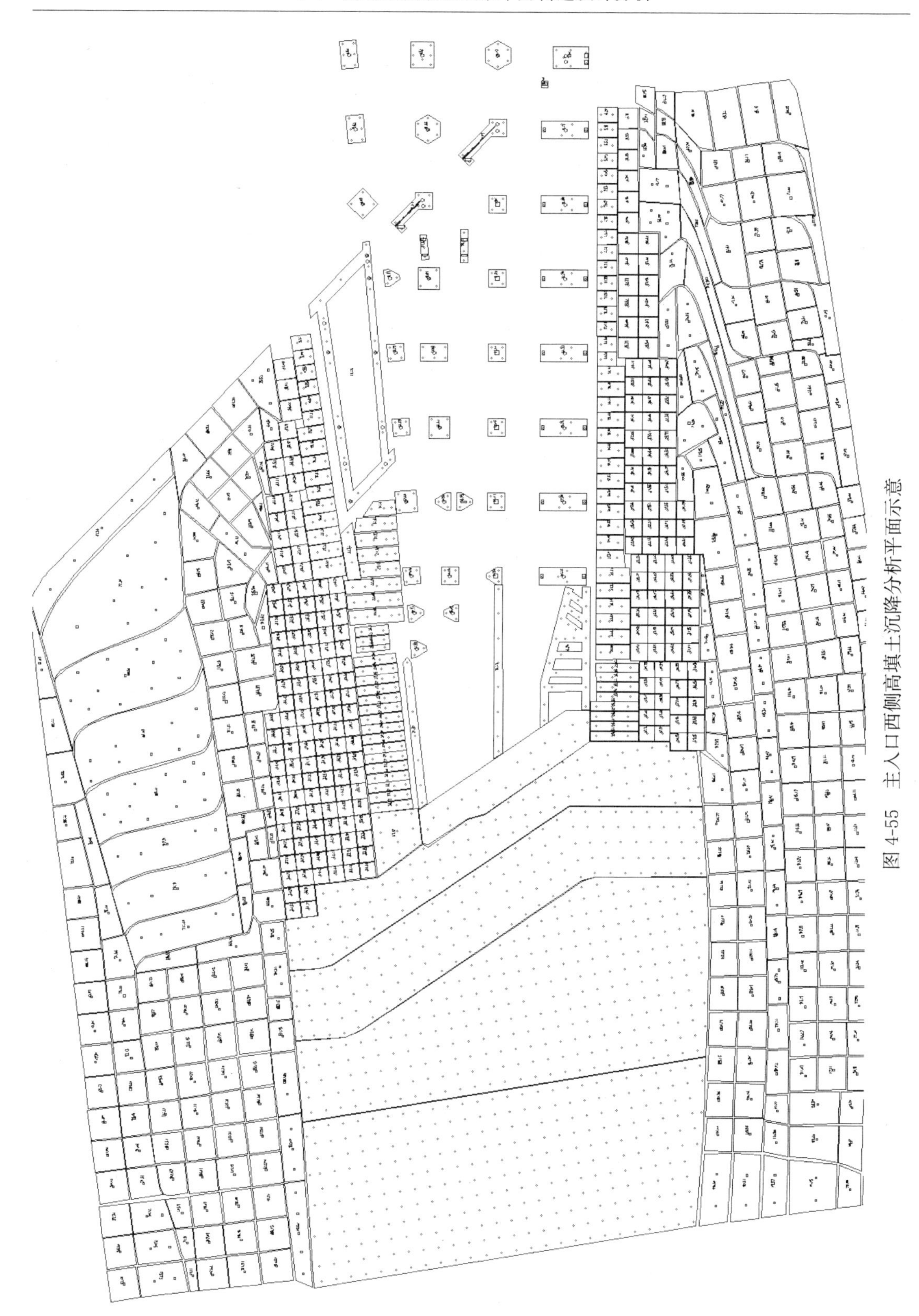

图 4-55 主入口西侧高填土沉降分析平面示意

结合背景工程特点，围绕在主体建筑物端部两侧的高填土相对于主体建筑结构具有一定的对称性。经过精心考量，决定利用桩基承台并在其中设置基础连梁，以形成水平桁架；在主体结构最外排桩基承台与挡土墙基础间设置传力梁带，通过主体结构基础水平桁架传递挡土墙基础的水平力并将主体建筑两侧的水平力相互抵消，有效防止挡土墙的水平变形，减小挡土墙基础的水平力对结构桩基的影响。

由于填土高度不一，设计中可参照高填土标高分段考虑不利情况，即选取填土较高的地段进行承台间传力连梁的设计计算。我们以科研中心建筑为例，进行以下相应的基础连梁水平桁架设计及计算分析。

4.6.1　内支撑网计算

科研中心建筑西端两侧高填土进行的基础连梁水平桁架平面布置如图 4-56 所示。

图 4-56　基础连梁水平桁架布置图

计算主体桩基基础连梁内力时，将基础连梁简化为两端固结的梁单元，承台简化为刚性节点，建筑外围挡土墙底板简化为传力围檩，荷载作用于围檩上，然后传递至内部桩基基础连梁上。荷载分布取根据挡土墙后填土高度计算的主动土压力数值。计算简图如图 4-57 所示。

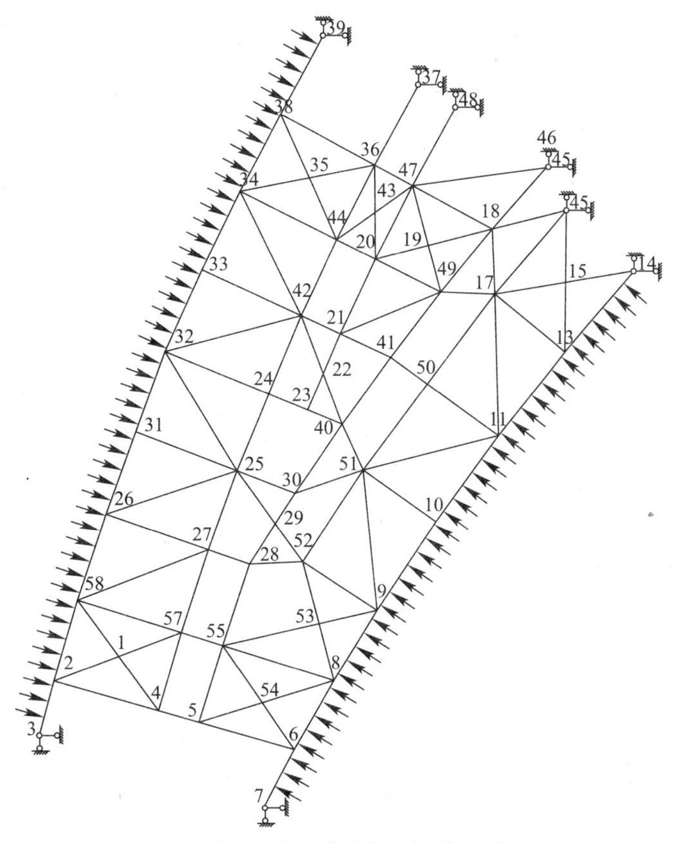

图 4-57　基础水平桁架计算简图

4.6.2　基础连梁主要结构构件尺寸

基础连梁主要结构构件尺寸如图 4-58 所示。

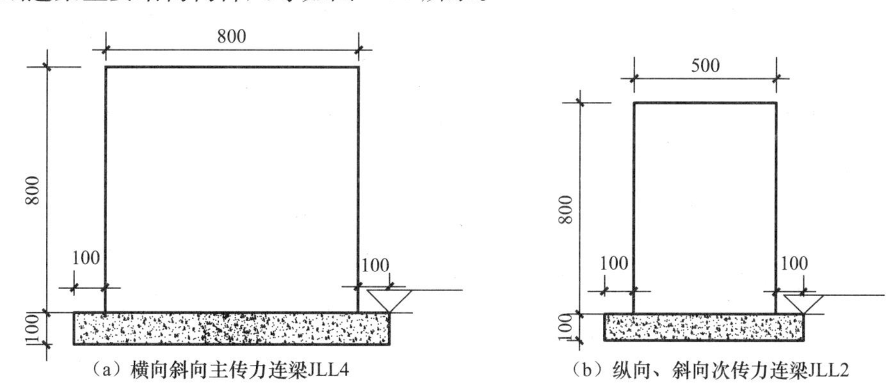

（a）横向斜向主传力连梁JLL4　　（b）纵向、斜向次传力连梁JLL2

图 4-58　基础传力连梁截面尺寸

4.6.3　内力计算结果

按内支撑网计算的节点位移、轴力、剪力及弯矩分布图如图 4-59～图 4-62 所示。节点位移最大值仅为 3.8mm；连梁轴力最大值为 1765kN，小于按单一轴压构件计算轴力

2640kN；连梁剪力最大值为 153.2kN，小于传力梁混凝土截面抗剪承载力 V_f值为 350kN；连梁弯矩最大值为 133.3kN・m。

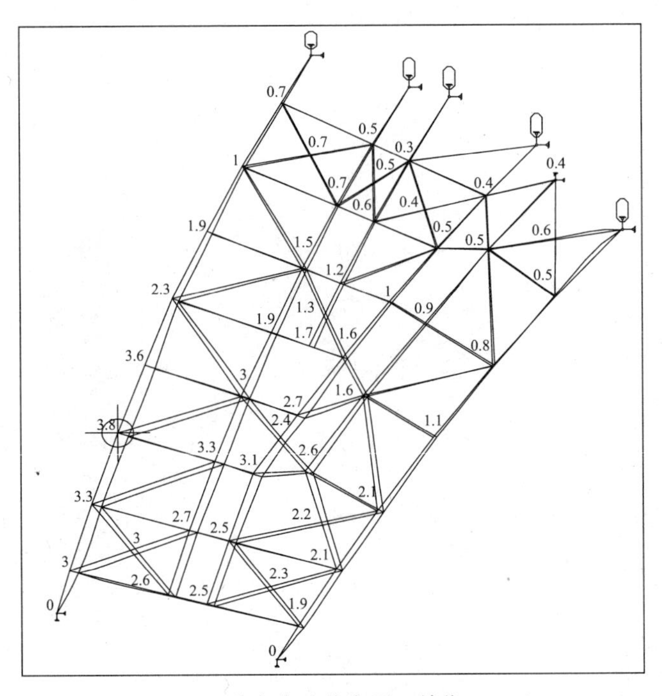

图 4-59　节点位移分布图（单位：mm）

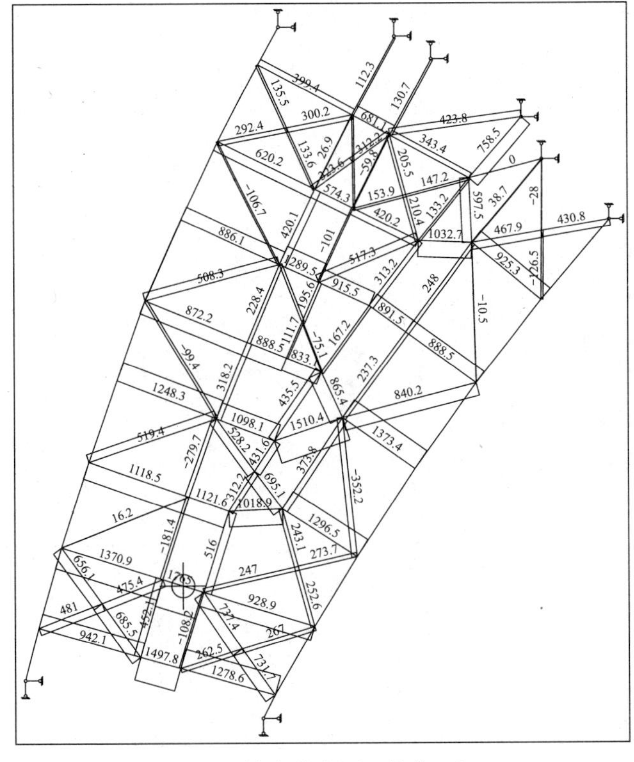

图 4-60　轴力分布图（单位：kN）

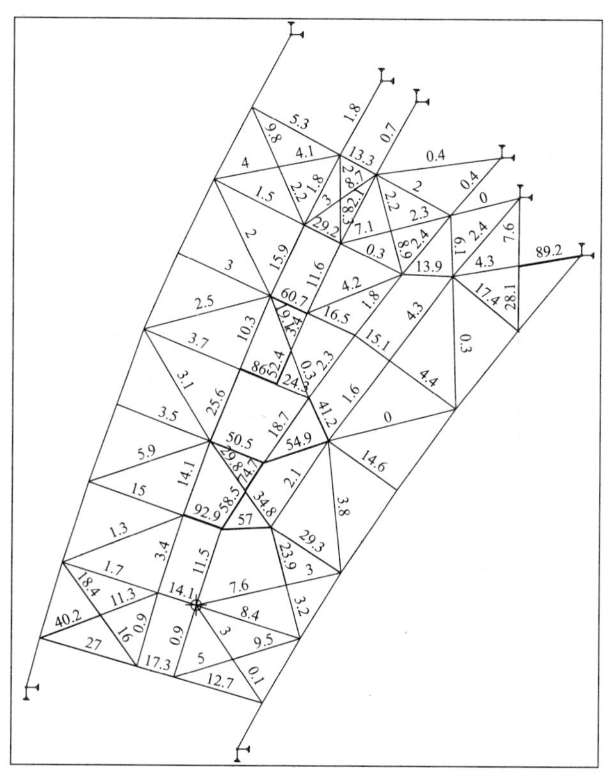

图 4-61　剪力分布图（单位：kN）

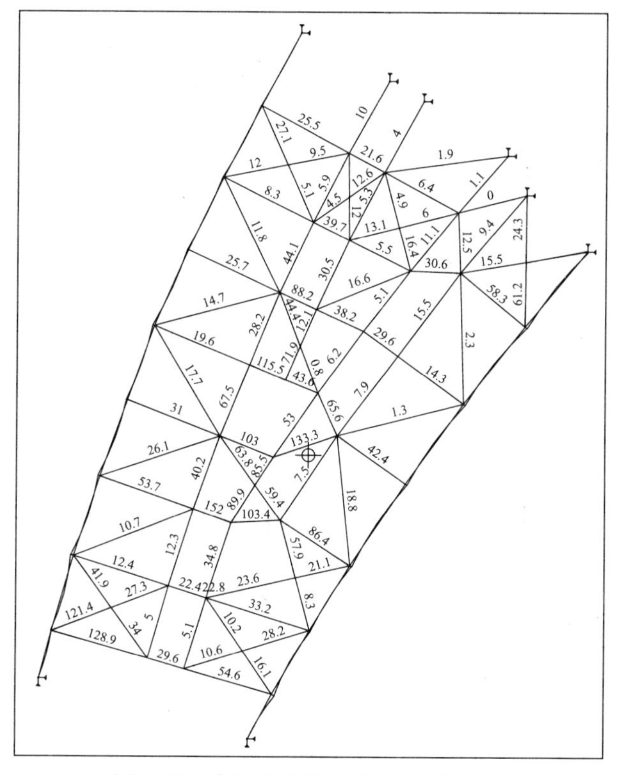

图 4-62　弯矩分布图（单位：kN・m）

4.7　背景工程温室建筑群高填土不利影响处理设计分析

温室建筑群在展览温室外周部分，根据建筑设计要求需要高填土设计，具体高填土分布见图 4-63～图 4-65。从图中可见，高填土标高为 9.000m（绝对标高），虽然相对科研中

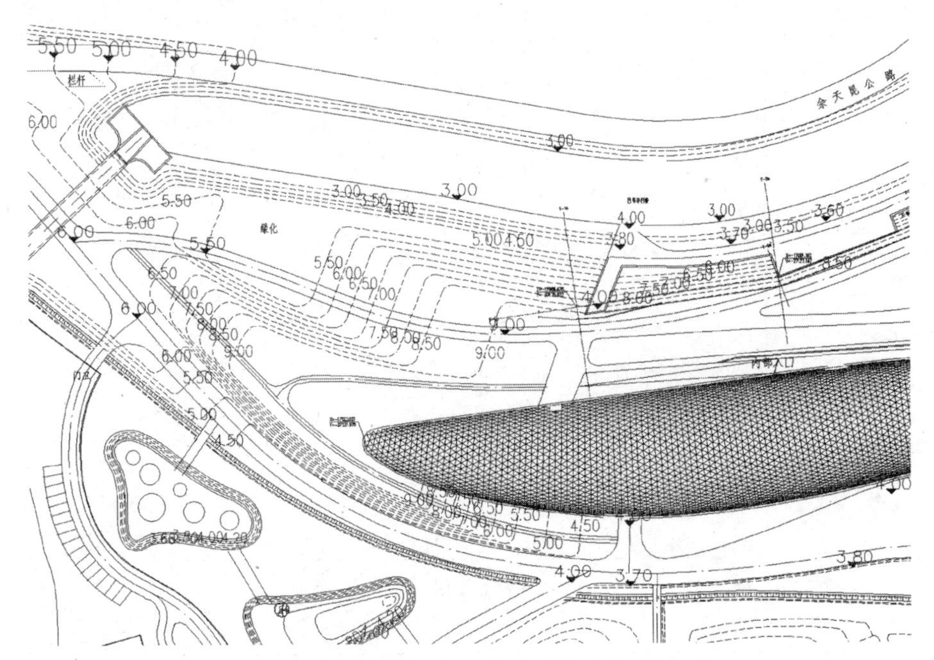

图 4-63　展览温室单体 A 周边高填土分布平面图

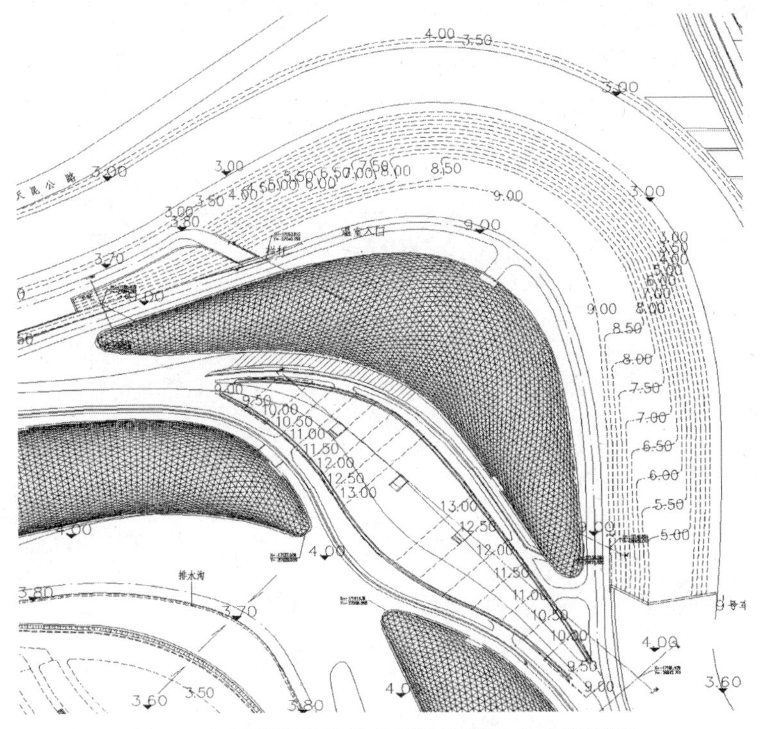

图 4-64　展览温室单体 B 周边高填土分布平面图

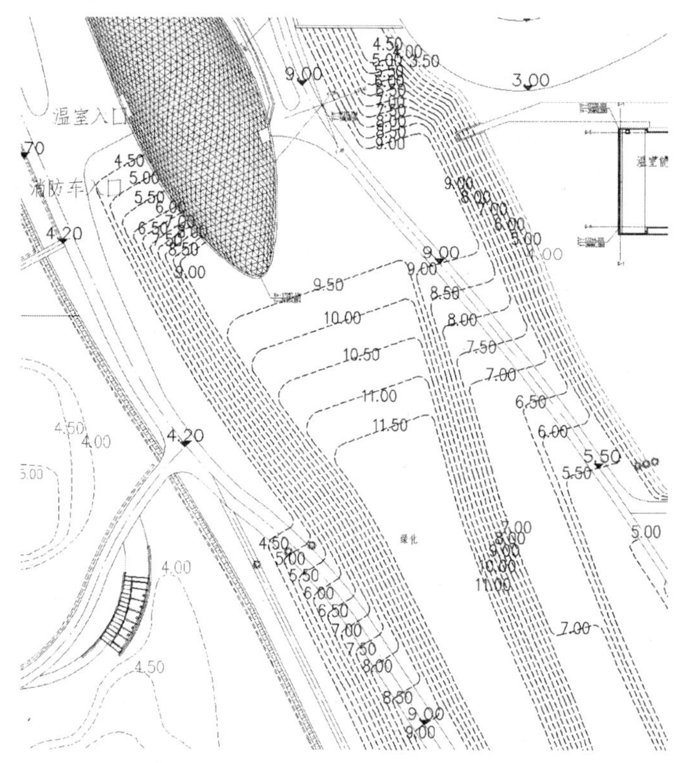

图 4-65 展览温室单体 C 周边高填土分布平面图

心建筑及入口综合建筑的最高填土标高小了许多，但由于展览温室建筑为铝合金单层网壳结构体系，考虑高填土的基础工后变形必须严格控制，以防对其上部结构的不利影响。

勘察报告的温室部分土质情况（第一章中剖面图 1-14）表明：岩层揭露现象较为显著，标高有不均匀现象，差异比较明显，特别是展览温室 A 的基础部分。

展览温室铝合金网壳基础工程桩采用 ϕ800 钻孔灌注桩，温室内管沟、设备用房及预应力拉杆等基桩为 ϕ600 钻孔灌注桩。

展览温室单体 A 网壳基础其基桩有效桩长约为 15～42m，进入持力层第⑨$_1$ 层大于 1.6m，单桩竖向抗压承载力设计值为 1500～3000kN；水平承载力特征值为 150kN。展览温室单体 B、C 网壳基础基桩持力层为第⑤$_3$ 层灰色粉质黏土，局部为⑨$_1$ 层；单桩竖向抗压承载力设计值约为 2950kN；水平承载力特征值为 150kN。

展览温室单体 A 内管沟、设备用房及拉杆等基桩进入持力层第⑨$_1$ 层大于 1.6m，单桩竖向抗压承载力设计值不小于 950kN；水平设计承载力为 120kN，极限值为 190kN。温室单体 B、C 内管沟、设备用房及拉杆等基桩持力层为第⑤$_1$ 层或④$_3$ 层。

紧邻温室单体 A 高填土处理及挡土墙基础工程桩采用 ϕ600 钻孔灌注桩，桩基平面图中紧邻温室 A 单体的挡土墙及处理基桩有效桩长约为 15～36m，进入持力层⑨$_1$ 层大于 1.6m。紧邻温室单体 B、C 单体的挡土墙基桩持力层为第⑤$_1$ 层或④$_3$ 层。

温室单体 A 的路堤桩区域采用 ϕ600 钻孔灌注桩，温室单体 B、C 的路堤桩区域采用 ϕ500 预应力管桩。由于以上工程地质情况，其持力层均难以作为复合桩基的合适土层，此部分均考虑全桩基设计。

展览温室各单体部分的高填土处理及基础桩基平面设计如图 4-66～图 4-68 所示。

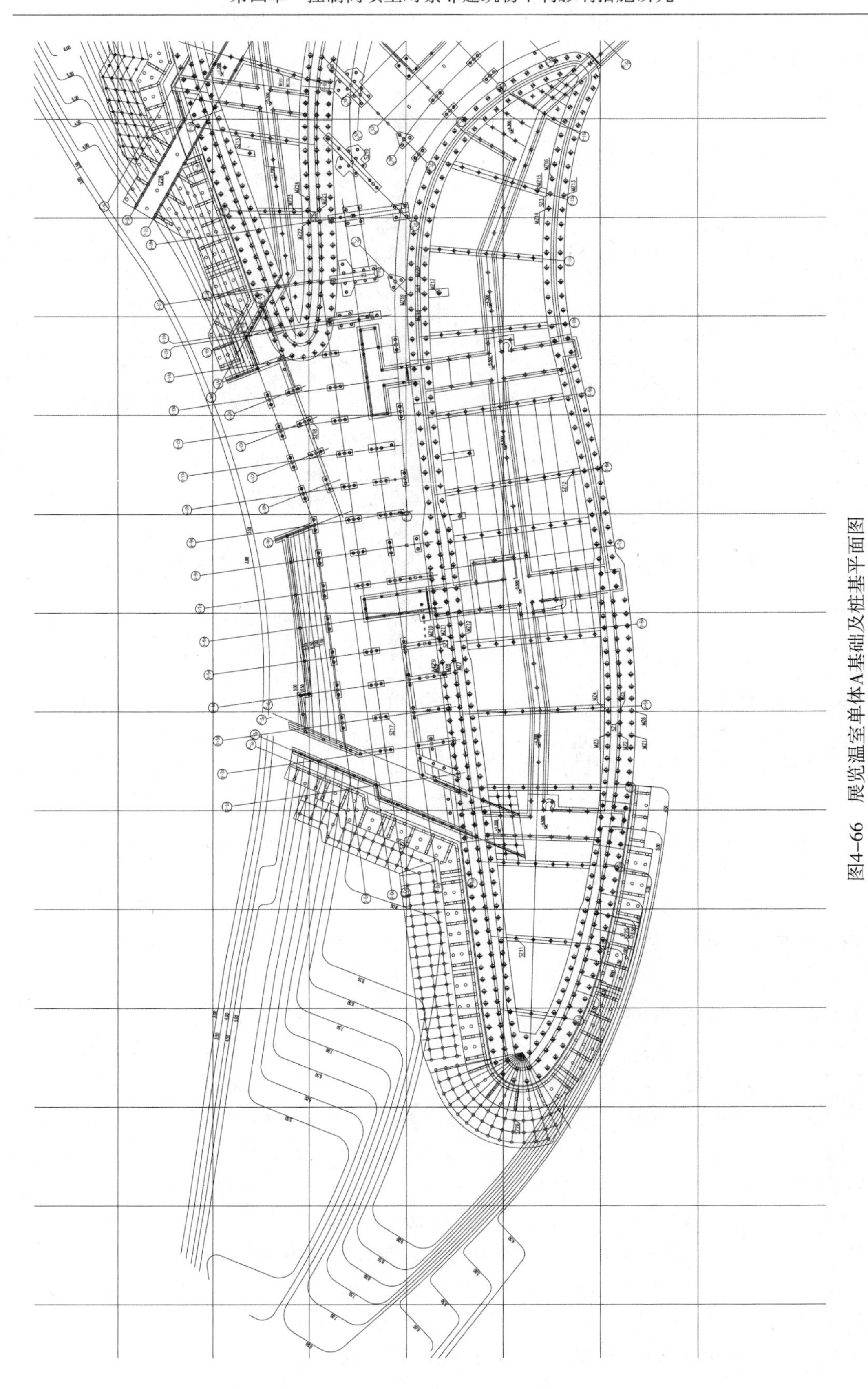

图4-66　展览温室单体A基础及桩基平面图

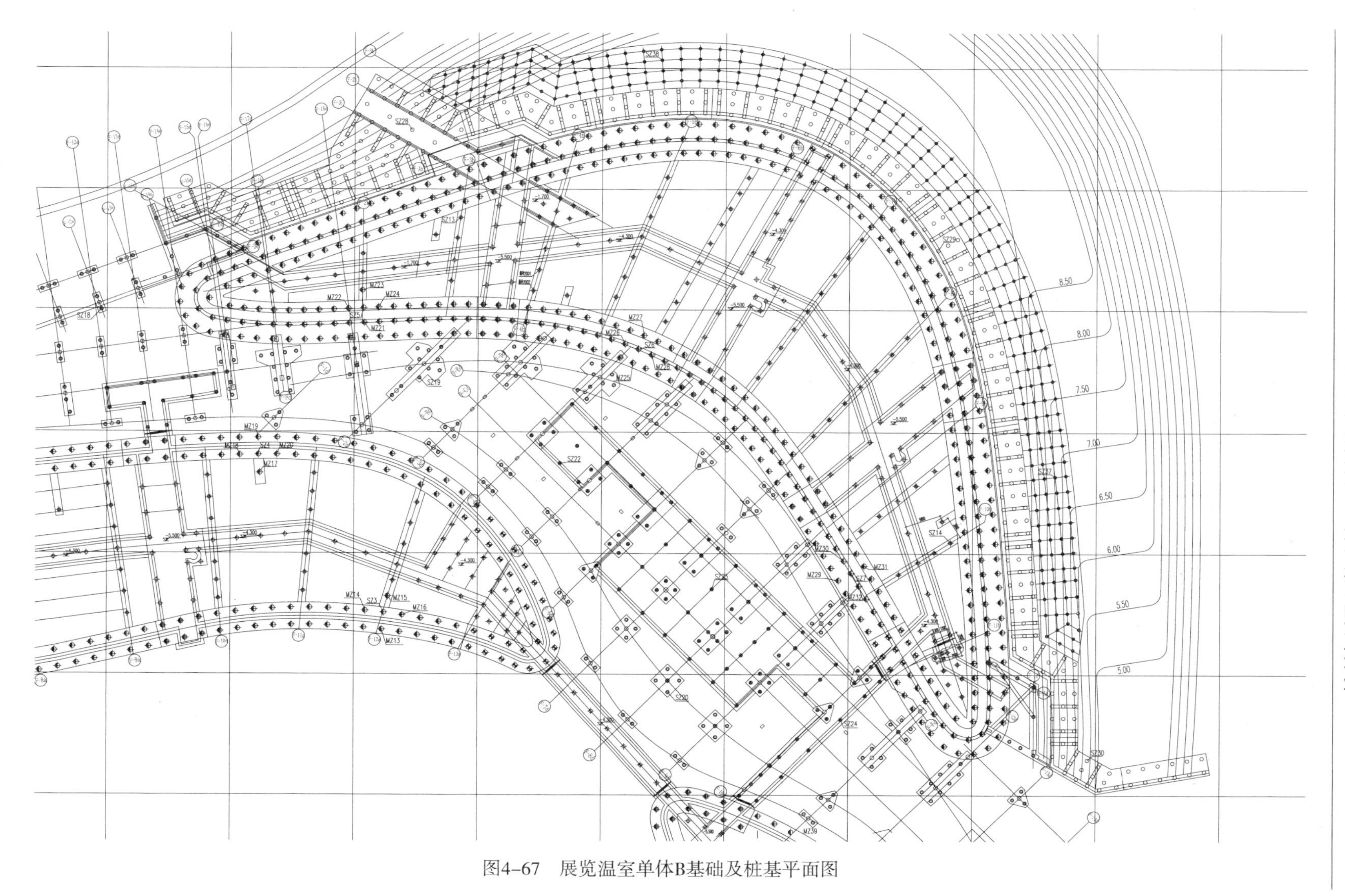

图4-67　展览温室单体B基础及桩基平面图

图 4-68　展览温室单体 C 基础及桩基平面图

路堤桩区域之外的高填土预先进行填筑，具体要求及构造同前面两个建筑单体相应位置高填土处理。

展览温室各单体 B、C 的沉降分析平面如图 4-69、图 4-70 所示。根据计算结果，单体

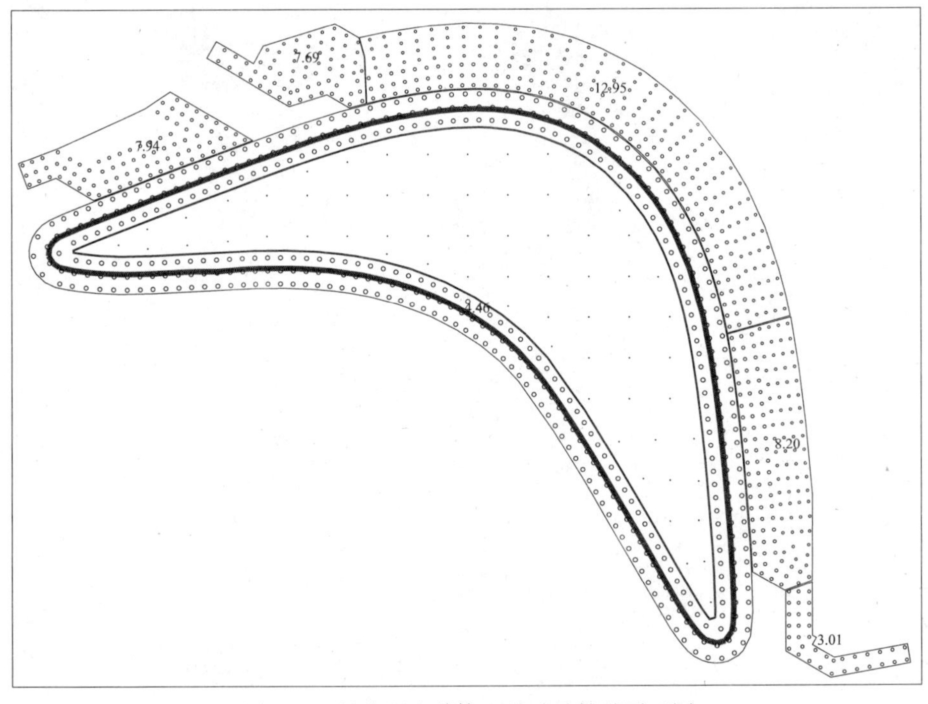

图 4-69　展览温室单体 B 基础及桩基平面图

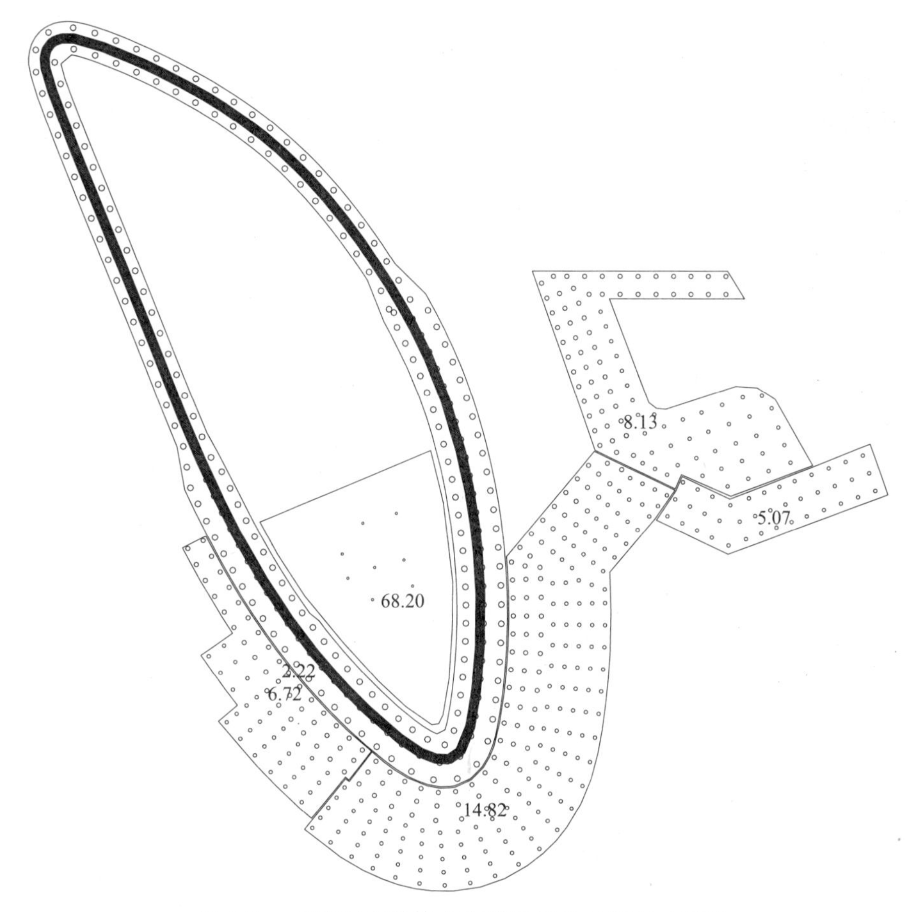

图 4-70　展览温室单体 C 沉降计算分析平面示意图

B 部分路堤桩区域的最大沉降量为 12.95cm，主体基础部分的最大沉降量为 4.50cm；单体 C 部分路堤桩区域的最大沉降量为 14.90cm，主体基础部分的最大沉降量为 2.30cm。

由于温室部分属于四期工程，开工时间相对滞后，而开工后的施工时间最为紧张，基础部分的设计需要考虑以上因素。以上设计的沉降控制在实际的工程中起到了较好的效果，全桩基形式的路堤桩设计增强了基础的整体刚度，取得了良好的结果。

4.8　高填土对路堤桩的影响分析研究

以上分析了路堤桩设计的实施方案，但是根据第二章高填土对相邻结构桩基的影响，路堤桩之外的高填土对其影响显得较为重要，此部分研究可以说是其方案成立的关键。

设置路堤桩区域的高填土荷载通过工程桩向深层地基传递，能够有效地降低承载能力差的浅层地基所受的荷载，保证堆土施工的安全稳定性。然而周围未打桩区域的堆土荷载直接作用于浅层地基，会造成较大的地基沉降和水平变位，一方面会使邻近的路堤桩产生很大的负摩阻力，从而降低桩基承载力，增大桩基沉降；另一方面，会使邻近的路堤桩承受较大的附加水平力和弯矩，如桩的承载能力不足而发生破坏，会将本来自身承担的荷载转移至其他桩，从而造成连锁反应，并可能引发严重的安全事故。因此，必须对高填土对路堤桩承载力的影响进行研究，分析不同填土与桩基施工工序对减少高填土对路堤桩影响的效果，评估工程设计的安全性。

以辰山植物园科研中心建筑为例：其东西两端约 30m、东侧约 9～12m 范围内的高填土荷载采用路堤桩形式承担。其中科研中心建筑东端区域设计高填土高度最高，标高为 13.500～14.300m（实际填土高度达到 10.500～11.300m）；科研中心建筑西端区域设计填土高度次之，标高为 13.500～14.000m（实际填土高度 10.500～11.000m）；建筑南侧设置路堤桩的区域填土高度相对较低，最高处标高为 9.000m（实际填土高度 6.000m）。上述区域以外的其余堆土区采用插打塑料排水板、分级加载固结的方式，逐渐提高土体强度，最终完成预定堆土高度。分级加载区域预定的最高堆土高度为科研中心建筑两端 13.500m（实际填土高度 10.500m）、南侧 9.000m（实际填土高度 6.000m）。

4.8.1　路堤桩计算参数的确定

背景工程科研中心建筑路堤桩的设计采用预应力管桩，包括 3 种型号：（1）ϕ400 PHC-B400（80）-13a 预应力管桩，单桩抗压承载力极限值为 754kN；（2）ϕ500 PHC-B500（100）-19a 预应力管桩，单桩抗压承载力极限值为 1800kN；（3）ϕ500 PHC-AB500（120）-28a 预应力管桩，单桩抗压承载力极限值为 3150kN；壁厚 120mm，混凝土有效预压应力 5.46MPa，抗裂弯矩 114.6kN·m，极限弯矩 242.3kN·m，主筋截面含钢率为 0.69%，单桩结构强度竖向承载力设计值不小于 3200kN。科研中心建筑东端区域的路堤桩设置如图 4-71 所示，其中邻近试验Ⅱ区布设的桩主要为 ϕ500 PHC-AB500（120）-28a 预应力管桩，其余桩型数量相对较少，且主要分布于周边荷载较小的区域。我们可以主要研究 ϕ500 PHC-AB500（120）-28a 预应力管桩的承载性能。

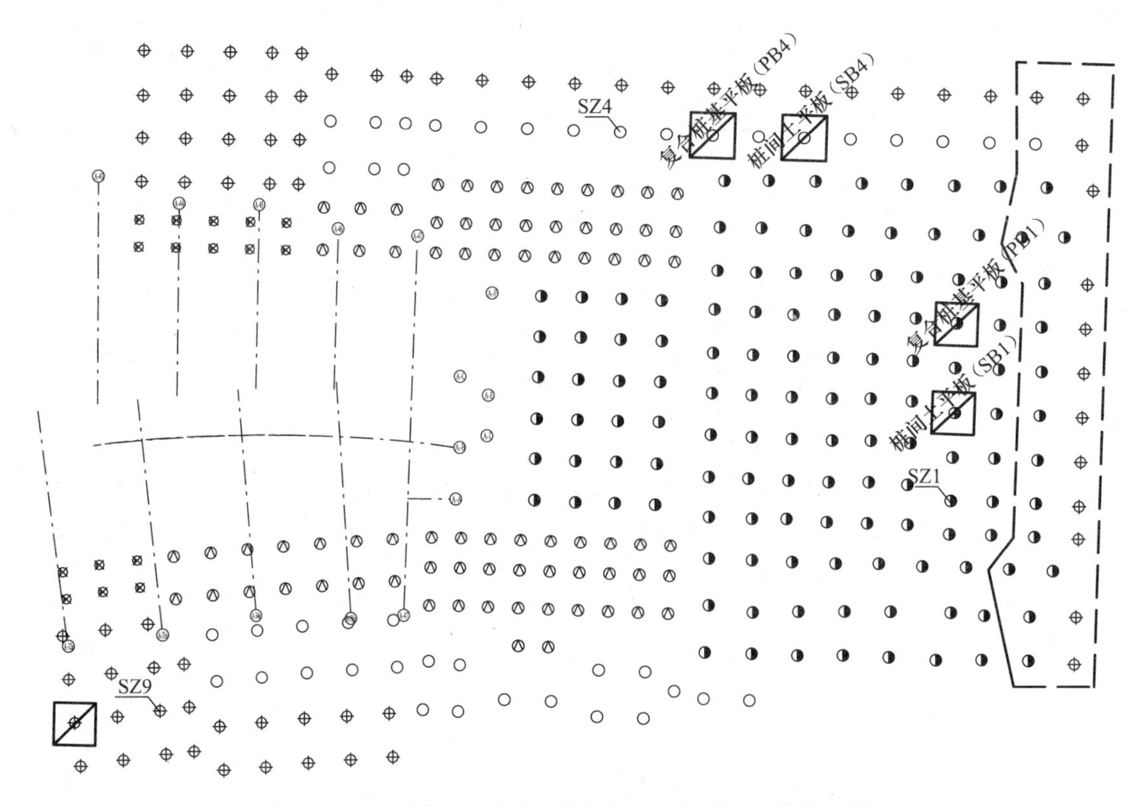

图 4-71　科研中心建筑东端路堤桩布置示意图（局部区域）

ϕ500 PHC-AB500（120)-28a 预应力管桩桩身混凝土弹性模量取 3.8×10^4MPa，考虑 0.69%含钢率后综合弹性模量为 3.91×10^4MPa，截面惯性矩 $I=\frac{\pi}{64}(D^4-d^4)=2.842\times10^{-3}\mathrm{m}^4$。

桩的数值模型采用大型商业有限差分软件 FLAC 3D 中的桩单元模拟。FLAC 桩单元由两个端节点构成，每个节点有 3 个平动自由度和 3 个转动自由度（X、Y、Z 轴方向)，能够承担轴力、剪力和弯矩。桩单元节点和土体网格节点之间采用非线性剪切弹簧（平行于桩长方向）和法向弹簧（垂直于桩长方向）连接，用以模拟桩—土接触面。FLAC 允许桩和土体的网格划分不一致，能够自动搜寻与桩节点距离最近的土体网格节点，并自动建立链接。

桩单元剪切弹簧和法向弹簧的力学性能如图 4-72、图 4-73 所示。

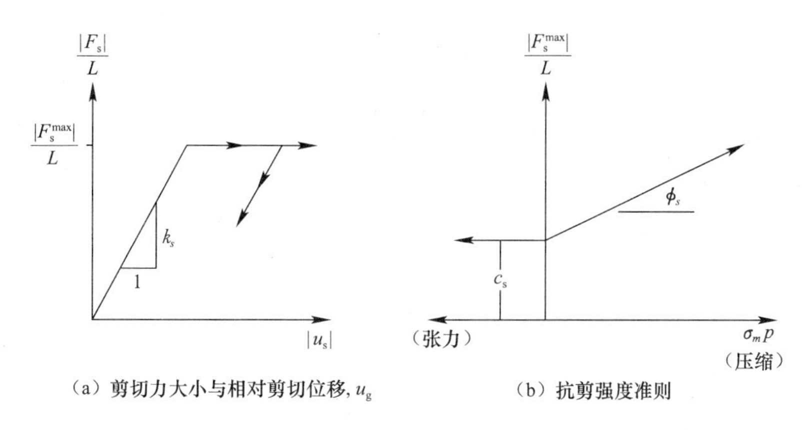

（a）剪切力大小与相对剪切位移, u_g　　（b）抗剪强度准则

图 4-72　桩单元剪切弹簧力学性能示意图

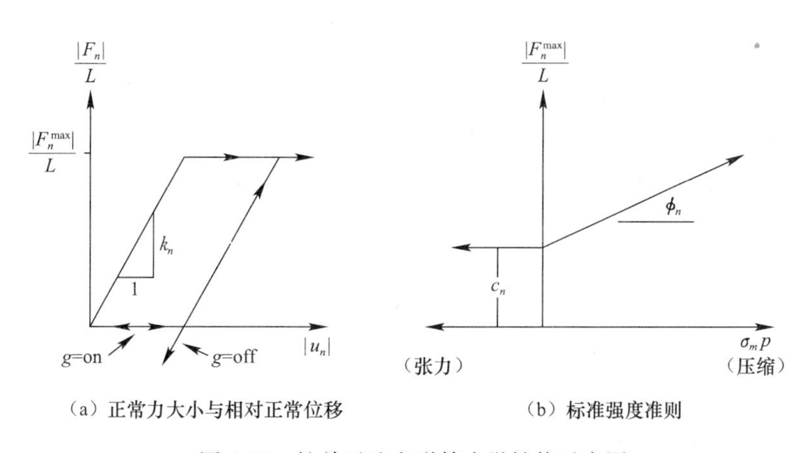

（a）正常力大小与相对正常位移　　（b）标准强度准则

图 4-73　桩单元法向弹簧力学性能示意图

（1）桩—土接触面单位长度承担的平均切向作用力用下式表示：

$$\frac{F_s}{L}=K_s(u_p-u_m) \tag{4-3}$$

其中，L 为考虑的桩段长度；K_s 为切向弹簧刚度；u_p、u_m 分别为桩节点竖直方向位移和对应的土体单元节点竖直方向位移。

桩—土接触面切向弹簧刚度的获取为利用桩—土共用节点模型，考虑土体的非线性，

对桩施加竖向位移 u_i，计算各节点的竖向反力 F_i，则

$$K_s=\frac{\sum_{i=1}^{n}F_i/u_i}{n} \tag{4-4}$$

一般情况下，K_s 比土体的体积模量低两个数量级。

桩—土接触面单位长度承担的平均最大切向作用力（即切向弹簧的屈服强度）如下式所示：

$$\frac{F_s^{\max}}{L}=C_s+\sigma_c'\cdot\tan\phi_s\cdot l_p \tag{4-5}$$

其中，C_s 为接触面的黏聚力；σ_c'为桩周有效土压力；ϕ_s 为接触面的摩擦角；l_p 为桩截面周长。根据地质勘察报告中各土层的极限侧摩阻力 q_{sik}，在式（4-5）中，令 $\phi_s=0$，而令 $C_s=q_{sik}\times l_p$。各土层计算得到的切向弹簧屈服强度见表 4-22 所示。

桩单元切向弹簧屈服强度的计算 **表 4-22**

层 序	土称名称	预制桩 q_{sa}（kPa)	C_s（kN/m)
②	褐黄～灰黄色粉质黏土	15	24
③1	灰色淤泥质粉质黏土	15～20	28
③2	灰色黏土	25	40
④1	暗绿～草黄色粉质黏土	70	110
④2	草黄色粉质黏土	90	140
⑤3	灰色黏土	55	86
⑥	灰绿～草黄色粉质黏土	100	157

（2）桩—土接触面单位长度承担的平均法向作用力用下式计算：

$$\frac{F_n}{L}=K_n(u_{p,n}-u_{m,n}) \tag{4-6}$$

其中，L 为考虑的桩段长度；K_n为法向弹簧刚度；$u_{p,n}$、$u_{m,n}$为桩节点水平方向位移和对应的土体单元节点水平方向位移。

桩—土接触面单位长度承担的平均最大法向作用力（即法向弹簧的屈服强度）计算式为

$$\frac{F_n^{\max}}{L}=C_n+\sigma_c'\cdot\tan\phi_n\cdot l_p \tag{4-7}$$

其中，C_n 为接触面的黏聚力；σ_c'为桩周有效土压力；ϕ_n 为接触面的摩擦角；l_p 为桩截面周长。

K_n 的取值和周围土体的变形特性及布桩间距有关，$\frac{F_n^{\max}}{L}$与周围土体强度特性及围压水平有关。由于桩的水平变位及水平承载力是本项目的研究重点，因此，K_n、$\frac{F_n^{\max}}{L}$的取值应尽量精细化。根据地质勘察报告中提供的土层的分布及土性的差异，结合一期项目研究中根据监测点位将地基分层的情况，我们将 28m 长的桩分为 3 段取不同的切向弹簧刚度：①0～8.5m 深度范围内统一取值 K_{n1}，该范围土性以粉质黏土为主；②8.5～19.5m 深度范围内统一取值 K_{n2}，该范围土性以淤泥质粉质黏土和灰色黏土为主；③19.5～28m 深度

范围内统一取值 $Kn3$，该范围土性以粉质黏土为主。

法向弹簧参数 K_n、$\frac{F_n^{\max}}{L}$ 的确定采用如下的二维平面方法进行（FLAC 软件推荐方法）。

以一根桩为中心，取其周围土体的水平剖面（各边界取为相邻两桩连线中点位置）并进行有限元网格离散，如图 4-74 所示（利用对称性，取半个模型）。由于桩的布置在两个方向的间距一致（大部分均为 2.9m，个别为 3.1m），此处简化为两个方向均按 2.9m 均匀布桩。

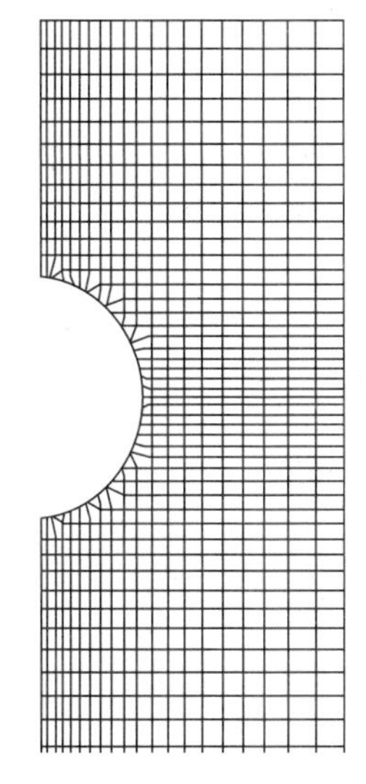

图 4-74　桩法向弹簧参数分析模型（局部放大图）

图 4-74 中的半圆即为桩的位置（直径为 0.5m），半圆上的节点耦合其两个方向的平动自由度，即令半圆为刚体（不考虑桩体截面形状的改变）。三段桩法向弹簧参数的确定时周围介质的参数分别取 4.25m 深度处、14m 深度处和 24m 深度处土体的参数（包括体积模量、剪切模量、黏聚力和内摩擦角），并根据实际情况施加相应的初始应力。竖向初始应力即为相应深度处的土体自重应力，水平两个方向初始应力根据地质勘察报告中的静止侧压力系数（0.48～0.53）求得。

令半圆上的节点同时沿竖向开始匀速运动，观察半圆上节点竖向反力总和（即桩的反力）随桩土相对位移的变化规律，直至出现明显的屈服阶段。其中桩土相对位移取半圆上任一点与右边界中点的位移之差。同时计算半圆周围单元对半圆产生的法向应力变化。图 4-75～图 4-77 分别给出了 4.25m 深度处、14m 深度处和 24m 深度处，桩的反力与桩土相对位移的变化关系曲线，以及桩周平均法向应力随桩土相对位移的变化关系曲线。

从图 4-75～图 4-77 中，分别将最大法向力曲线屈服点与原点连直线，直线斜率的平均值（割线斜率）取作桩—土接触面法向弹簧的刚度，分别为：1.24MN/m/m、4.67MN/m/m、19.2MN/m/m。三个深度处最大法向力分别为：$\left(\frac{F_n^{\max}}{L}\right)_1=120\text{kN/m}$，

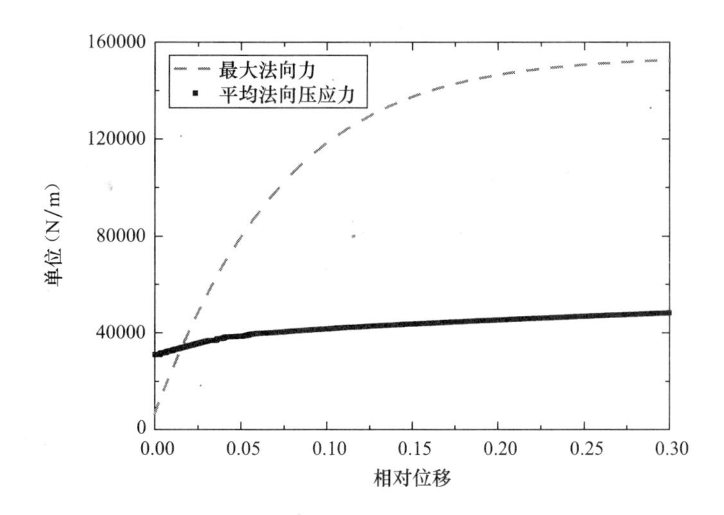

图 4-75　深度 4.25m 处桩的最大法向力与平均压应力

$\left(\frac{F_n^{\max}}{L}\right)_2=164\text{kN/m}$，$\left(\frac{F_n^{\max}}{L}\right)_3=590\text{kN/m}$，而相应的$\sigma_c'$分别为0.038MN/m、0.119MN/m、0.245MN/m。

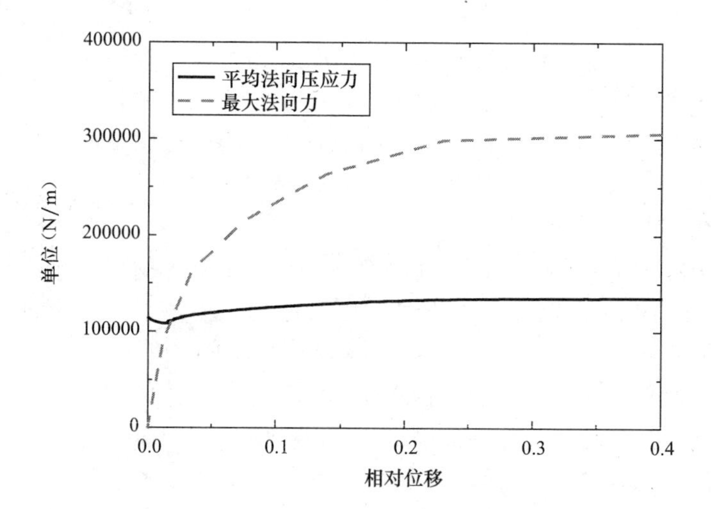

图4-76　深度14m处桩的最大法向力与平均压应力

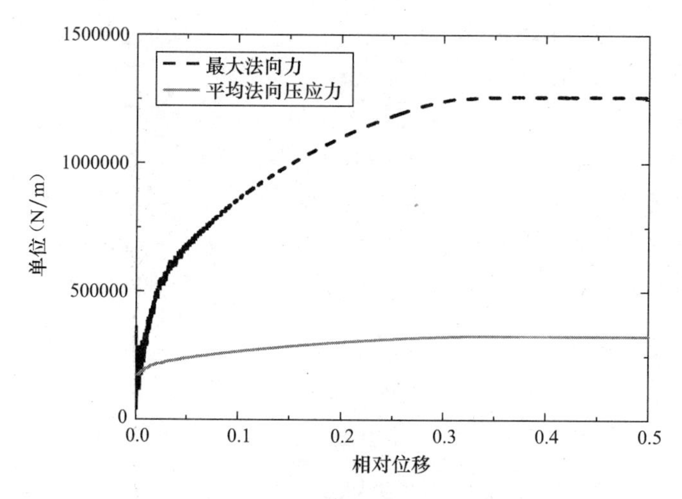

图4-77　深度24m处桩的最大法向力与平均压应力

4.8.2　路堤桩的容许水平位移和荷载

分级加载区域的堆土荷载会造成浅层地基的水平变位，使得邻近的路堤桩承受水平荷载，同时还会发生倾斜。根据设计文件，ϕ500 PHC-AB500（120）-28a预应力管桩单桩抗压承载力极限值为3150kN；壁厚120mm，混凝土有效预压应力5.46MPa，抗裂弯矩114.6kN·m，极限弯矩242.3kN·m。

一方面，为保证路堤桩的安全可靠性，应选择合理的堆土和路堤桩施工工序，控制桩的弯矩不超过114.6kN·m；另一方面，由于桩身的倾斜会产生较大的附加弯矩，降低桩身的竖向承载力，因此也必须对桩身的最大位移进行限制。

同济大学周健教授针对PHC管桩倾斜对竖向承载力的影响进行过相关系统的研究。

其主要思路为：采用二维有限元方法模拟水平偏位桩的桩土相互作用问题，桩采用弹性模型，使用梁单元进行模拟，桩的参数取值均来源于实际桩的型号和尺寸；土采用理想弹塑性摩尔—库仑模型，土体根据实际情况分层。用有限元分析桩的竖向极限承载力时，采用桩身结构强度（桩身极限弯矩）和土体强度联合控制的方法。首先根据实际桩顶位移测试结果，给有限元模型中的桩顶一个初始位移，然后计算桩身弯矩，分析桩身最大弯矩是否达到极限弯矩以判断 PHC 管桩是否破坏。如果没有破坏，则在桩顶施加一竖向荷载，再进行计算，然后判断计算出的桩身最大弯矩是否刚好等于桩身极限弯矩或桩周土体刚好达到屈服强度。如果满足判断条件，则说明该荷载即为极限荷载，反之则增加或减少竖向荷载继续计算，直到满足判断条件为止。计算流程如图 4-78 所示。某一实际工程实测资料对上述计算方法进行过验证，如图 4-79 所示。

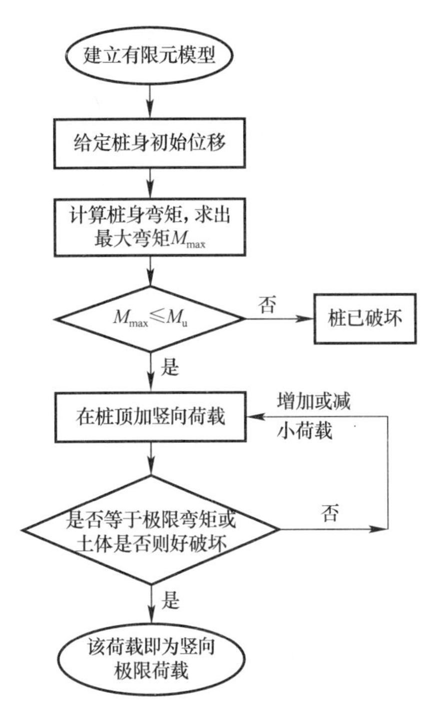

图 4-78 桩身倾斜对 PHC 管桩承载力的分析流程图

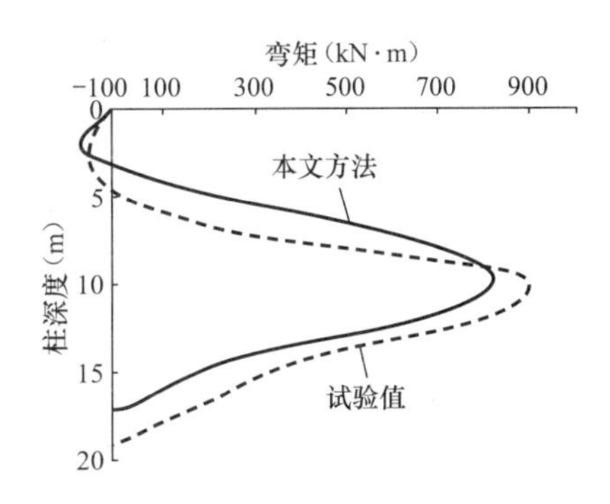

图 4-79 计算方法在实际工程中的验证

采用同样的方法分析背景工程 ϕ500PHC-AB500（120）-28a 预应力管桩在不同的桩顶位移值时的竖向承载力，并拟合了竖向承载力与桩顶位移的关系曲线，如图 4-80 所示。经过计算，堆土较高区域（实际堆土高度＞10m）中单个路堤桩及周围土体构成的复合地基承担的最大堆土竖向荷载为 1670～1960kN（堆土容重取 18.0kN/m^3，荷载范围的两个端值分别对应最邻近施工试验区的一排路堤桩和最远离的一排路堤桩）。同时，数值计算表明背景工程路堤桩复合地基的桩土荷载分担比约为 0.76，故单桩承担的最大竖向荷载为 1300～1500kN。考虑 2.0 的安全系数（单桩承载力极限值与特征值之比），单桩的竖向承载力极限值应不低于 2600～3000kN。据图 4-79 曲线进行插值，可知要保证单桩的极限承载力不低于 2600kN 和 3000kN，桩顶的最大水平位移不应超过 7cm 和 2cm。

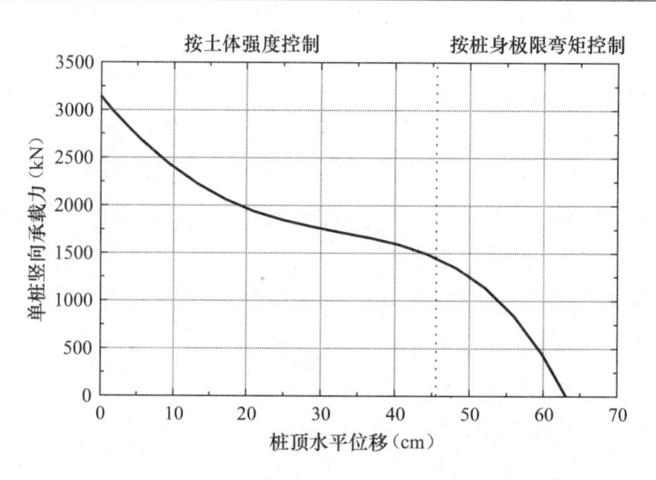

图 4-80　桩水平位移与竖向承载力的关系曲线

4.8.3　高填土对路堤桩影响的三维数值分析

通过前面的分析，已经得到了路堤桩的容许弯矩和最大水平位移，本小节利用三维有限差分数值分析方法计算不同的堆土和路堤桩施工工序条件下，路堤桩的弯矩和水平位移值，以评估各种施工工序的安全可靠性，提出合理的施工建议。

根据前面的分析，取科研中心建筑东端与试验段之间的区域为研究对象。设计显示试验段及邻近的路堤桩设置区域都近似呈矩形形状，建立三维有限差分网格如图 4-81 所示。

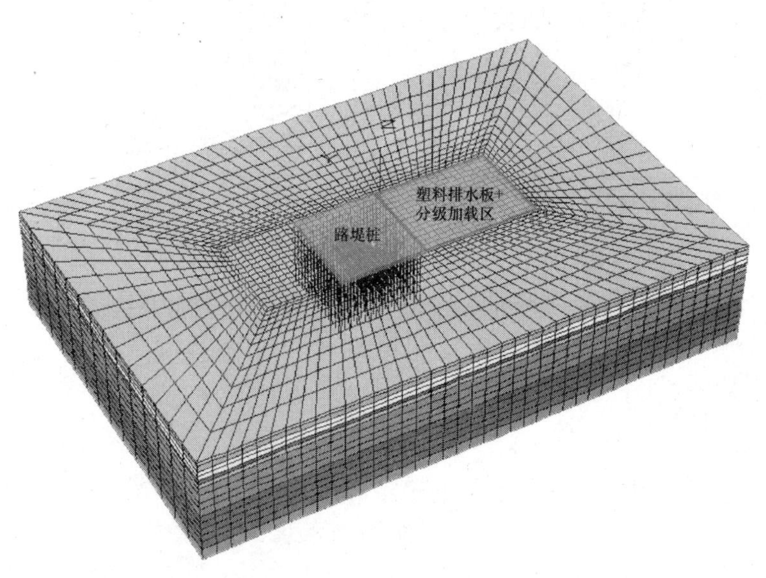

图 4-81　三维有限差分网格划分

其中，塑料排水板+分级加载区（图 4-81 中绿色区域）仅考虑试验段的范围（等效为长 50m，宽 40m 的矩形），路堤桩区域（图中橙色区域，等效为长 38m，宽 40m 的矩形区域），东侧边排路堤桩距离分级加载区的距离为 1.4m，西侧边排路堤桩距离科研中心建筑结构边轴线的距离为 8.5m 左右。路堤桩考虑 14×14 根桩组成的矩阵，桩位根据设计图纸布设，桩间距分为 2.9m、2.7m、3.5m 三种。绿环堆土作为竖向荷载考虑，堆土荷载按实际填高考虑。

计算深度取地表以下 47.5m，地基根据监测点位和勘察资料分层，计算深度范围内共分为 10 层。各土层计算参数根据本项目一期子项研究成果及地质勘查资料确定，其中土体强度指标 C 和 ϕ 值取有效值（取自地质勘查报告），见表 4-23。

土层计算参数　　**表 4-23**

土层编号	厚度（m）	变形模量（MPa）	泊松比	土体强度指标		固结系数×10^{-3}（cm^2/s）	
				C（kPa）	ϕ（°）	水平向	竖直向
1	1.5	0.88	0.35	7	29.9	2.85	4.10
2	2.6	0.88	0.35	7	29.9	2.85	4.10
3	4.4	2.7	0.33	7	28.0	3.81	1.00
4	1.6	3.0	0.34	7	28.0	2.79	1.65
5	2.0	3.6	0.34	6	24.9	2.79	1.65
6	7.4	17.5	0.32	17	29.8	4.15	6.28
7	6.5	23.4	0.3	18	31.2	9.65	4.97
8	6.5	23.4	0.3	18	31.2	9.65	4.97
9	10.0	26.0	0.3	10	25.8	1.95	2.31
10	5.0	24.0	0.25	17	27.7	3.07	3.93

根据分析与设计要求，试验Ⅰ区堆土高度至 10.100m 标高（实际堆土高度 6.6m）后，宜按每堆载 0.5m、恒载 15d 的工序施工。经与甲方单位协商，一致通过了每月堆载高度不超过 1m 的建议。下面的研究即是基于这一情况（每月堆载两次，每次 0.5m，每次恒载 15d，自开工算起第 235 天完成最后一级堆土）。堆载过程如图 4-82 所示。

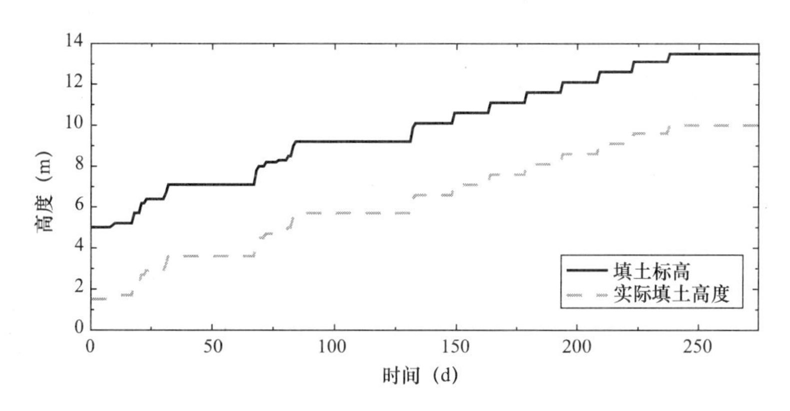

图 4-82　分级堆载时间过程

研究分如下工况进行：

（1）分级堆载引起的地基水平位移分析（不考虑路堤桩）：

取模型对称铅垂平面（东西方向）为观察面，图 4-83 给出了插打塑料排水板+分级加载区施工过程中，该平面上分级加载区边缘地基中不同深度的点的水平位移时程。由于每一级堆载施加瞬间，新增荷载主要由孔隙水承担，水的泊松比为 0.5，因此产生较大的瞬时水平变形。随着超静孔隙水压力的消散，荷载逐渐转嫁到土骨架上，而土的泊松比小于 0.5，地基中的水平变形得以部分恢复。由于地表排水条件好，因此近地表的地基观测点的瞬时水平变形恢复较快，而深层地基中的瞬时水平变形恢复较慢。

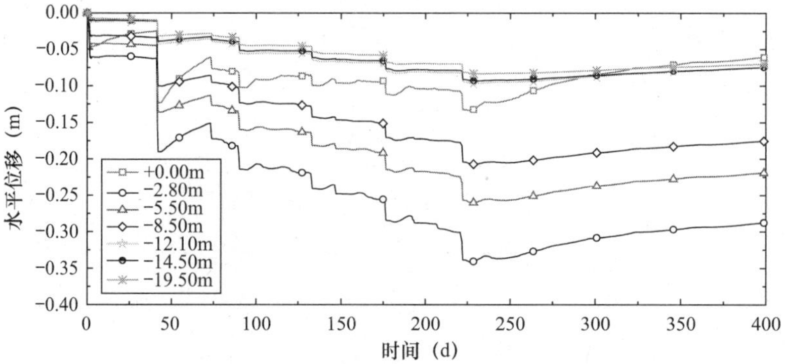

图 4-83　分级堆载区边缘不同深度点水平位移时程

图 4-84 给出了分级堆载施工过程中对称面上地基各点出现的最大水平位移等值线图。最大水平位移为 34cm，出现在堆载区边缘（靠近路堤桩一侧）深度约 2～3m 的位置。沿远离该位置的方向，地基水平位移峰值逐渐减小。在距离分级加载区最远的一排桩对应的位置，地表水平位移最大值约 6cm。科研中心建筑边轴线位置处的地基水平位移峰值约 4cm。

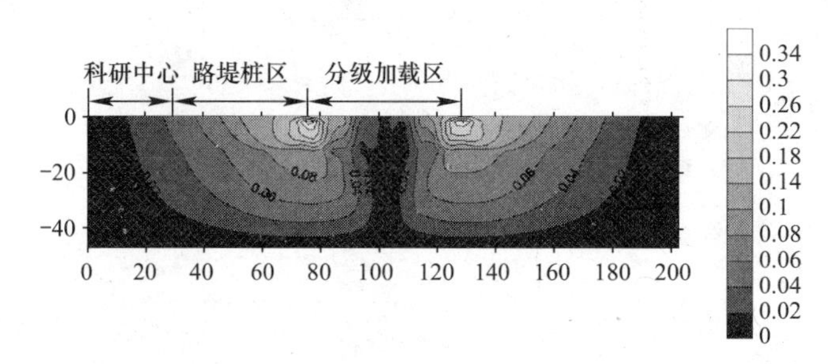

图 4-84　分级堆载过程中地基中最大水平位移等值线图（绝对值）

（2）第一级加载与路堤桩同时施工：

取位于对称面上的 14 根桩为研究对象，图 4-85 给出了与分级加载区边缘不同距离的桩顶端的位移—时间变化曲线。图中序号的规定如下：距离分级加载区最近的定义为第 1 排桩，距离最远的为第 14 排桩。

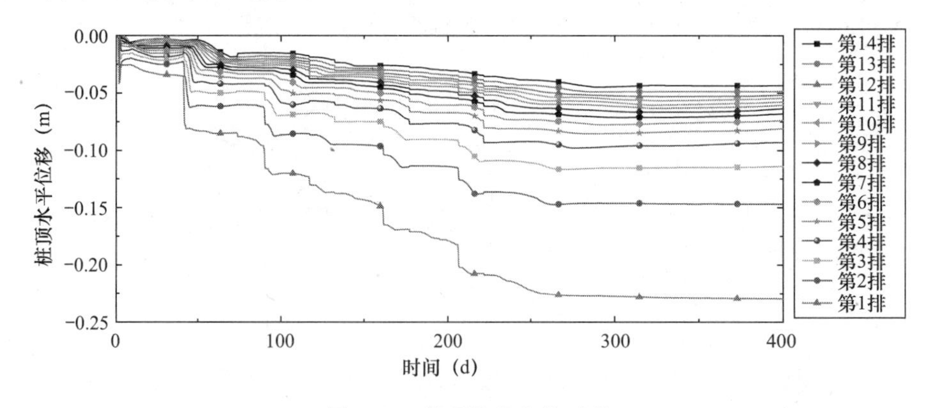

图 4-85　桩顶位移变化时程

由图 4-85 可以看出，桩顶位移随堆载的增加逐渐增长，至第 300 天左右时基本达到稳定。桩顶水平位移随桩与分级堆载区边缘距离的增大而减小，第一排桩桩顶最大水平位移 22.9cm，第 14 排桩桩顶最大水平位移 4.4cm，均已超过了前面分析得到的桩顶的最大水平位移限值 7cm（对应第 1 排桩）和 2cm（对应第 14 排桩）。

图 4-86～图 4-89 分别给出了第 100 天、第 200 天、第 300 天和第 400 天时的桩身位移分布图。可以看出，各排桩的水平位移均是桩顶最大，沿深度方向逐渐减小。到第 300 天左右，桩身位移已基本稳定，因此，图 4-88 及图 4-89 数值变化不明显。以上各图中桩的编号规则为：♯1（pile）为距离分级堆载区最近的一排桩，♯14（pile）为距离分级堆载区最远的一排桩。

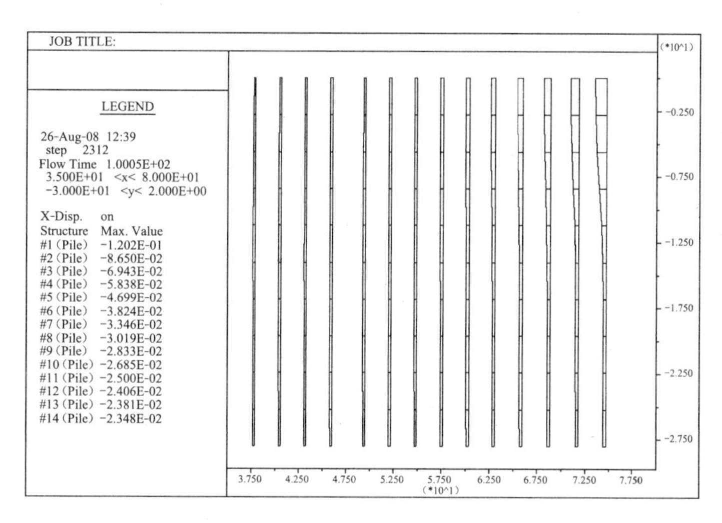

图 4-86　桩身位移分布图（第 100 天）

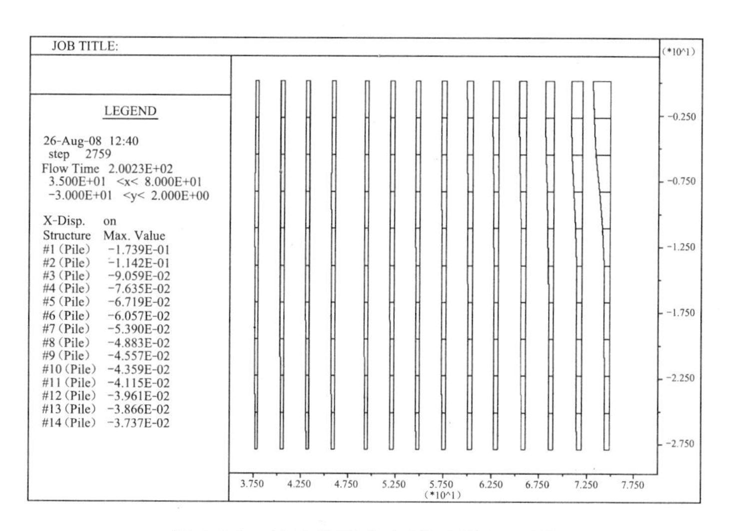

图 4-87　桩身位移分布图（第 200 天）

图 4-90～图 4-93 给出了第 100 天、第 200 天、第 300 天和第 400 天时的桩身弯矩分布图。各桩的弯矩主要集中在深度不大于 16m 的区段内，深度 16m 以下的区段弯矩较小，基本可以忽略不计。第 1～5 排桩的弯矩分布规律比较接近，都是存在两个比较明显的反

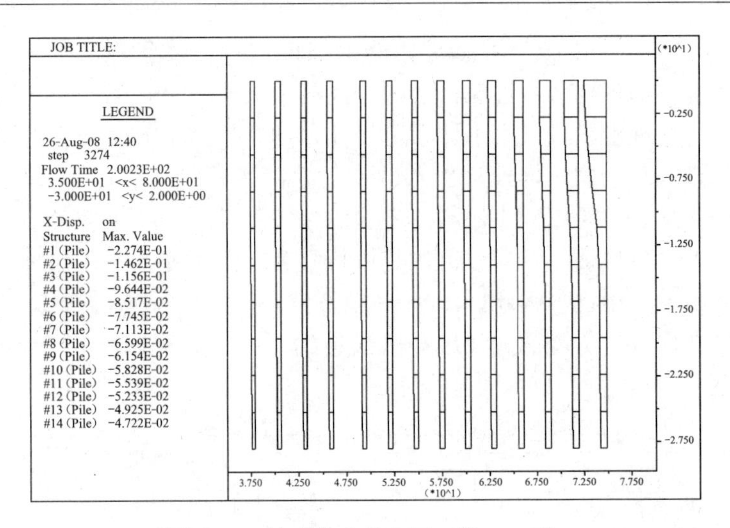

图 4-88　桩身位移分布图（第 300 天）

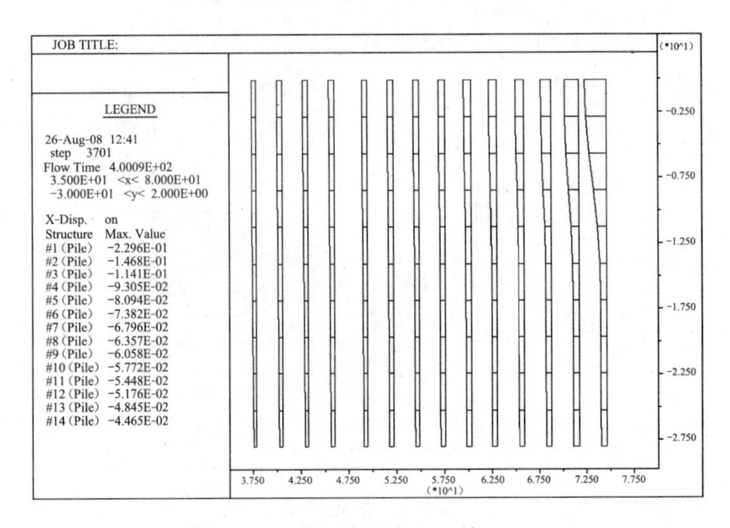

图 4-89　桩身位移分布图（第 400 天）

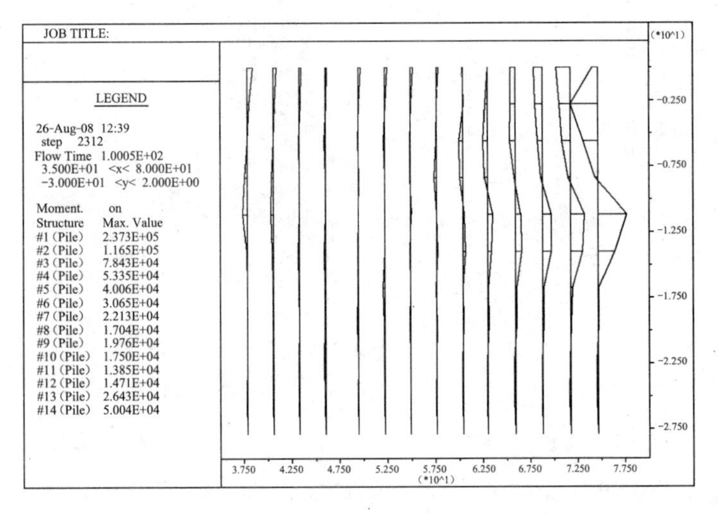

图 4-90　桩身弯矩分布图（第 100 天）

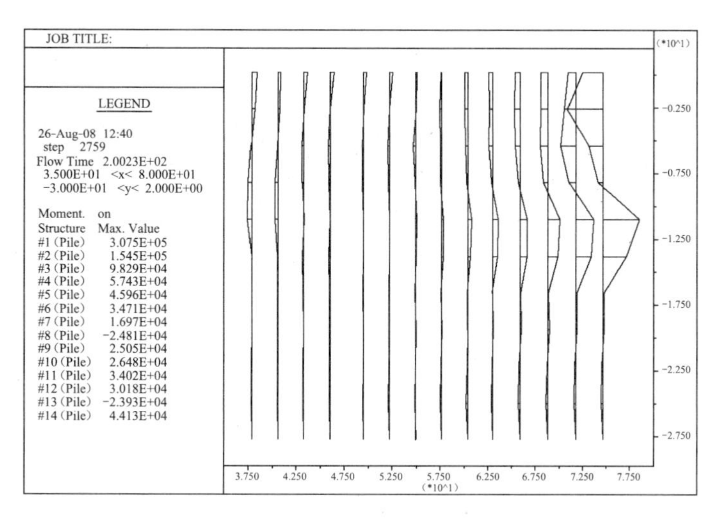

图 4-91 桩身弯矩分布图（第 200 天）

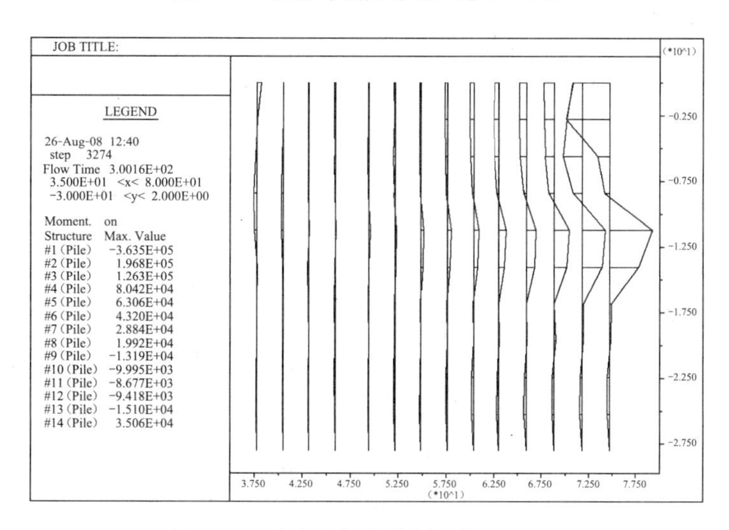

图 4-92 桩身弯矩分布图（第 300 天）

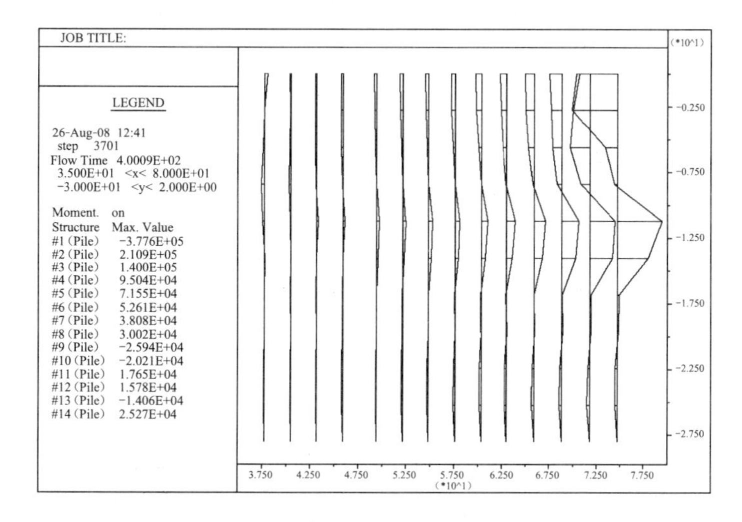

图 4-93 桩身弯矩分布图（第 400 天）

弯点，深度 0～9m 左右呈现为负弯矩，9～16m 左右呈现为正弯矩，且正负弯矩最大值比较接近。其他的几排桩弯矩绝对值相对较小，且一般以桩顶弯矩最大。以抗裂弯矩 114.6kN·m 为桩身弯矩允许值，则第 1～3 排桩的弯矩以超过该值，会发生开裂。第 1、2 排桩的最大弯矩分别为 377kN·m 和 210kN·m，已超过或接近桩的极限弯矩 242.3kN·m，可能发生破坏而完全丧失承载力。

图 4-94～图 4-97 给出了第 100 天、第 200 天、第 300 天和第 400 天时的桩身剪力分布图。第 1、2 排桩的最大剪力为 143kN 和 101kN，可能发生剪切破坏。

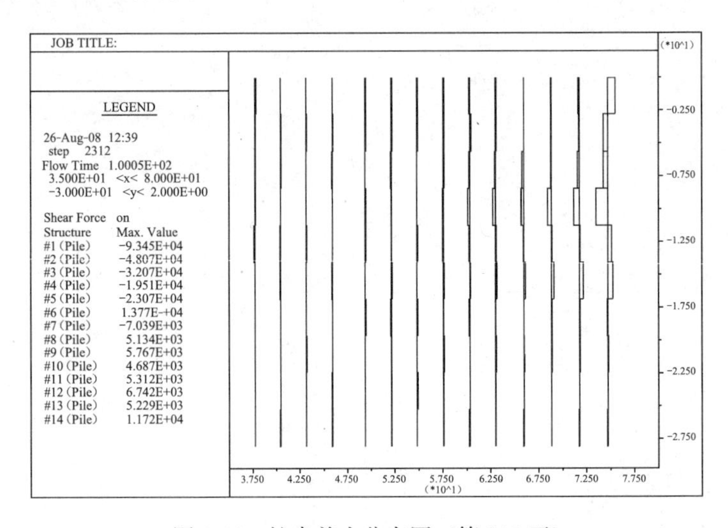

图 4-94　桩身剪力分布图（第 100 天）

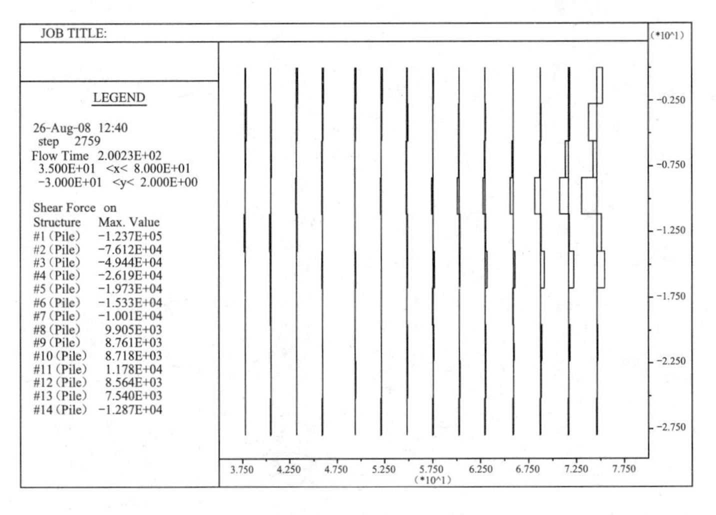

图 4-95　桩身剪力分布图（第 200 天）

（3）分级加载至 9.2m（实际堆土高度 5.7m）时再施工路堤桩：

图 4-98 给出了最终的桩身位移分布图。图中桩的编号规则为：♯1（pile）为距离分级堆载区最近的一排桩，♯14（pile）为距离分级堆载区最远的一排桩。第 1 排桩顶位移 7.89cm，略高于桩顶的最大水平位移限值 7cm；第 14 排桩顶位移 1.34cm 左右，能够满足桩顶的最大水平位移限值 2cm。

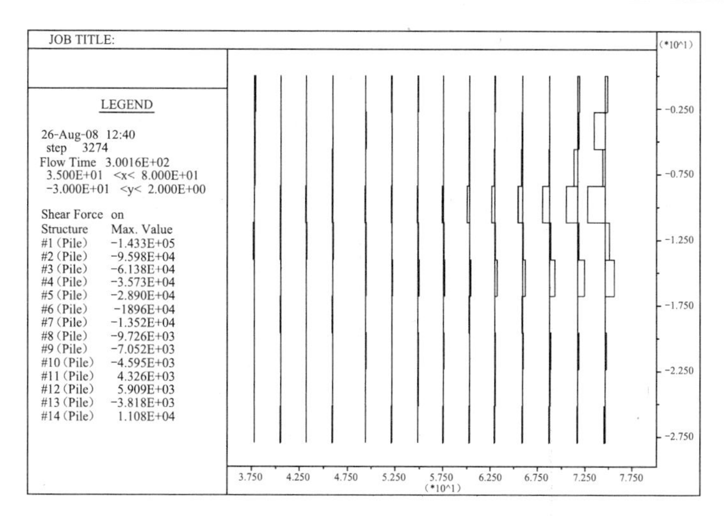

图 4-96　桩身剪力分布图（第 300 天）

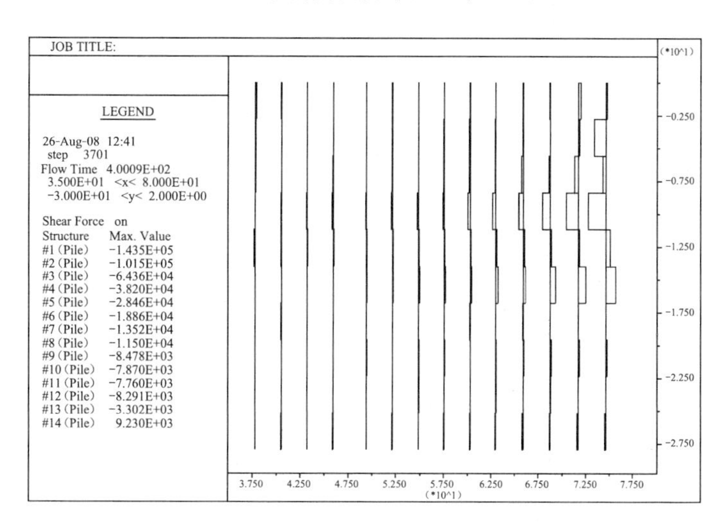

图 4-97　桩身剪力分布图（第 400 天）

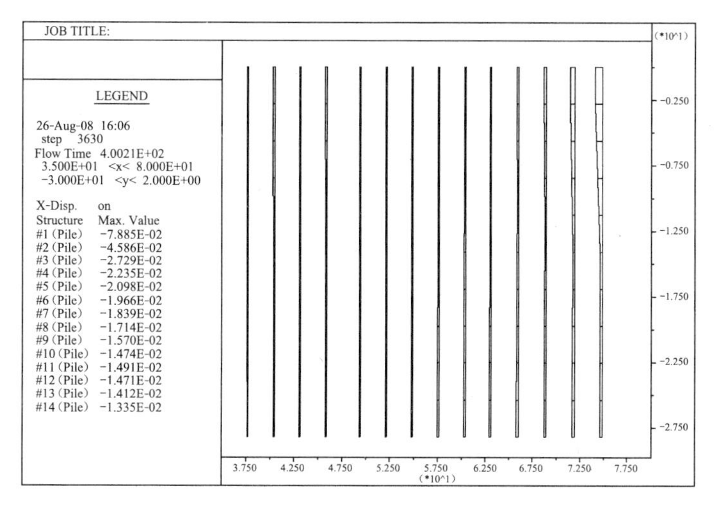

图 4-98　桩身位移分布图

图 4-99、图 4-100 给出了桩身弯矩及剪力分布图。桩的弯矩主要集中在深度≤16m 的区段内，深度 16m 以下的区段弯矩较小，基本可以忽略不计。第 1 排桩最大弯矩 145.3kN・m，高于抗裂弯矩 114.6kN・m；第 2 排桩身最大弯矩 87.9kN・m，低于抗裂弯矩；其余桩的最大弯矩随与分级堆载区距离的增大而减小，桩身受拉区不会发生开裂现象。最大的桩身剪力发生在第 1 排桩上，为 56.4kN，低于基桩的水平承载力。

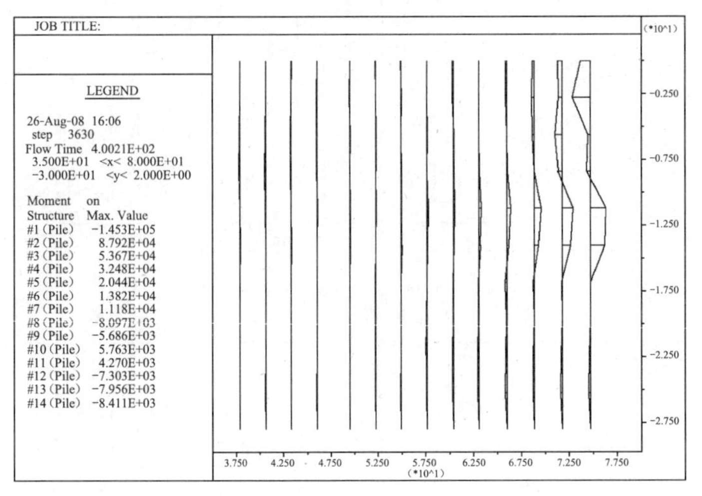

图 4-99　桩身弯矩分布图

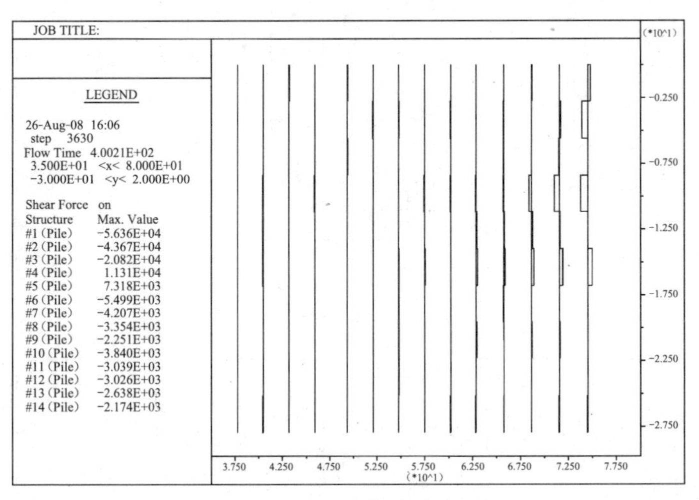

图 4-100　桩身剪力分布图

（4）分级加载至 11.2m（实际堆土高度 7.7m）时再施工路堤桩：

图 4-101 给出了最终的桩身位移分布图。第 1 排桩顶位移 4.31cm，第 14 排桩顶位移 0.70cm 左右，均能够满足桩顶的最大水平位移限值。

图 4-102、图 4-103 分别给出了桩身弯矩及剪力分布图。桩的弯矩主要集中在深度≤16m 的区段内，深度 16m 以下的区段弯矩较小，基本可以忽略不计。第 1 排桩最大弯矩 90.5kN・m，低于抗裂弯矩 114.6kN・m，可认为不发生开裂，其余桩的最大弯矩随与分级堆载区距离的增大而减小，桩身受拉区不会发生开裂现象。最大的桩身剪力发生在第 1 排桩上，为 39.6kN，低于基桩的水平承载力。

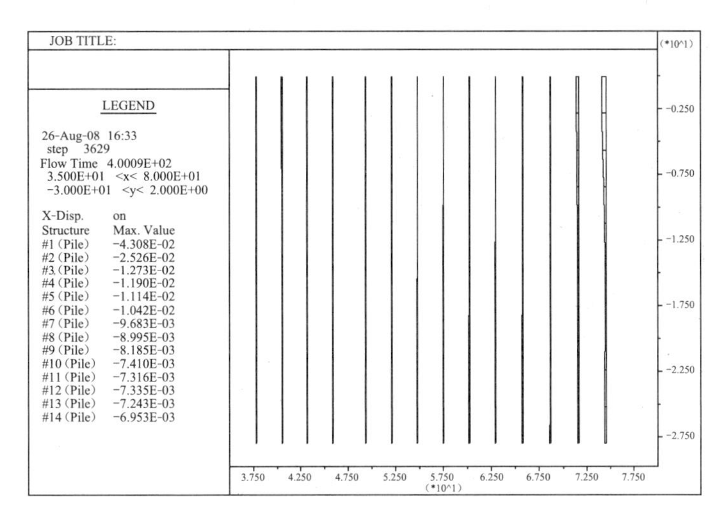

图 4-101　桩身位移分布图

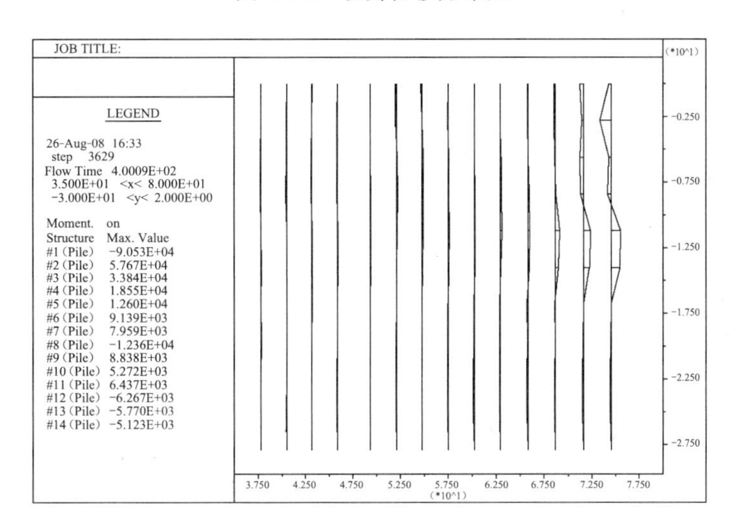

图 4-102　桩身弯矩分布图

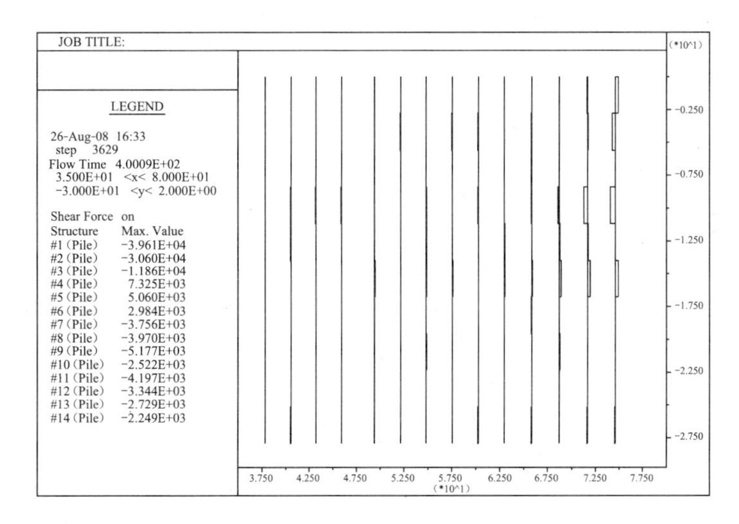

图 4-103　桩身剪力分布图

（5）分级加载至标高 12.500m（实际堆土高度 9.0m，距离设计标高 1m）时再施工路堤桩：

图 4-104 给出了最终的桩身位移分布图。图中桩的编号规则为：#1（pile）为距离分级堆载区最近的一排桩，#14（pile）为距离分级堆载区最远的一排桩。第 1 排桩顶位移 1.18cm，第 14 排桩顶位移 2mm 左右，能够满足桩顶的最大水平位移限值 7cm（对应第 1 排桩）和 2cm（对应第 14 排桩）。

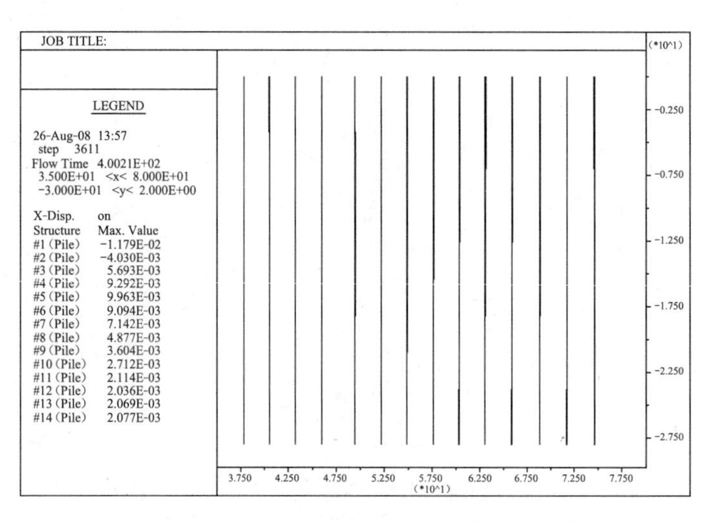

图 4-104　桩身位移分布图

图 4-105、图 4-106 给出了桩身弯矩及剪力分布图。桩的弯矩主要集中在深度≤16m 的区段内，深度 16m 以下的区段弯矩较小，基本可以忽略不计。第 1 排桩最大弯矩 41.9kN·m，低于抗裂弯矩 114.6kN·m，可认为不发生开裂，其余桩的最大弯矩随与分级堆载区距离的增大而减小，桩身受拉区不会发生开裂现象。最大的桩身剪力发生在第 1 排桩上，为 19kN，远低于基桩的水平承载力。

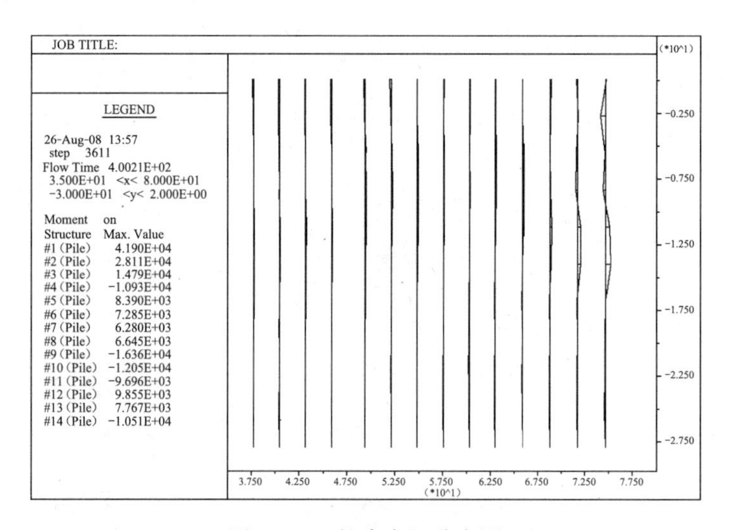

图 4-105　桩身弯矩分布图

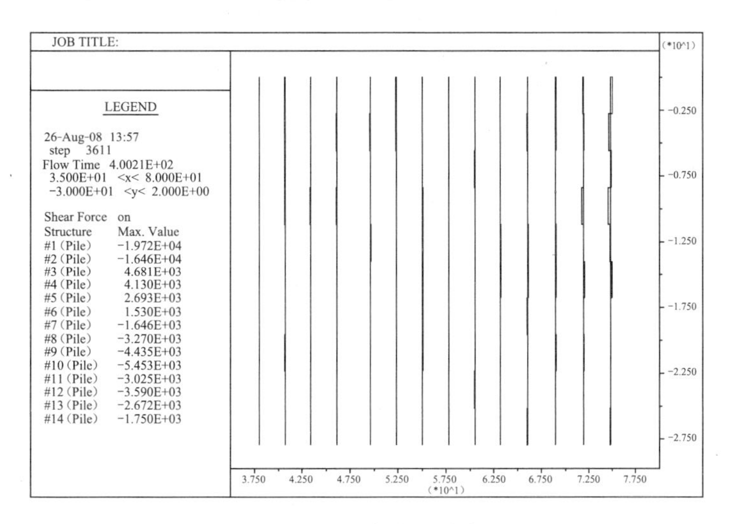

图 4-106　桩身剪力分布图

4.8.4　高填土对路堤桩影响小结

以上系统研究了科研中心建筑路堤桩数值建模中各结构参数的取值，分析了各基桩的水平位移及桩身弯矩容许值。并运用三维有限差分数值方法研究了四种工况（①第一级加载与路堤桩同时施工；②分级加载至标高 9.200m 再施工路堤桩；③分级加载至标高 11.200m 再施工路堤桩；④分级加载至标高 12.500m，距离设计标高 1m，再施工路堤桩）条件下，桩身的受力及位移反映。研究表明：

（1）桩身最大容许弯矩可取抗裂弯矩 114.6kN・m；最大容许水平位移分别为 7cm（对应填土标高 16.500m 处）和 2cm（对应填土标高 13.500m 处）。

（2）当路堤桩与第一级堆载同时施工时，第一排桩桩顶最大水平位移 22.9cm，这与现场试桩监测数据比较接近。第 14 排桩桩顶最大水平位移 4.4cm，均已超过了桩顶的最大水平位移限值。第 1～3 排桩的弯矩超过抗裂弯矩，第 1、2 排桩的最大弯矩超过或接近桩的极限弯矩，可能发生破坏而完全丧失承载力。

（3）分级加载至标高 9.200m（实际堆土高度 5.7m）时再施工路堤桩的工况下，第 1 排桩桩顶位移 7.89cm，高于桩顶的最大水平位移限值 7cm；第 14 排桩桩顶位移 1.34cm 左右，能够满足桩顶的最大水平位移限值 2cm。第 1 排桩最大弯矩高于抗裂弯矩，其余桩的最大弯矩均低于抗裂弯矩。最大的桩身剪力发生在第 1 排桩上，为 56.4kN，低于基桩的水平承载力。

（4）分级加载至标高 11.200m（实际堆土高度 7.7m）时再施工路堤桩的工况下，第 1 排桩桩顶位移 4.31cm，第 14 排桩桩顶位移 0.70cm 左右，均能够满足桩顶的最大水平位移限值。桩的最大弯矩随与分级堆载区距离的增大而减小，最大弯矩 90.5kN・m 低于抗裂弯矩，桩身受拉区不会发生开裂现象。

（5）在分级加载至标高 12.500m 再打桩的工况下，第 1 排桩桩顶位移 1.18cm，第 14 排桩桩顶位移 2mm 左右，能够满足桩顶最大水平位移限值的要求，桩身弯矩均低于开裂弯矩，满足承载力的要求。

（6）综合以上（2）～（5）可知，先进行分级堆载施工，待堆土荷载引起的地基固结完成大部分后再进行路堤桩的施工，一方面桩承受的水平作用力大大减小，另一方面，地基中的有效应力增大、强度增长，会减小土体的塑性变形，从而降低高填土对桩身承载力的影响。因此，在工期允许的情况下，宜尽量推迟路堤桩施工。分析表明，在按照与本报告一致的进度计划进行堆土施工的前提下，堆土至标高 11.200m 以后再开始施工路堤桩，桩身仍承受部分水平荷载并产生水平变形，但这些荷载和变形均已低于容许值，因此是安全可行的。

4.9　高填土对相邻建筑物桩基的影响分析及施工工序研究

与主体建筑邻近的堆土边缘设有挡土结构，高填土荷载不直接作用于主体结构。但是高填土引起的地基水平变形对主体结构的桩基础仍有一定影响，仍需分析高填土对建筑桩基的影响。

通过前面章节的研究可以发现，塑料排水板＋分级堆载区的堆土荷载对建筑桩基的影响较小，而对建筑桩基影响最大的是路堤桩区的堆土荷载。

4.9.1　高填土对建筑桩基的影响研究

以下以主入口综合建筑为例，进行针对性分析。计算剖面如图 4-107 所示。此处仍假定分级堆载过程为 100d，而堆载完成后 30d 开始路堤桩的施工并瞬时完成其上的堆土（不考虑路堤桩施工及堆土占用的时间）。分析时只考虑第Ⓓ-Ⓔa和Ⓓ-Ⓔa轴线上的桩，其余轴线上的桩距离边轴线较远，可认为受高填土的影响较小。

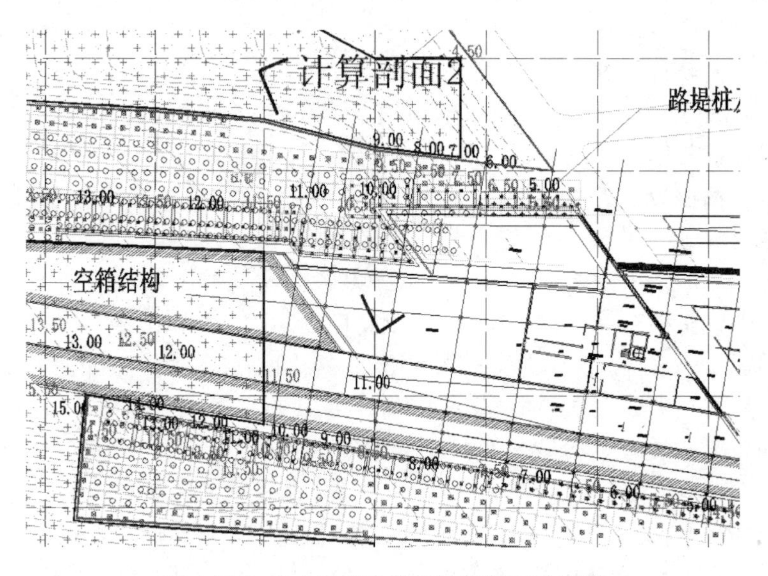

图 4-107　主入口综合建筑计算剖面示意图

下面给出了路堤桩及其上堆土完工后 30d 开始施工入口建筑桩基工况的计算结果。图 4-108、图 4-109 分别给出了各桩桩顶的水平位移及竖向位移变化时程。

本工况下桩基的打入时刻处于地基瞬时水平变形逐步恢复的时段，因此各桩的水平位移逐步向指向路堤桩区段方向发展，而桩的竖向位移是先隆起而后逐步下沉，桩基打入 120d 后，水平变形速率逐步稳定，大致为每年水平变形增加 1.5cm，竖向变形增加 2.5cm，能够满足位移控制要求。

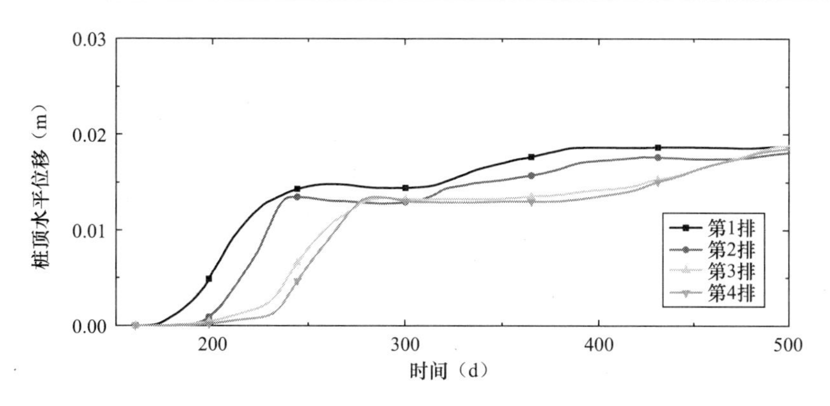

图 4-108 桩顶水平位移变化时程

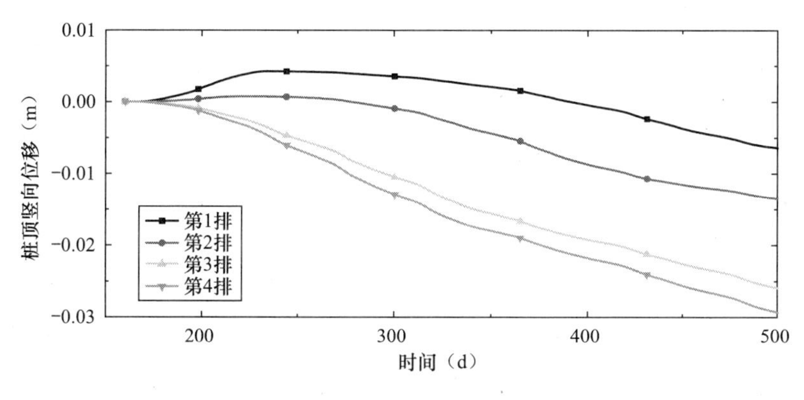

图 4-109 桩顶竖向位移变化时程

计算表明，至第 400d（总时间）时，桩身的内力已基本趋于稳定，图 4-110～图 4-112 分别给出了稳定后的桩身弯矩、剪力及轴力图。各桩的弯矩主要集中在深度≤16m 的区段内，深度 16m 以下的区段弯矩较小，基本可以忽略不计。各桩深度 0～9m 左右呈现为正弯矩，9～16m 左右呈现为负弯矩，且正弯矩与负弯矩绝对值较为接近。最外侧桩桩顶最

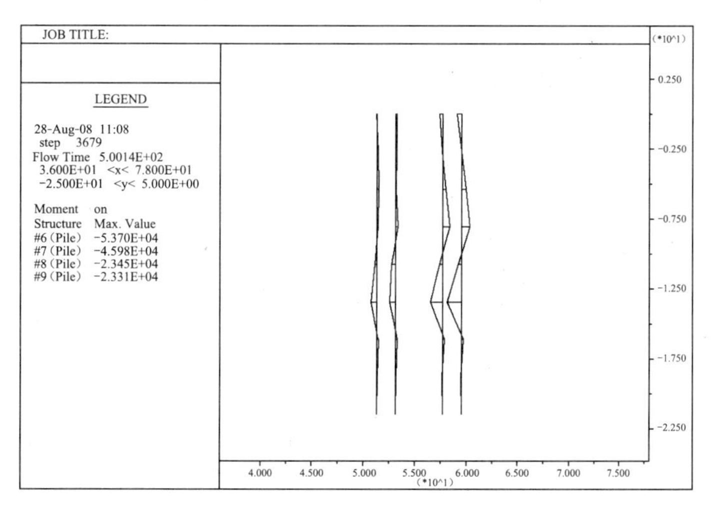

图 4-110 桩身弯矩分布图

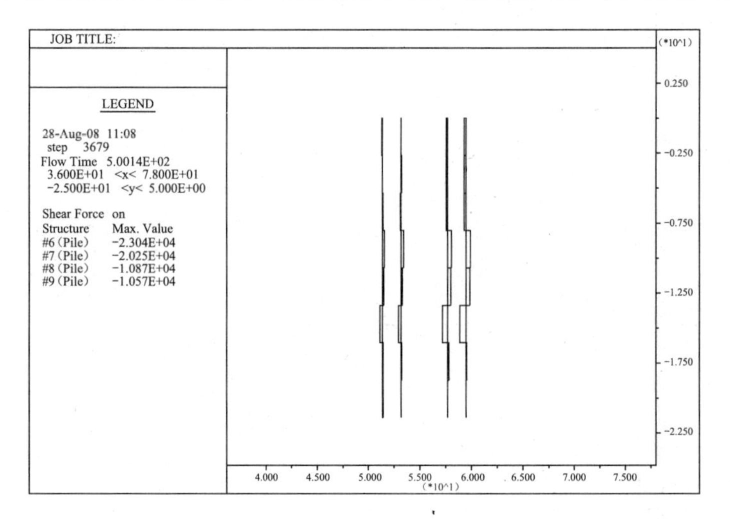

图 4-111　桩身剪力分布图

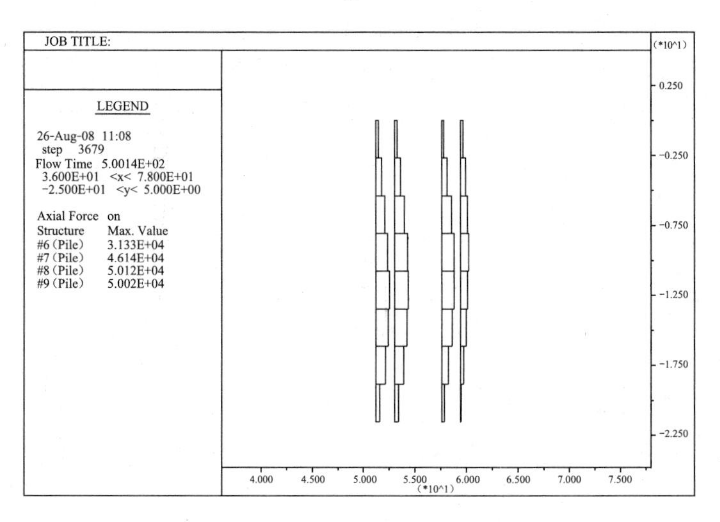

图 4-112　桩身轴力分布图

大弯矩为 53.7kN·m，低于桩的抗裂弯矩 114.6kN·m，第 2、3、4 排桩的弯矩则更小，满足抗弯性能要求。最外排桩的剪力最大值达到 23kN，没有超过桩的抗剪承载力；各桩主要承受轴向拉力，最大值为 50kN。

综合以上分析，按照本计算工况假定的施工工序进行施工，桩的位移及内力能够满足设计要求。因此，在路堤桩区堆土完成 3d 后，可进行入口建筑桩基的施工。

4.9.2　高填土对建筑桩基影响的小结

本节研究了主入口综合建筑区高填土对路堤桩及结构桩基的影响。分析中没有考虑路堤桩及其上堆土施工，以及建筑桩基施工所占用的时间，实际是偏于安全的。通过对多种工况的试算，主要得到如下结论：

（1）分级堆载完成后 30d 进行路堤桩的施工即可满足桩身位移和受力的限制条件。

（2）在路堤桩区堆土完成 30d 后，进行入口建筑桩基的施工，能够满足桩的位移及内力控制要求。

第五章 高填土对相邻建筑物不利影响措施的工程实践研究

5.1 高填土对背景工程科研中心不利影响措施的工程实践研究

科研中心位于植物园西北部，建筑平面呈月牙形，为 2～3 层框架结构，基础形式为桩基础，基桩型号为 ϕ500 PHC-AB500(120)-21.5a 预应力管桩。科研中心西北侧（设有主入口）无高填土，其余侧面周围为绿环堆筑区，其中东端及南端堆土较高，设计标高最高分别为 13.500m 和 14.000m，东南侧堆土设计标高较低，除局部达到 10.000m 外，大部分区域设计标高低于 9.000m。科研中心东端及南端约 40m、东南侧约 13m 范围内的堆土荷载采用路堤桩承担，其他区域的堆土采用插打塑料排水板＋分级加载的方式进行。根据第一至四章研究成果，减沉路堤桩及主体建筑以外区域绿环堆筑基本完成，即最高绿环高度分级堆土标高接近 12.500m（实际堆土高度 9m），开始施工减沉路堤桩。与科研中心主体建筑邻近的堆土边缘设有挡土结构及减沉路堤桩，堆土荷载不直接作用于上部主体结构，但堆土引起的减沉路堤桩区域基础水平变形对科研中心的桩基础有一定影响，必须分析减沉路堤桩区域高填土对建筑桩基的影响。

科研中心东端堆土荷载较大，选择该处为研究对象，该处的结构轴线布置图如图 5-1 所示，开间宽度为 5.4m。根据前面的计算经验，本研究只关注科研中心东端的四根轴线上的桩基，并近似考虑为按矩形网格布置。

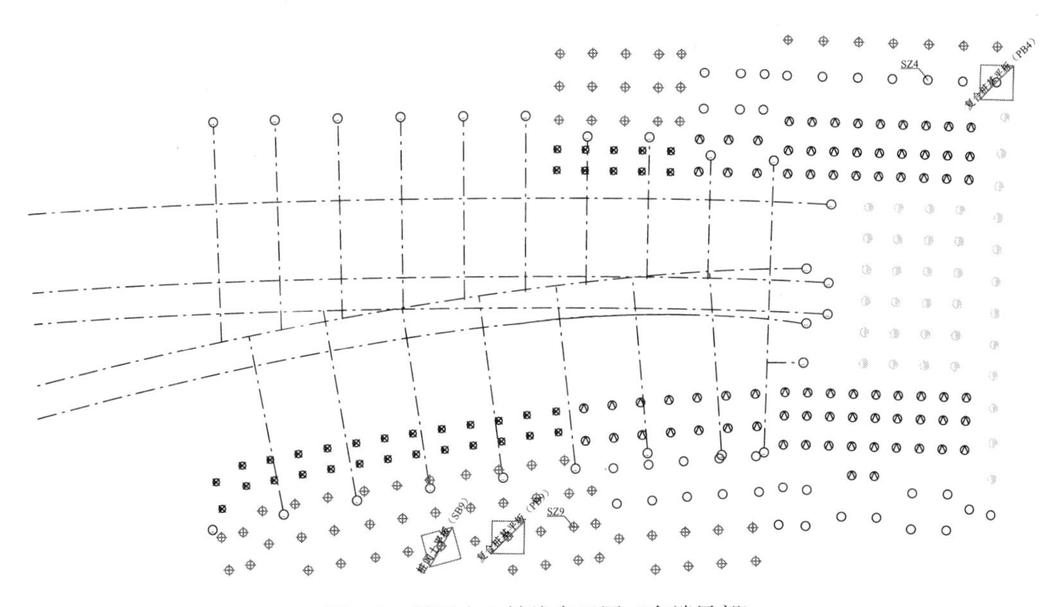

图 5-1 科研中心轴线布置图（东端局部）

为提高计算效率，通过数值分析，得到单桩的荷载分担比为0.76，故可不单独对桩的承台建模，直接将单桩分担面积上的上覆堆土荷载乘以0.76作为桩顶集中力，剩余荷载作为均布荷载作用于地基土单元上。研究路堤桩及主体建筑区域不同施工工序，切实降低此区域高填土对科研中心桩基的影响，确保主体建筑安全。

5.1.1 科研中心桩基与减沉路堤桩区域桩基同时施工研究（工况1）

假定科研中心桩基础与减沉路堤桩区域桩基同时施工，然后再进行路堤桩区的堆土至设计标高。取Ⓐ～Ⓔ轴线上最靠近边缘的四根桩为研究对象，图5-2和图5-3分别给出了各桩桩顶的水平位移及竖向位移变化时程。

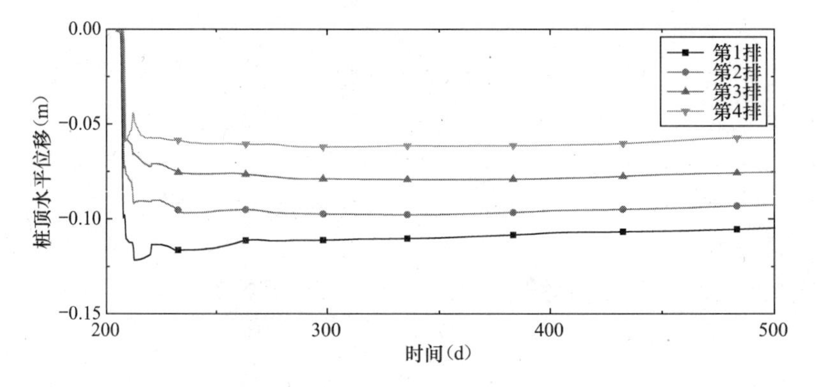

图5-2 桩顶水平位移变化时程

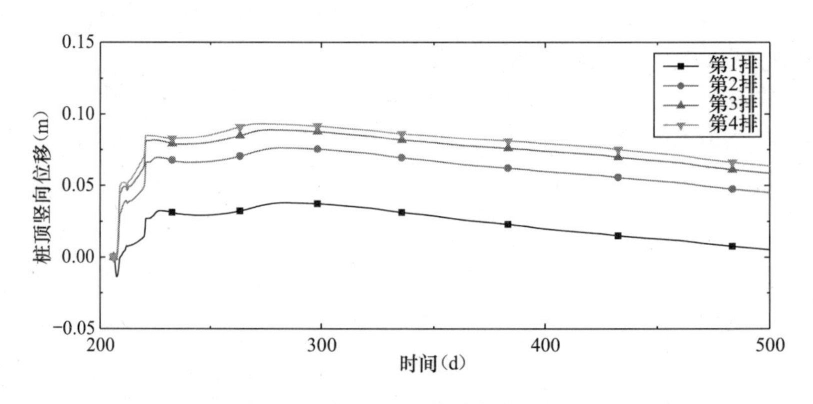

图5-3 桩顶竖向位移变化时程

由图5-2可以看出，桩在减沉路堤桩区堆土的瞬时发生较大的水平变形，随着地基中超静孔隙水压力的消散，桩顶位移逐渐有所恢复，但变化较慢。堆载50d后，桩顶位移基本趋于稳定。外排桩桩顶位移达到峰值的时刻较早，而内排桩达到峰值位移的时刻较晚，各桩的桩顶位移最大值分别为12.2cm、9.68cm、7.80cm和6.05cm，不能满足水平位移的控制要求。

桩在减沉路堤桩区堆土的瞬时也发生较大的竖向隆起变形，随着地基中超静孔隙水压力的消散，桩顶位移逐渐有所恢复，堆载约80d后，桩顶位移恢复的速率基本趋于稳定，为每100d恢复2cm左右。各桩的桩顶隆起最大值分别为3.8cm、7.6cm、8.8cm和9.2cm，不能满足竖向位移的控制要求。

图 5-4～图 5-6 分别给出了第 300 天、第 400 天和第 500 天（本工况下科研中心桩基础施工时间为第 206 天）时的桩身位移分布图。可以看出，各排桩的水平位移均是初期较大，随着时间的增长略有减小。到第 300 天左右，桩身位移已基本稳定。各图中最右侧的桩距离路堤桩区最近。

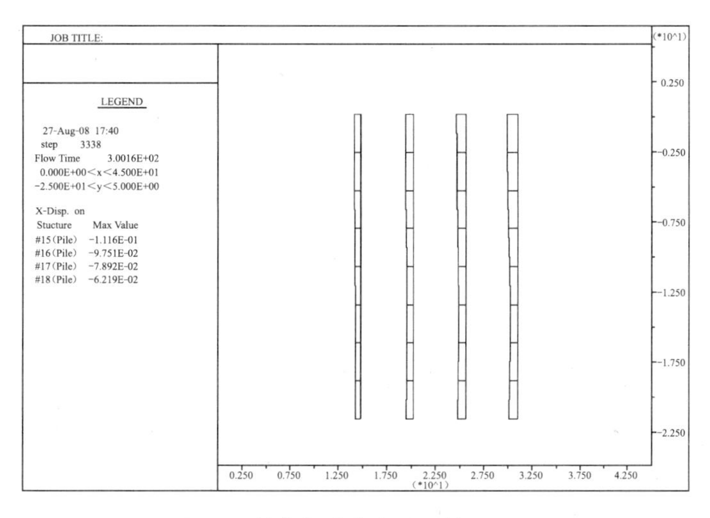

图 5-4 桩身位移分布图（第 300 天）

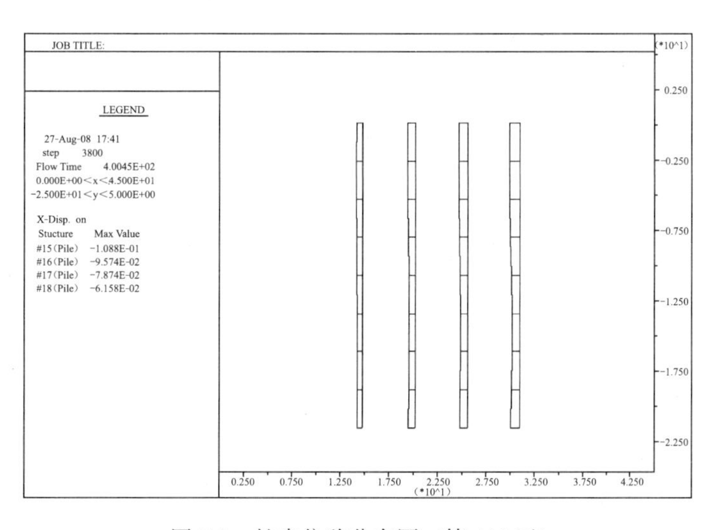

图 5-5 桩身位移分布图（第 400 天）

图 5-7～图 5-9 给出了第 300 天、第 400 天和第 500 天时的桩身弯矩分布图。桩身弯矩随时间增长略有增长，至第 400 天时已基本达到稳定状态。各桩的弯矩主要集中在深度≤16m 的区段内，深度 16m 以下的区段弯矩较小，基本可以忽略不计。各桩深度 0～9m 呈现为负弯矩，9～16m 呈现为正弯矩，且正弯矩最大值明显大于负弯矩。最外侧桩顶最大弯矩为 275.2kN・m，超过了桩的极限弯矩 242.3kN・m；第二排桩的弯矩为 142.6kN・m，也超过了抗裂弯矩 114.6kN・m，而第 3、4 排桩的弯矩均低于抗裂弯矩，满足抗弯性能要求。

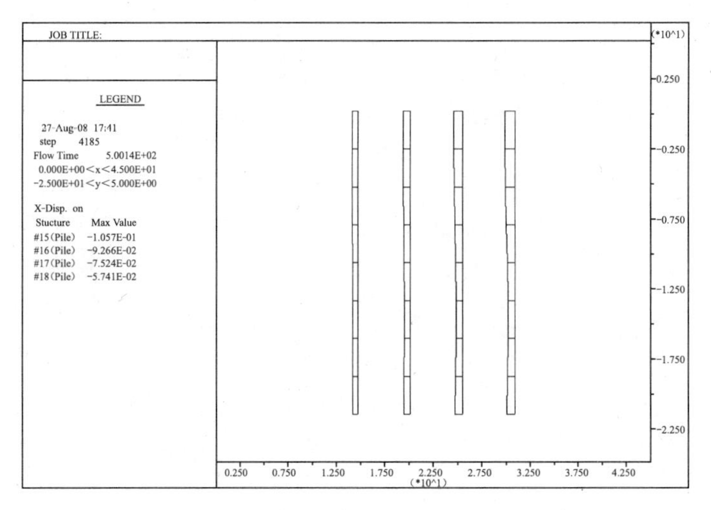

图 5-6　桩身位移分布图（第 500 天）

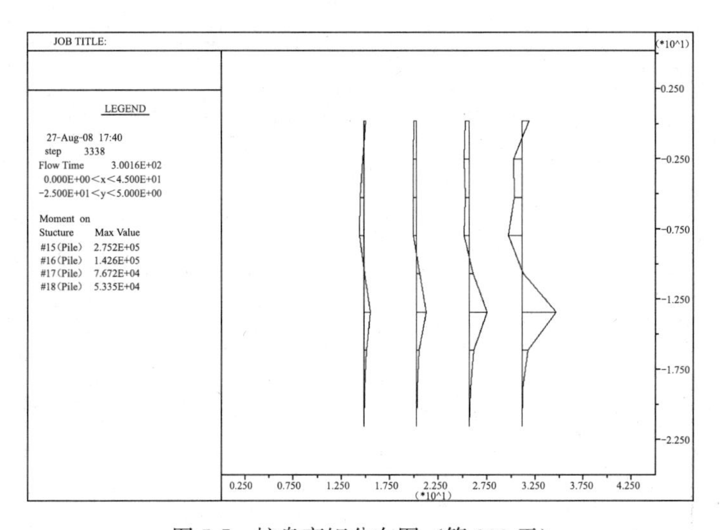

图 5-7　桩身弯矩分布图（第 300 天）

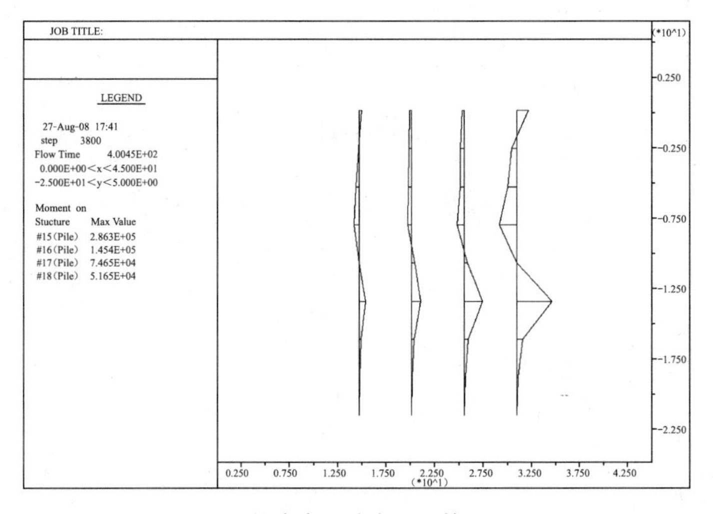

图 5-8　桩身弯矩分布图（第 400 天）

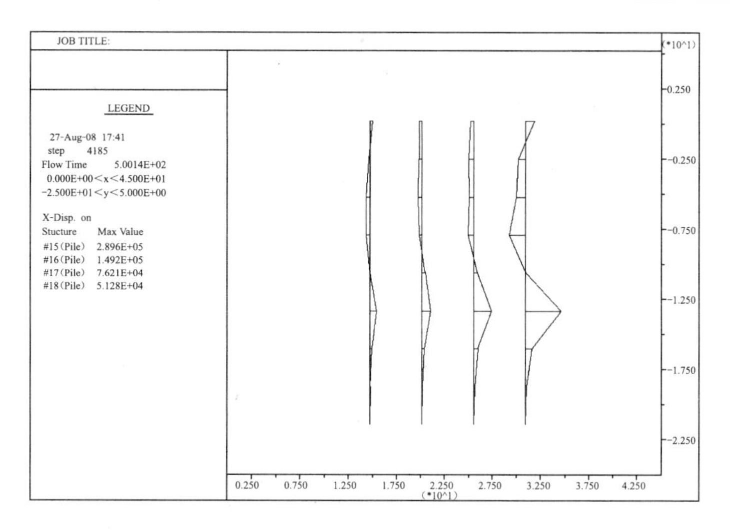

图 5-9　桩身弯矩分布图（第 500 天）

图 5-10～图 5-12 分别给出了第 300 天、第 400 天和第 500 天时的桩身剪力分布图。第 1 排桩的最大剪力达到 107kN，可能发生剪切破坏。

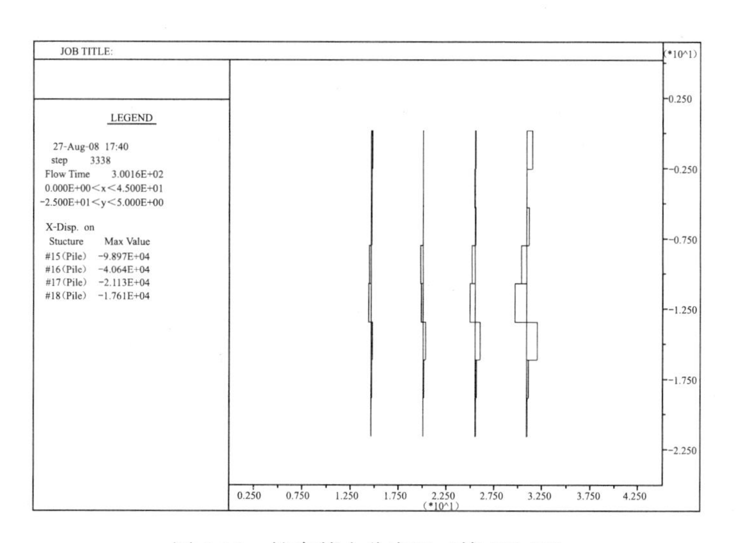

图 5-10　桩身剪力分布图（第 300 天）

图 5-13～图 5-18 分别给出了第 300 天、400 天和第 500 天各桩的竖向位移及轴力图。邻近填土压力的作用下，由于桩与周围土体间存在摩阻力，各桩桩顶均随地基发生隆起现象，随地基中孔压的消散，隆起值逐渐变小并趋于稳定，各排桩桩顶最大隆起值为 9.1cm。但由于渗透性及排水条件的差异，地基中不同位置的变形不同步，造成桩身有的区段受拉、有的区段受压，如最外排桩上半段受拉、下半段受压。轴拉力最大的为最外侧桩上半段，最大值为 95kN，轴压力最大的为第二排桩中段，最大值为 220kN。

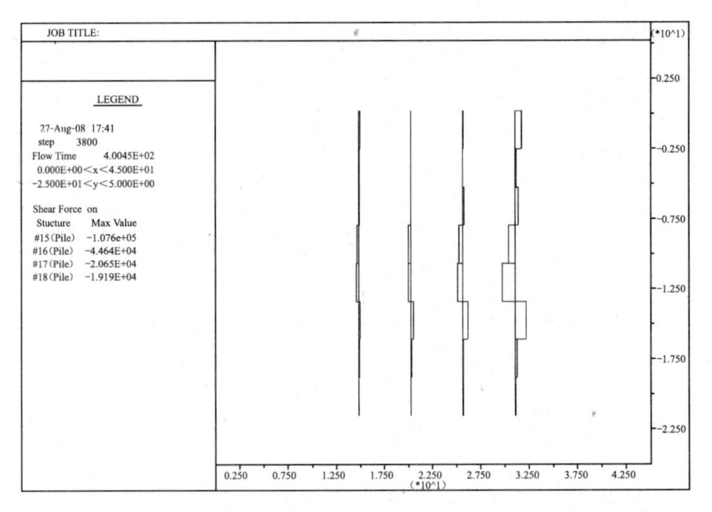

图 5-11　桩身剪力分布图（第 400 天）

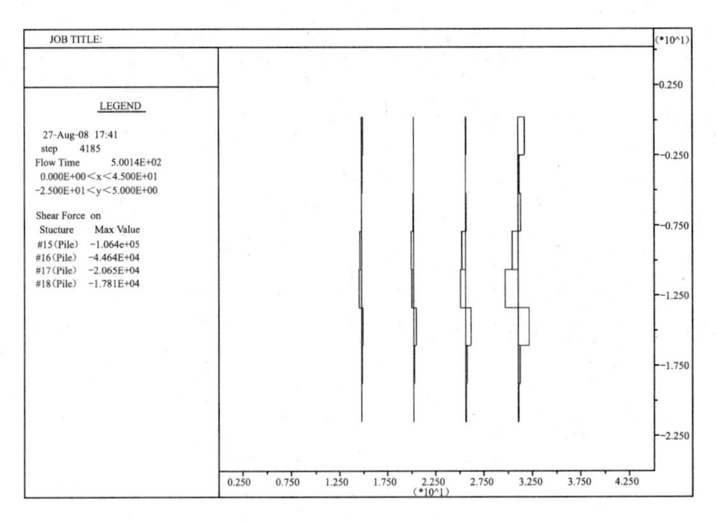

图 5-12　桩身剪力分布图（第 500 天）

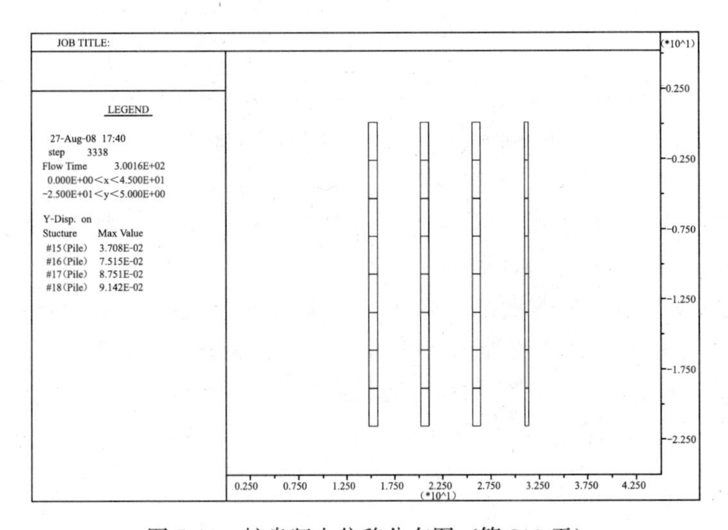

图 5-13　桩身竖向位移分布图（第 300 天）

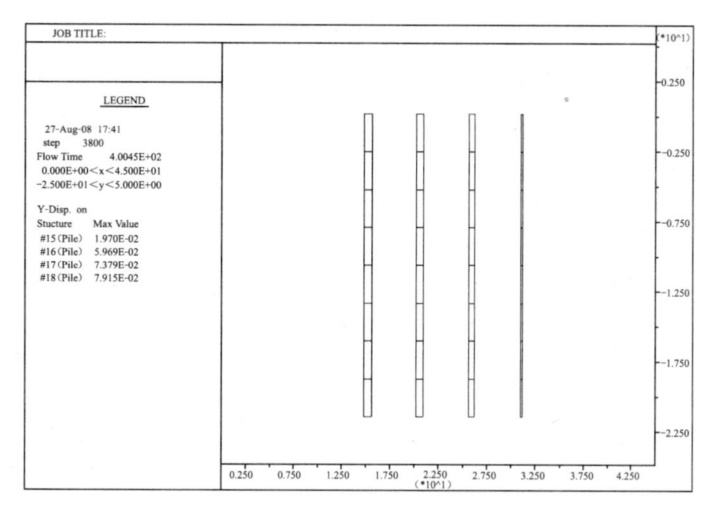

图 5-14 桩身竖向位移分布图（第 400 天）

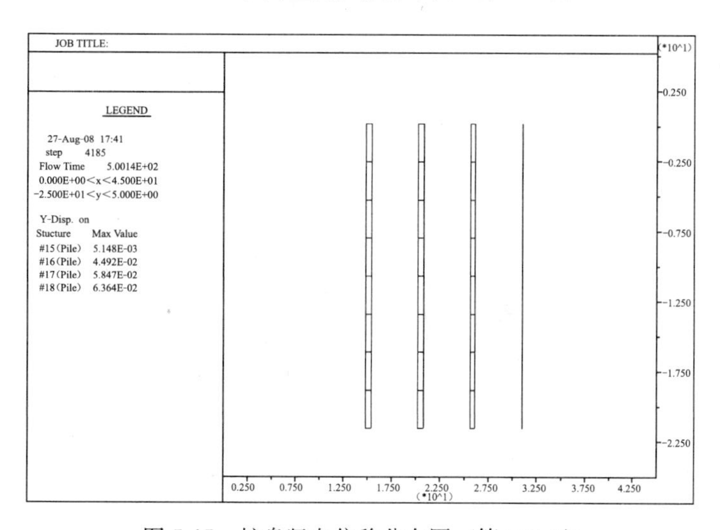

图 5-15 桩身竖向位移分布图（第 500 天）

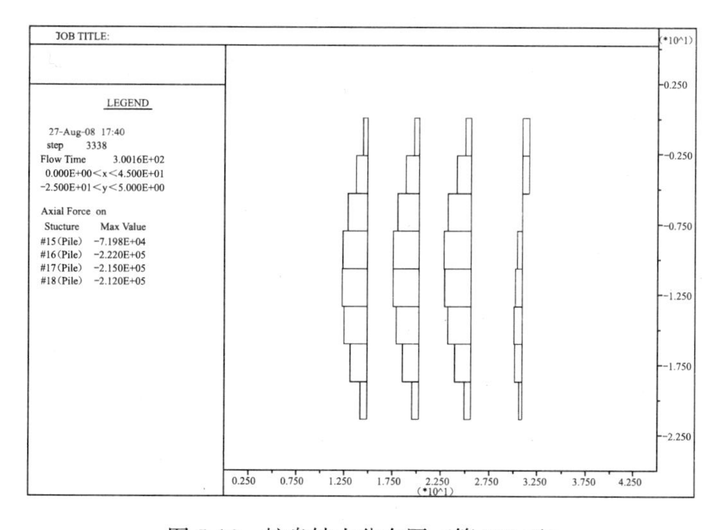

图 5-16 桩身轴力分布图（第 300 天）

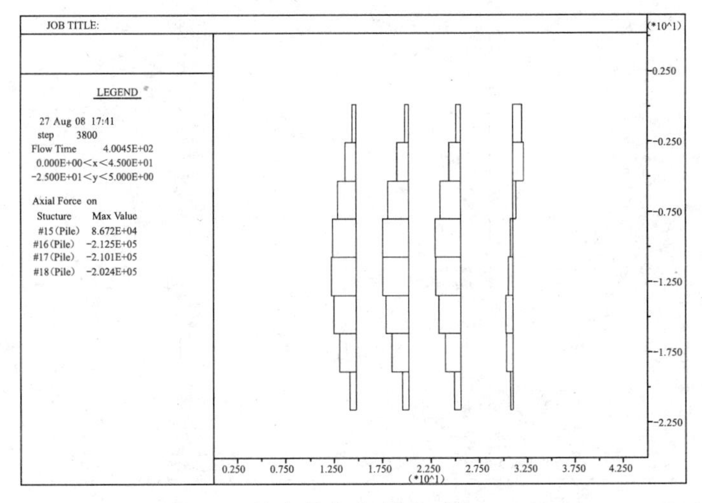

图 5-17　桩身轴力分布图（第 400 天）

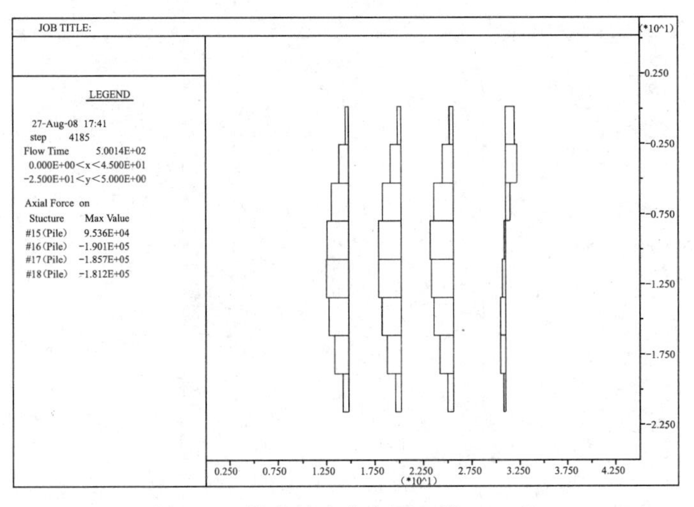

图 5-18　桩身轴力分布图（第 500 天）

5.1.2　绿环高填土完成 15 天后施工科研中心桩基研究（工况 2）

图 5-19 和图 5-20 分别给出了各桩桩顶的水平位移及竖向位移变化时程。由于科研中心桩基的打入时刻处于地基瞬时水平变形逐步恢复的时段，因此各桩的水平位移逐步向指

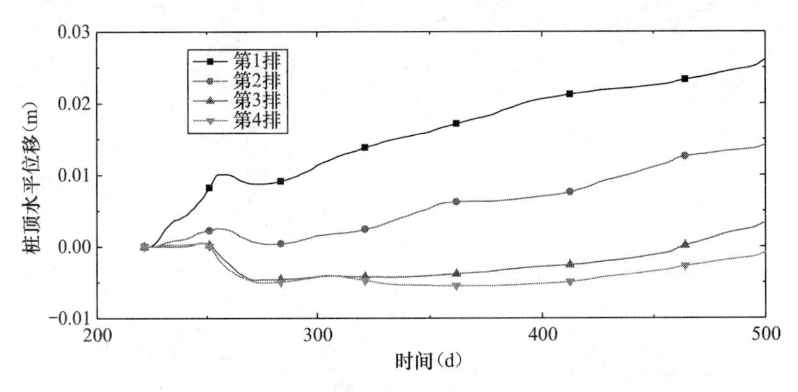

图 5-19　桩顶水平位移变化时程

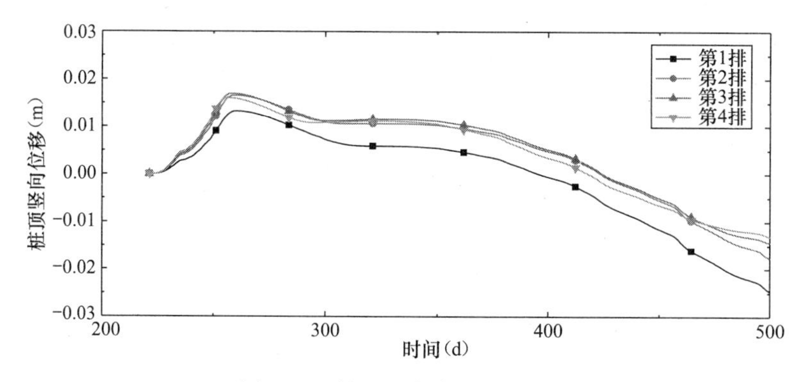

图 5-20　桩顶竖向位移变化时程

向路堤桩区段的方向发展，而桩的竖向位移是先隆起而后逐步下沉，桩基打入 50d 后，变形速率逐步稳定，大致为水平变形增加 2.1cm，竖向变形增加 3.0cm，能够满足位移控制要求。

计算表明，至第 400 天（总时间）时，桩身的内力已基本趋于稳定，图 5-21～图 5-23

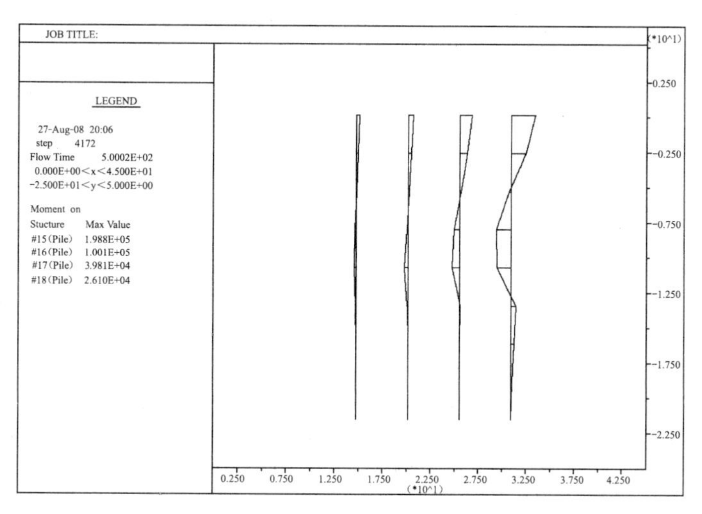

图 5-21　桩身弯矩分布图

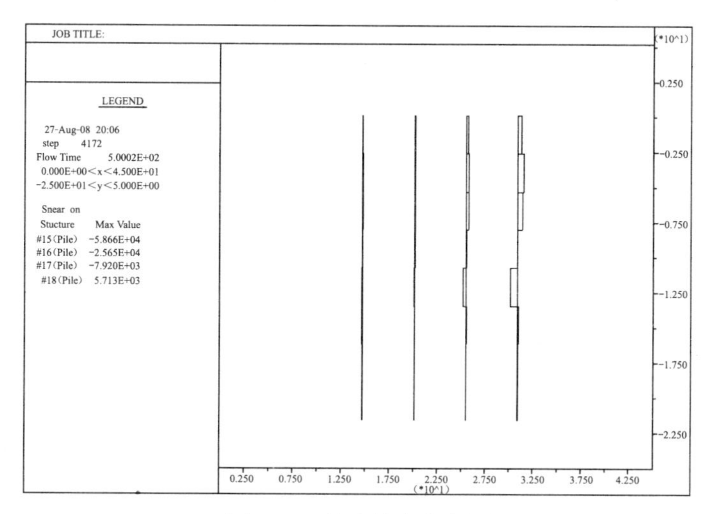

图 5-22　桩身剪力分布图

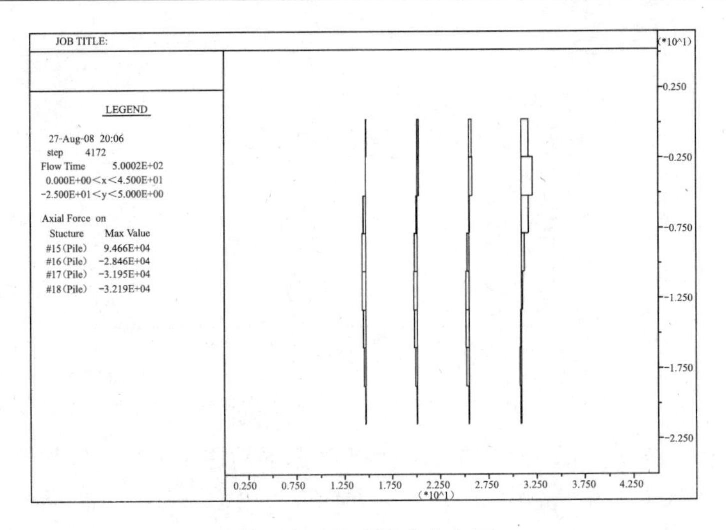

图 5-23　桩身轴力分布图

给出了稳定后的桩身弯矩、剪力及轴力图。各桩的弯矩主要集中在深度≤16m 的区段内，深度 16m 以下的区段弯矩较小，基本可以忽略不计。各桩深度 0～9m 呈现为正弯矩，9～16m 呈现为负弯矩，且正弯矩与负弯矩大致相等。最外侧桩顶最大弯矩为 198.8kN·m，超过了桩的抗裂弯矩 114.6kN·m，但尚低于极限弯矩 242.3kN·m；第 2、3、4 排桩的弯矩均低于抗裂弯矩，满足抗弯性能要求。最外排桩的剪力为 58.8kN，没有超过桩的抗剪承载力；轴拉力值最外排桩为 94kN，其余桩表现为轴压力，均在 35kN 以下。

5.1.3　绿环高填土完成 30 天后施工科研中心桩基研究（工况 3）

图 5-24、图 5-25 分别给出了各桩桩顶的水平位移及竖向位移变化时程。对比工况 2 的计算结果，科研中心桩基的施工时间再推迟 15 天对变形趋势的改变不大，只是达到稳定的时间变短了。变形速率稳定后，大致为水平变形增加 2.1cm，竖向变形增加 3.0cm，能够满足位移控制要求。

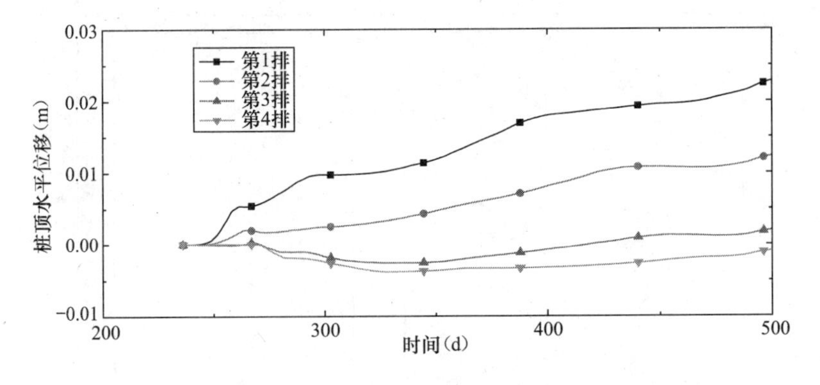

图 5-24　桩顶水平位移变化时程

计算表明，至第 400 天（总时间），桩身的内力已基本趋于稳定，图 5-26～图 5-28 分别给出了稳定后的桩身弯矩、剪力及轴力图。比较工况 2 的计算结果，各桩的内力值均有

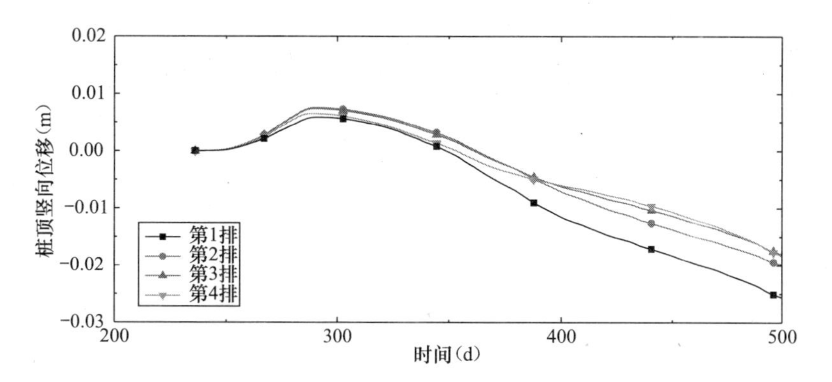

图 5-25 桩顶竖向位移变化时程

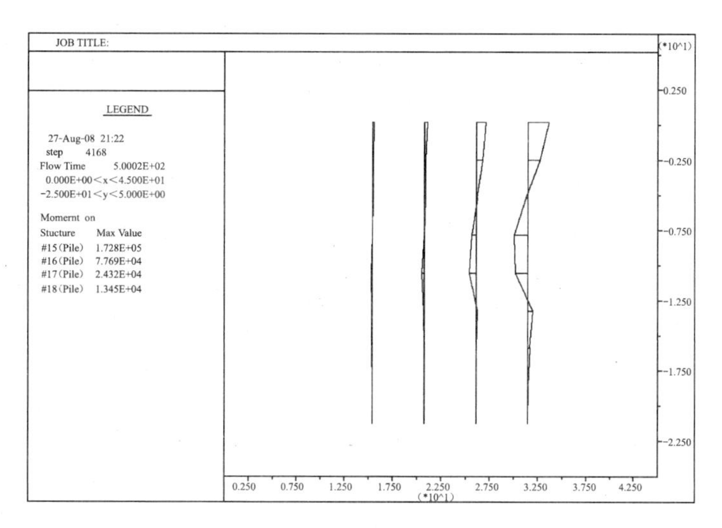

图 5-26 桩身弯矩分布图

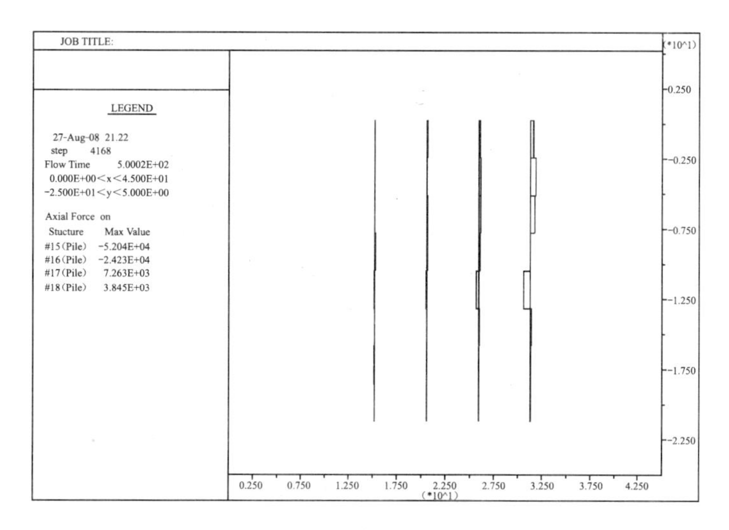

图 5-27 桩身剪力分布图

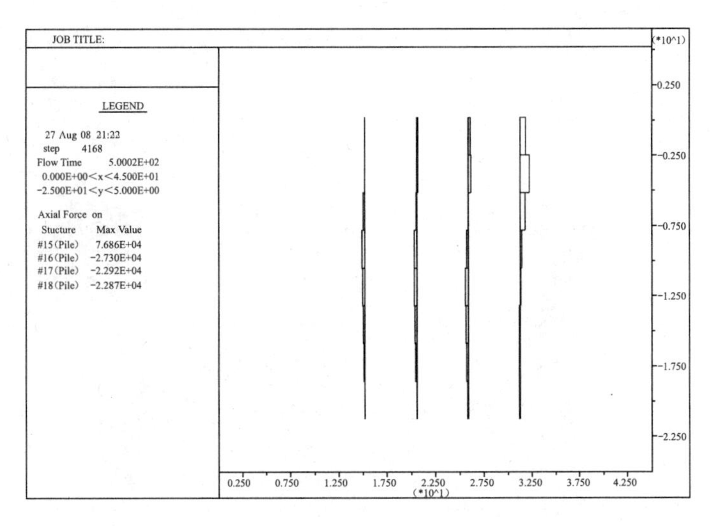

图 5-28　桩身轴力分布图

所降低，最外侧桩顶最大弯矩为 172.8kN·m，仍大于桩的抗裂弯矩 114.6kN·m，但低于极限弯矩 242.3kN·m；第 2、3、4 排桩的弯矩均低于抗裂弯矩，满足抗弯性能要求。最外排桩的剪力最大，为 52.0kN，没有超过桩的抗剪承载力；轴拉力值最外排桩最大，为 76.8kN，其余桩表现为轴压力，均在 30kN 以下。

5.1.4　绿环高填土完成 60 天后施工科研中心桩基研究（工况 4）

图 5-29～图 5-31 给出了稳定后的桩身弯矩、剪力及轴力图。比较工况 3 的计算结果，各桩的内力值进一步降低，最外侧桩顶最大弯矩为 103.6kN·m，低于桩的抗裂弯矩 114.6kN·m，其余桩的弯矩也均低于抗裂弯矩，满足抗弯性能要求。最外排桩的剪力最大，为 29.9kN，没有超过桩的抗剪承载力；轴拉力值最外排桩最大，为 64.5kN，其余桩表现为轴压力，均在 25kN 以下。

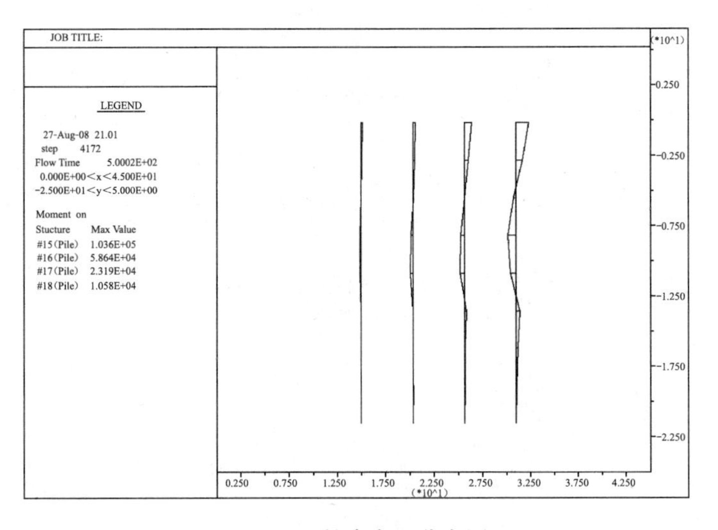

图 5-29　桩身弯矩分布图

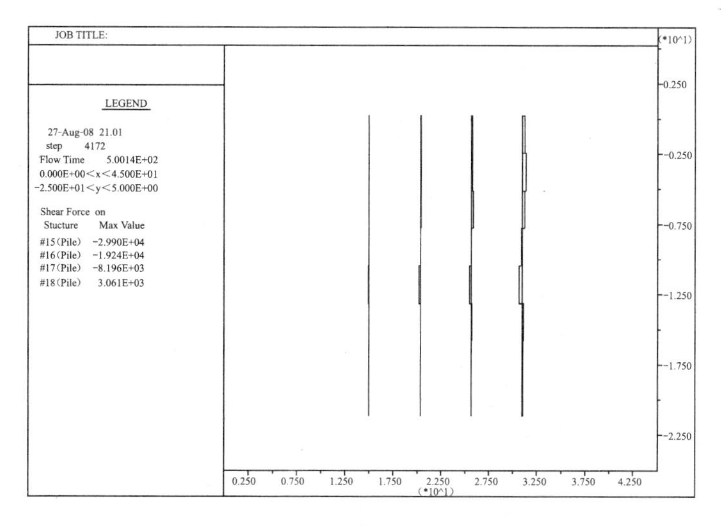

图 5-30 桩身剪力分布图

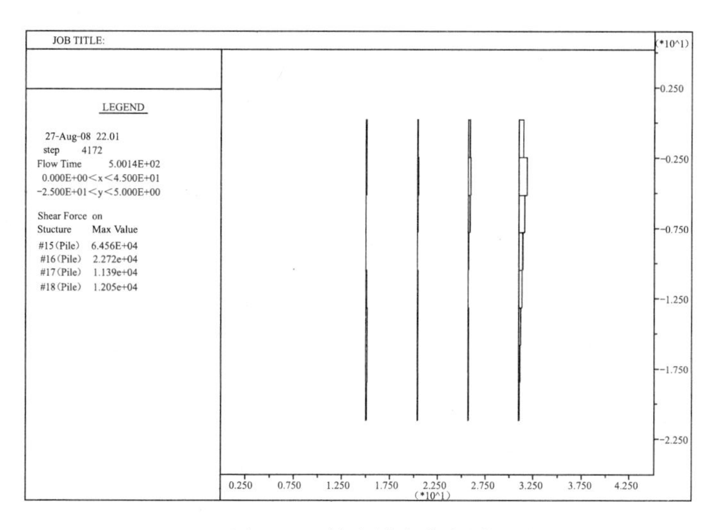

图 5-31 桩身轴力分布图

5.1.5 科研中心施工工序确定

综合以上分析，按照本计算工况假定的施工工序进行施工，除最外侧桩的最大弯矩超过了抗裂弯矩外，桩的位移及内力基本能够满足设计要求。因此，在路堤桩区堆土完成15d后，可进行除最外侧桩以外的其他结构桩基的施工。

研究表明，推迟科研中心桩基础的施工时间对桩顶变形趋势改变不大，但能够降低桩身的受力。

计算表明，按照本计算工况假定的施工工序进行施工，桩的位移及内力能够满足设计要求。因此，在路堤桩区堆土完成60天后，可进行科研中心结构桩基的施工。

综合以上分析，建议邻近路堤桩堆载区的2～3排结构桩基在路堤桩区堆土施工完成后2个月左右开始施工，其余桩基可在路堤桩区堆土完成半个月后开始施工。

5.1.6 科研中心最终沉降分析

根据科研中心建筑区域具体情况，采用AUTOBASE分别计算了考虑和不考虑紧邻建筑高填土影响的桩基沉降，如图 5-32、图 5-33 所示。

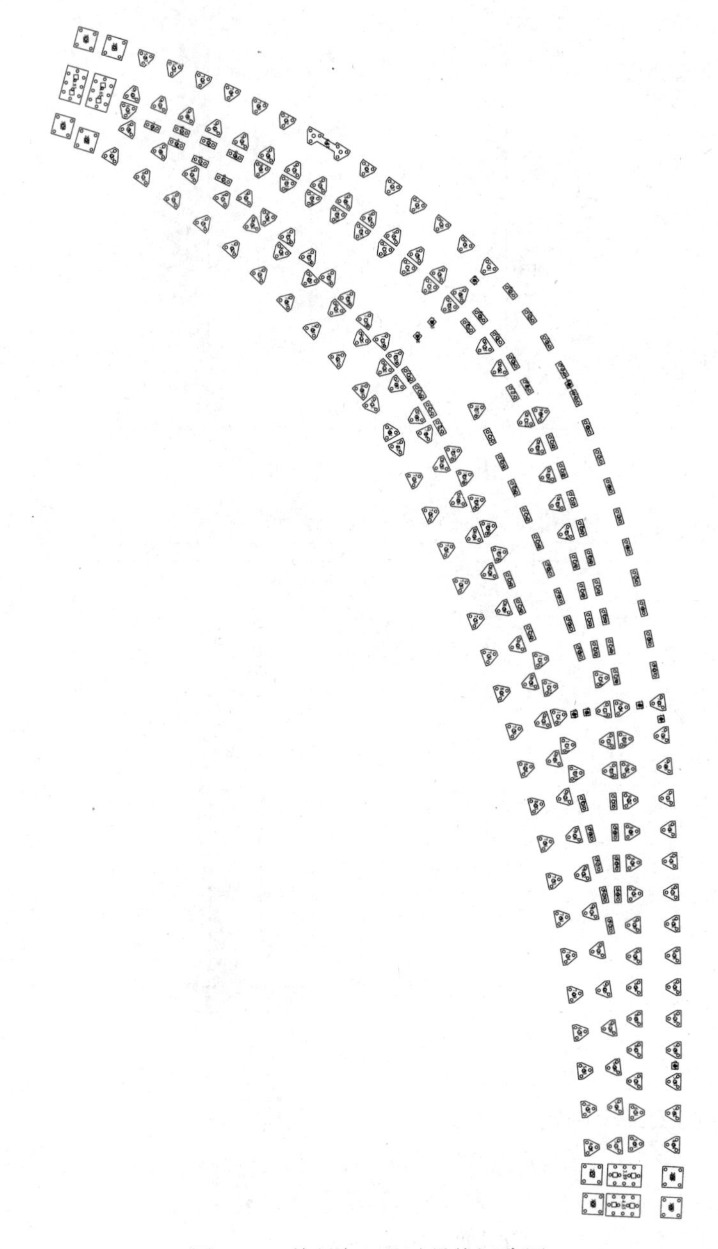

图 5-32　科研中心基础最终沉降图

5.1.7　科研中心监测结果

科研中心主体结构、挡土墙、路堤桩及基础施工完成后，待混凝土结构养护期结束，进行建筑室内外填土，填土历经 4 个多月完成，填土过程中，对挡土墙、路堤桩承台沉降及挡土墙水平位移进行监测，监测结果为路堤桩承台最大沉降为 18mm，挡土墙最大沉降为 6mm，挡土墙顶点水平位移为 6mm，均在正常范围以内。

根据设计施工工序进行科研楼主体施工，施工完成后历经 3 年进行了沉降观测，主体最终沉降柱状图如图 5-34 所示，分布图如图 5-35 所示。

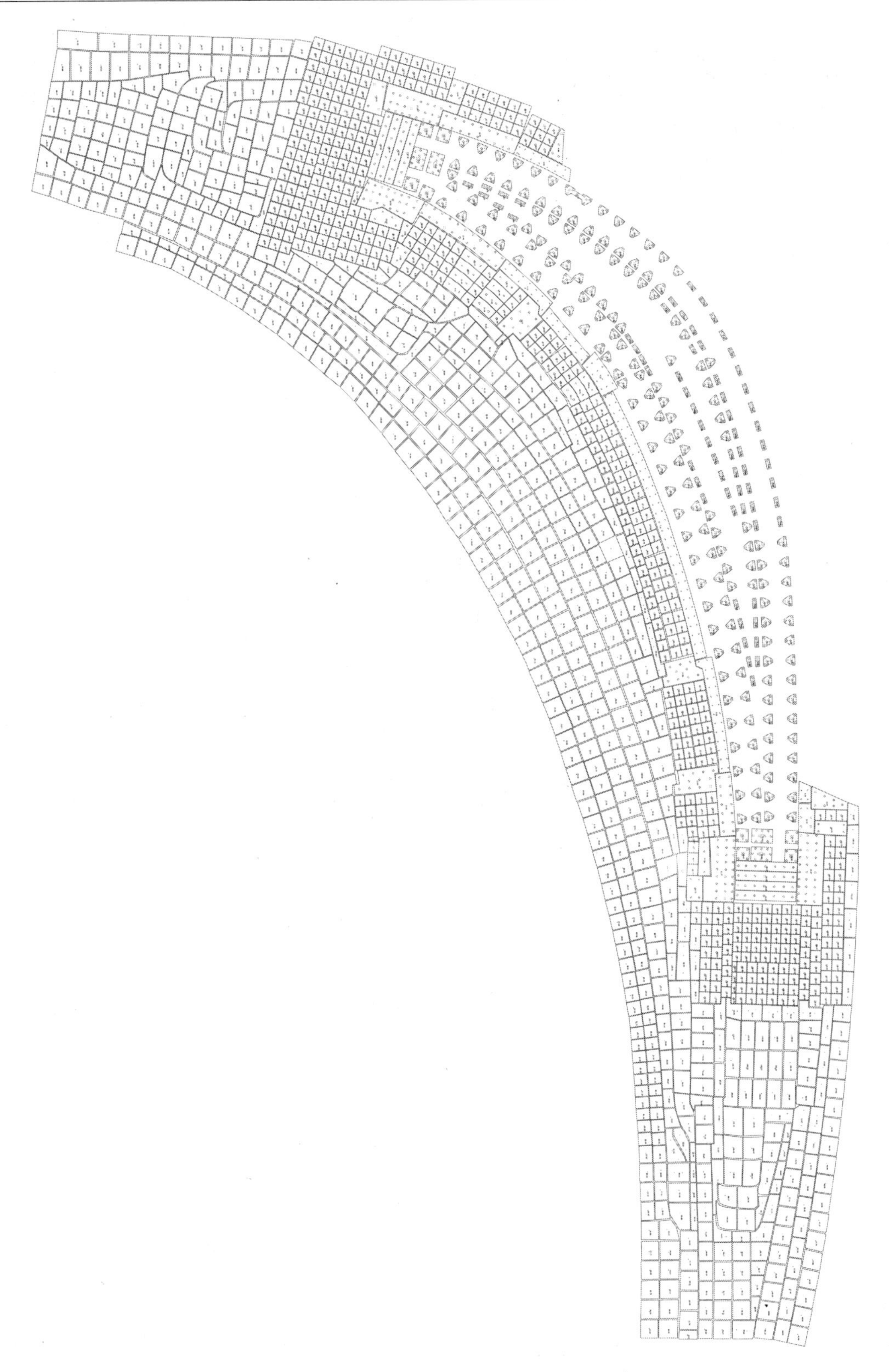

图 5-33　考虑高填土科研中心基础最终沉降图

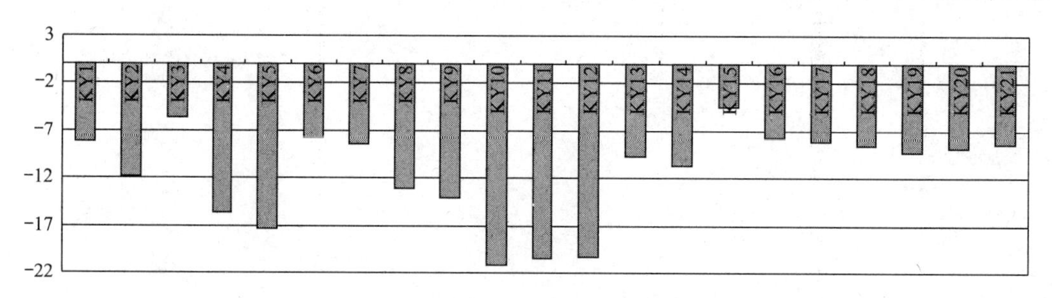

图 5-34　科研中心实测沉降柱状图

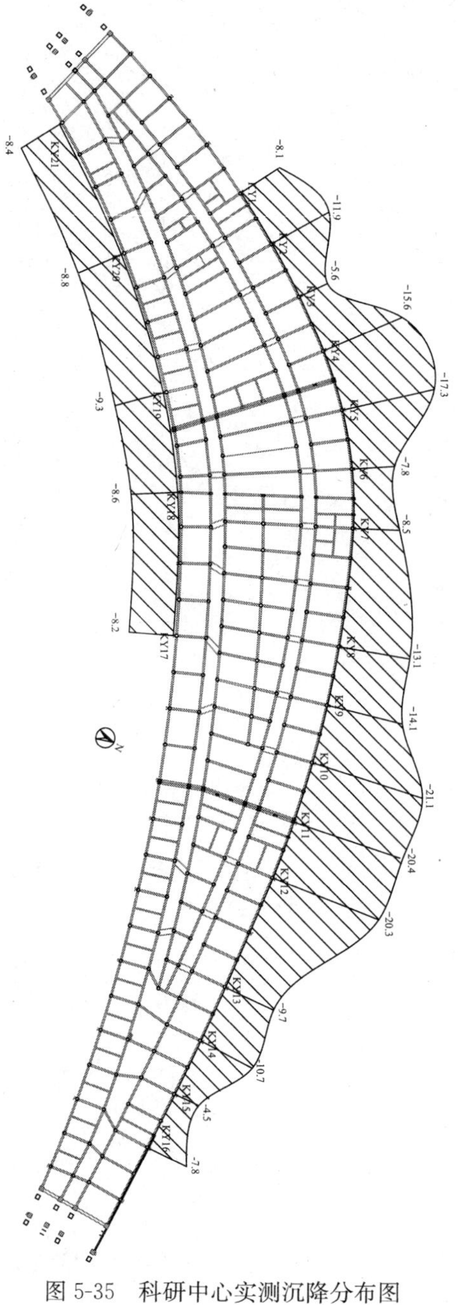

图 5-35　科研中心实测沉降分布图

5.2　高填土对背景工程主入口不利影响措施的工程实践研究

根据主入口地基处理平面布置图，主入口处绿环堆筑区邻近主体建筑边线一定范围内的区域采用路堤桩，其他区域采用塑料排水板＋分级加载处理方案。由于入口建筑几何形状复杂，为提高计算效率，采用简化三维数值模型对高填土南入口建筑桩基的影响展开研究，经过综合对比分析，选取 1 个典型计算剖面，如图 5-36 所示。

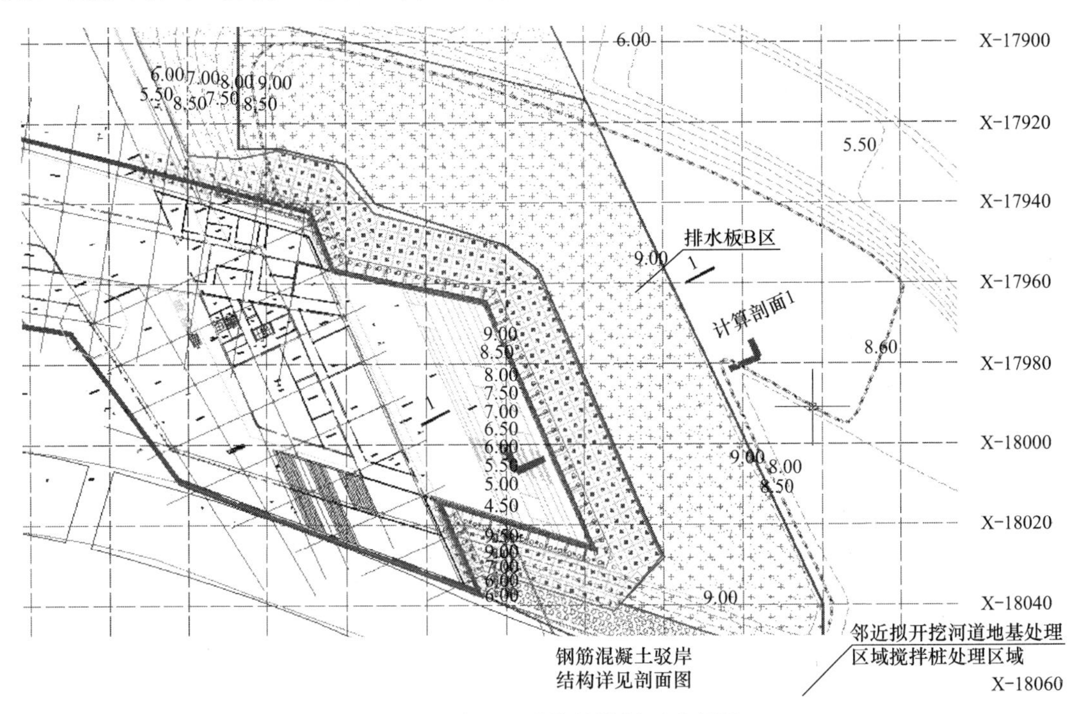

图 5-36　南入口建筑计算剖面示意图

5.2.1　高填土对减沉路堤桩的影响研究

1. 分级堆载完成后立即施工路堤桩（工况 1）

计算时，取加载完成时（分级加载至标高 9.000m 时）对应加载时间为第 100 天（根据第二期子项报告）。本工况为分级堆载完成瞬时进行路堤桩的施工。图 5-37 给出了该工序下路堤桩桩顶水平位移时程图。

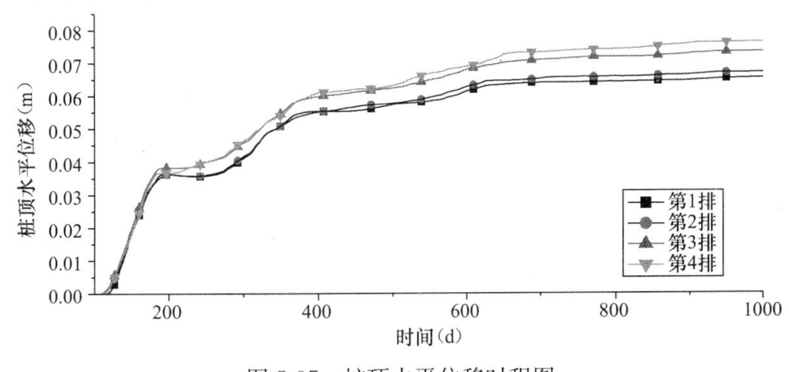

图 5-37　桩顶水平位移时程图

路堤桩的打入时刻处于地基水平变形开始逐步恢复的时段，因此各桩的水平位移逐步向指向分级加载区的方向发展，桩基打入 470 天后，变形逐步稳定，桩顶最大水平位移约 7.6cm，能够满足位移控制要求。图 5-38～图 5-41 分别给出了第 200 天、第 300 天、第 400 天和第 500 天时的桩身位移分布。

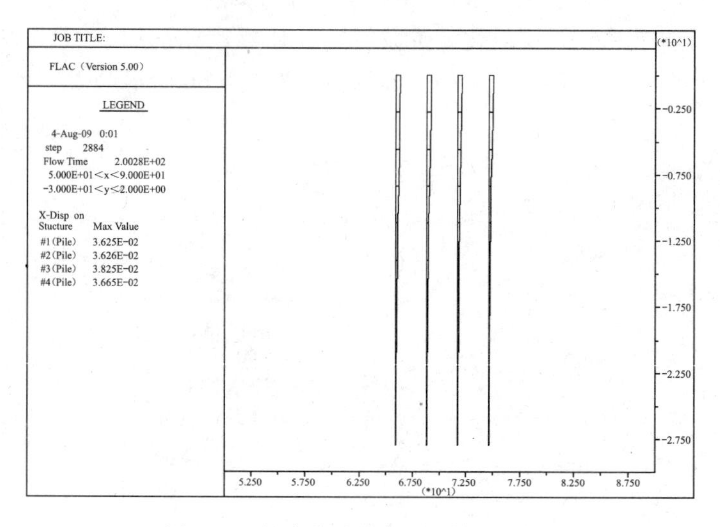

图 5-38　桩身位移分布图（第 200 天）

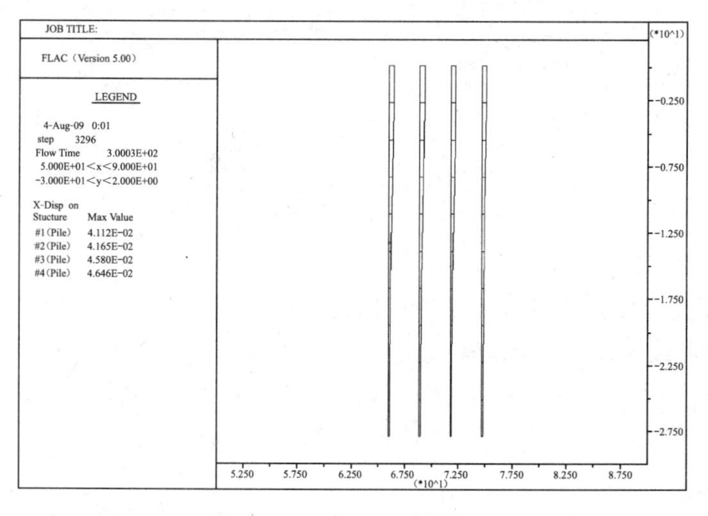

图 5-39　桩身位移分布图（第 300 天）

图 5-42～图 5-45 分别给出了第 200 天、第 300 天、第 400 天和第 500 天时的桩身弯矩分布图。弯矩以最外侧桩为最大，最大值为 131kN·m，大于桩的开裂弯矩（修改同前）。因此，在这种工况条件下，路堤桩不能够满足位移和承载力的要求。

图 5-46～图 5-49 分别给出了第 200 天、第 300 天、第 400 天和第 500 天时的桩身剪力分布图。剪力最大值也发生在靠近堆载区的最外侧桩身，最大值为 26.2kN，小于桩的抗剪承载力。

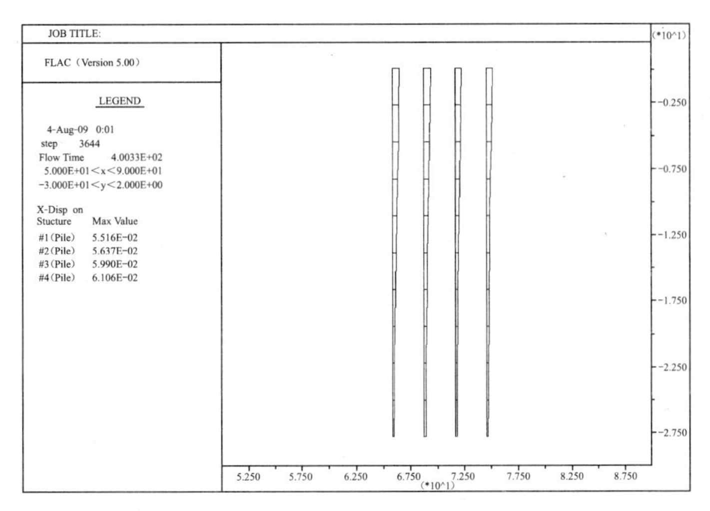

图 5-40　桩身位移分布图（第 400 天）

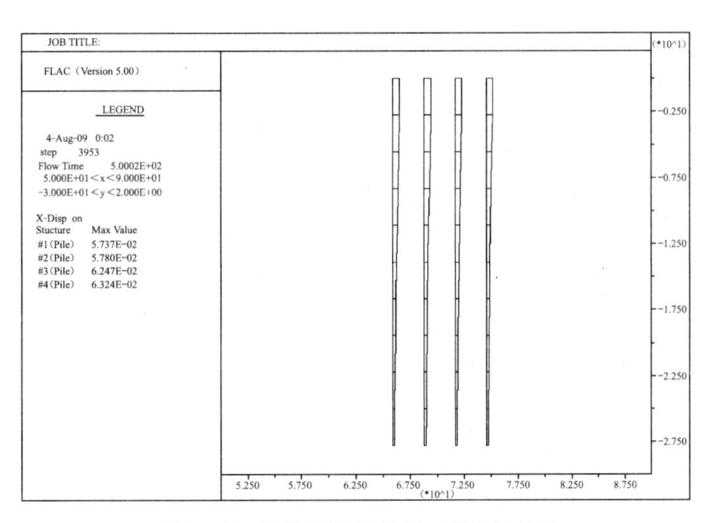

图 5-41　桩身位移分布图（第 500 天）

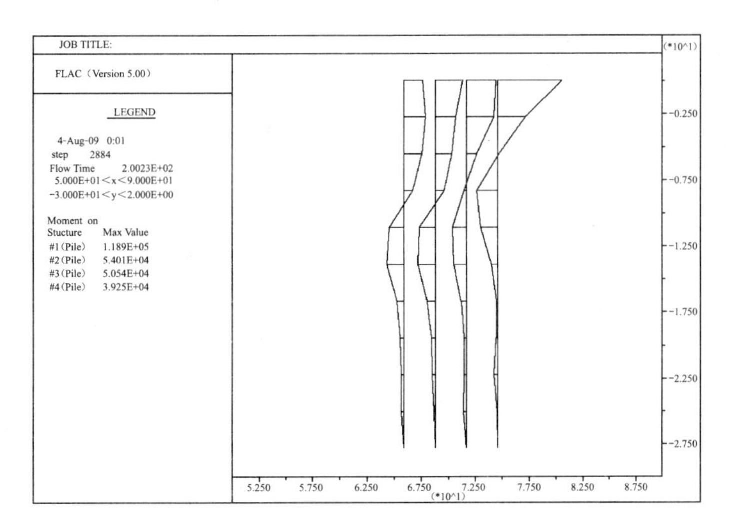

图 5-42　桩身弯矩分布图（第 200 天）

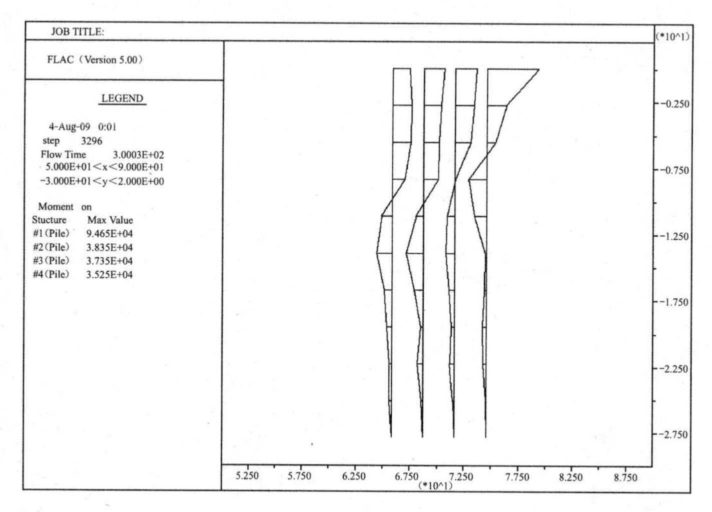

图 5-43　桩身弯矩分布图（第 300 天）

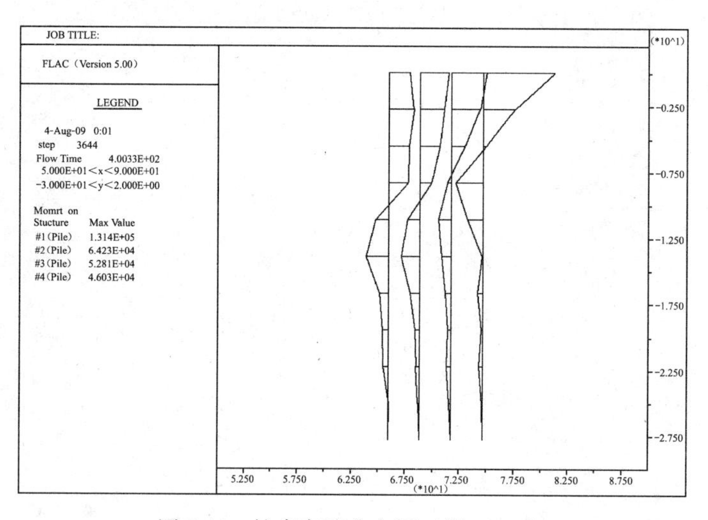

图 5-44　桩身弯矩分布图（第 400 天）

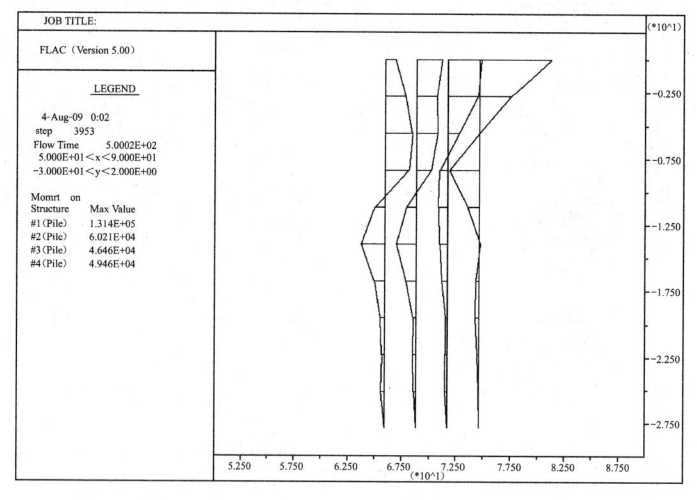

图 5-45　桩身弯矩分布图（第 500 天）

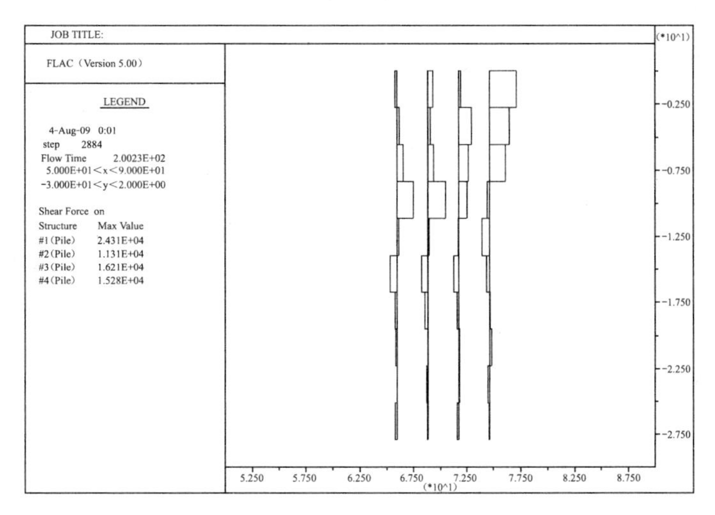

图 5-46 桩身剪力分布图（第 200 天）

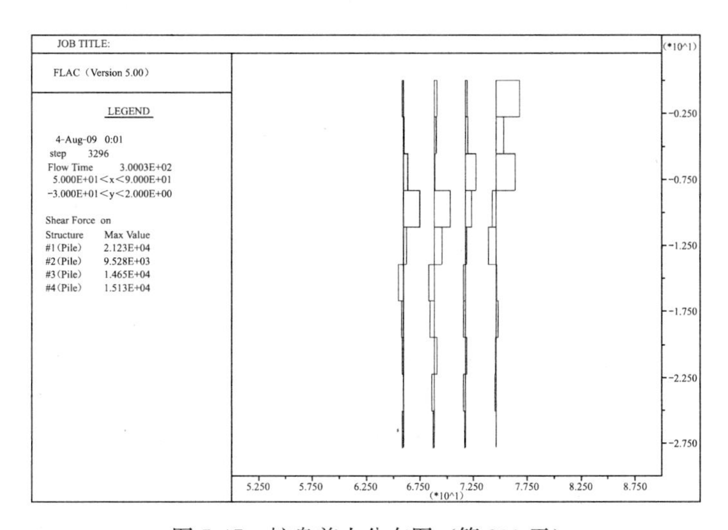

图 5-47 桩身剪力分布图（第 300 天）

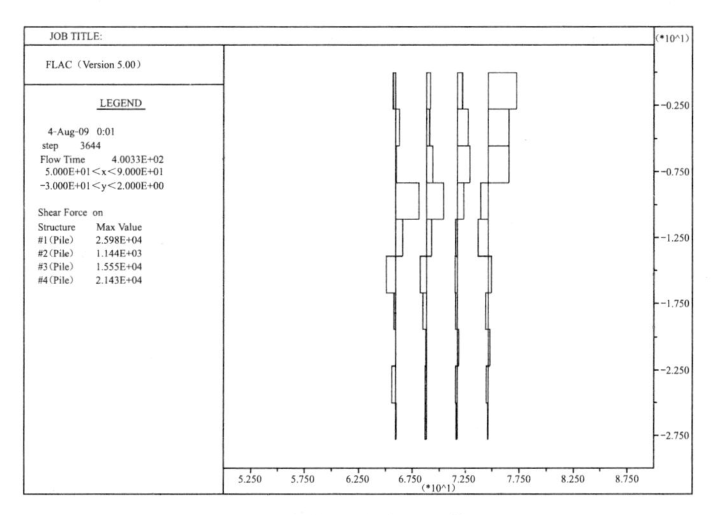

图 5-48 桩身剪力分布图（第 400 天）

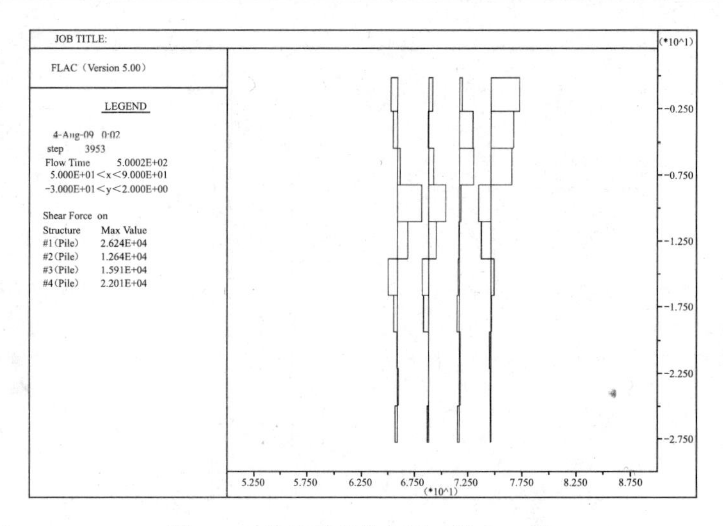

图 5-49　桩身剪力分布图（第 500 天）

2. 分级堆载完成 30 天后立即施工路堤桩（工况 2）

分级加载至标高 9.000m 时（对应加载时间为第 100 天），加载完成。通过试算，分级堆载完成后 30d 进行路堤桩的施工即可满足桩身位移和受力的限制条件。图 5-50 给出了该工序下路堤桩桩顶水平位移时程图。图 5-50 中序号的规定如下：距离分级加载区最近的定义为第 1 排桩，距离最远的为第 4 排桩。

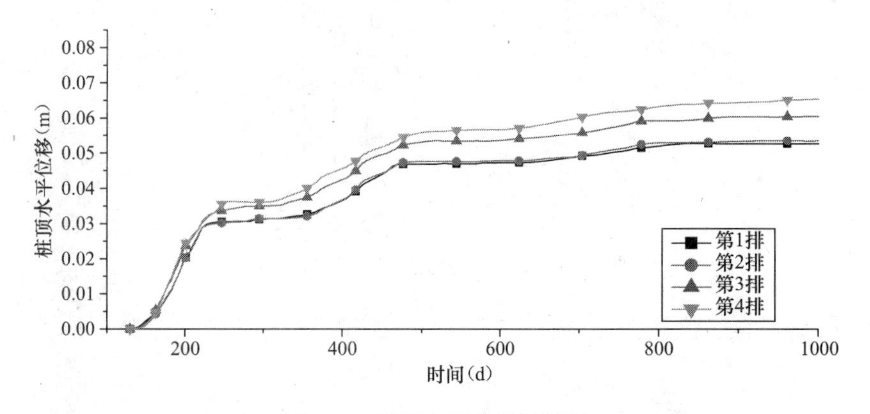

图 5-50　桩顶水平位移时程图

在本工况条件下，路堤桩的打入时刻处于地基水平变形逐步恢复的时段，因此各桩的水平位移逐步向指向分级加载区的方向发展，桩基打入 370d 后，变形逐步稳定，桩顶最大水平位移约 6.5cm。

图 5-51 给出了最终的桩身位移分布图。

图 5-52、图 5-53 分别给出了稳定后桩基的弯矩及剪力分布图。弯矩以最外侧桩为最大，最大值 88.6kN·m，小于桩的开裂弯矩；剪力最大值也发生在靠近最外侧桩身，最大值为 17.3kN，小于桩的抗剪承载力。

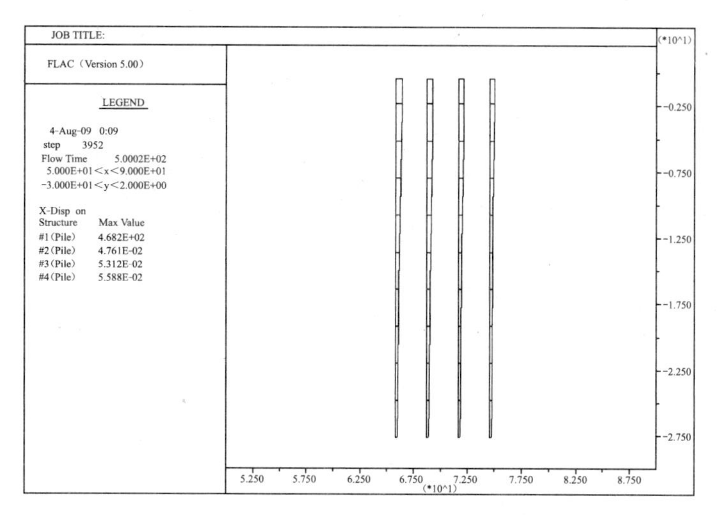

图 5-51 桩身位移分布图

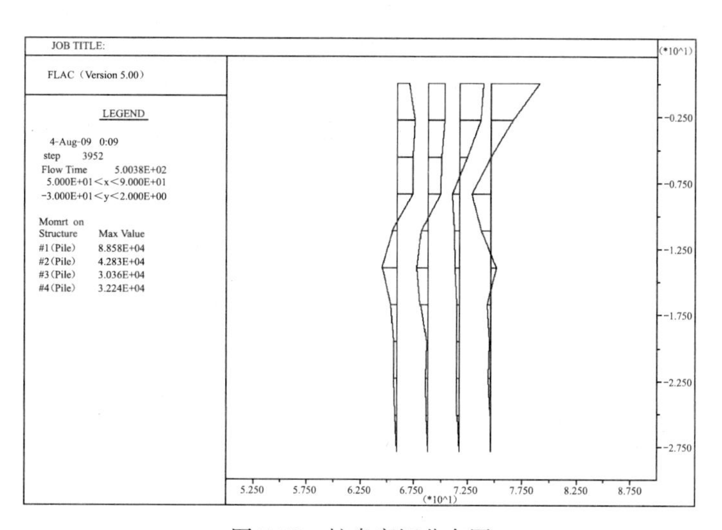

图 5-52 桩身弯矩分布图

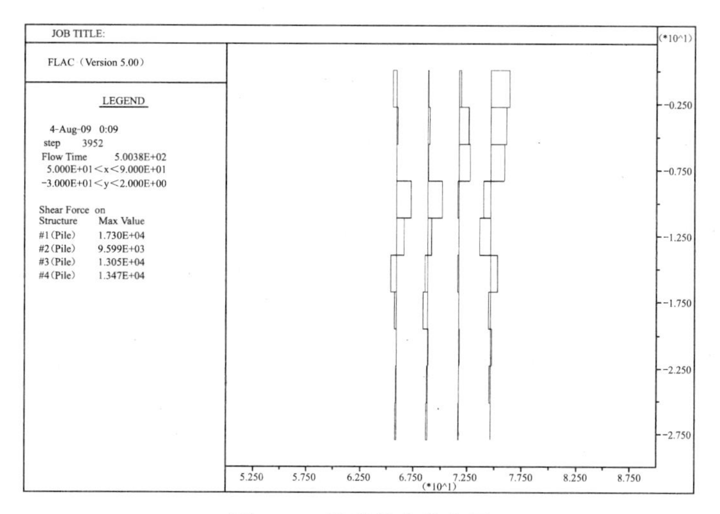

图 5-53 桩身剪力分布图

5.2.2　施工工序对主入口桩基的影响研究

计算时，取加载完成时（分级加载至标高 9.000m 时）对应加载时间为第 100d（根据第二期子项报告）。通过试算，分级堆载完成后 30d 进行路堤桩的施工即可满足桩身位移和受力的限制条件。这里假设堆载完成后 30d 开始路堤桩的施工并瞬时完成其上的堆土（不考虑路堤桩施工及堆土占用的时间）。分析时只考虑靠近路堤桩区的 4 排桩，其余轴线上的桩距离路堤桩区较远，可认为受高填土的影响较小。

下面给出了路堤桩及其上堆土完工后 30d，开始施工主入口建筑桩基工况的计算结果。图 5-54 和图 5-55 分别给出了各桩桩顶的水平位移及竖向位移变化时程。

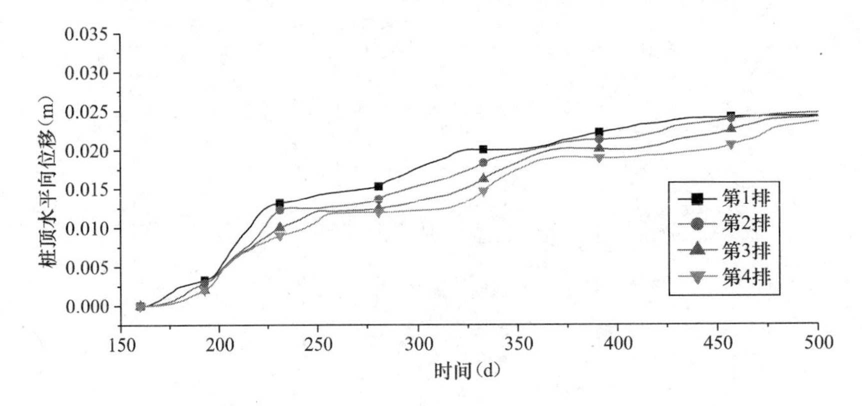

图 5-54　桩顶水平位移变化时程

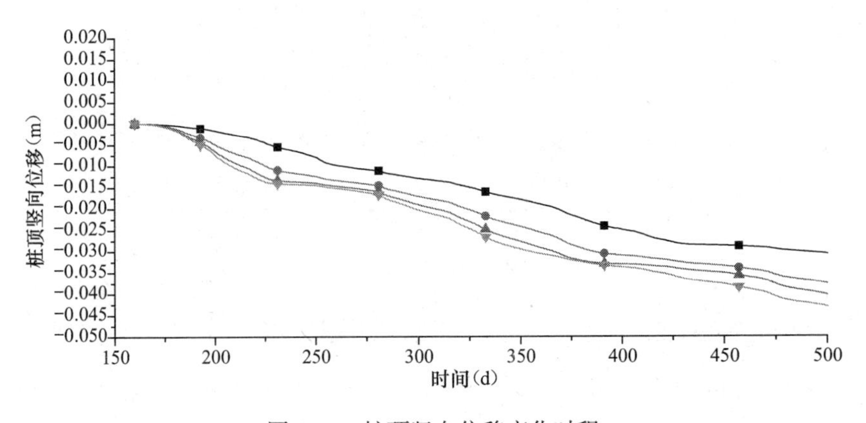

图 5-55　桩顶竖向位移变化时程

桩基的打入时刻处于地基水平变形逐步恢复的时段，因此各桩的水平位移逐步向指向路堤桩区段的方向发展，而桩的竖向位移趋势是逐步下沉，桩基打入 340 天后，水平变形速率逐步稳定，大致为水平变形增加 2.5cm，竖向变形增加 4.3cm。能够满足位移控制要求。

图 5-56～图 5-58 分别给出了第 300 天、第 400 天和第 500 天（本工况下花园桩基础施工时间为第 160 天）时的桩身位移分布图。可以看出，各排桩的水平位移增量均是初期较大，随时间的增长略有减小。各图中最右侧的桩距离路堤桩区最近。

图 5-59～图 5-64 分别给出了第 300 天、400 天和第 500 天各桩的竖向位移及轴力图，轴压力最大值为 12.1kN。

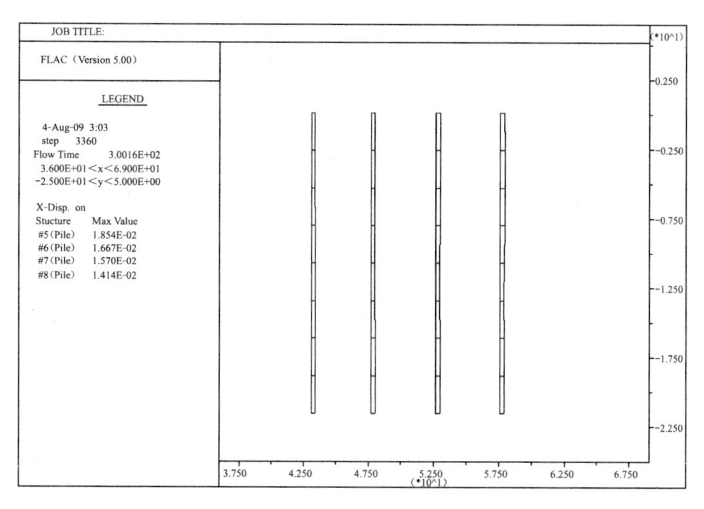

图 5-56 桩身水平位移分布图（第 300 天）

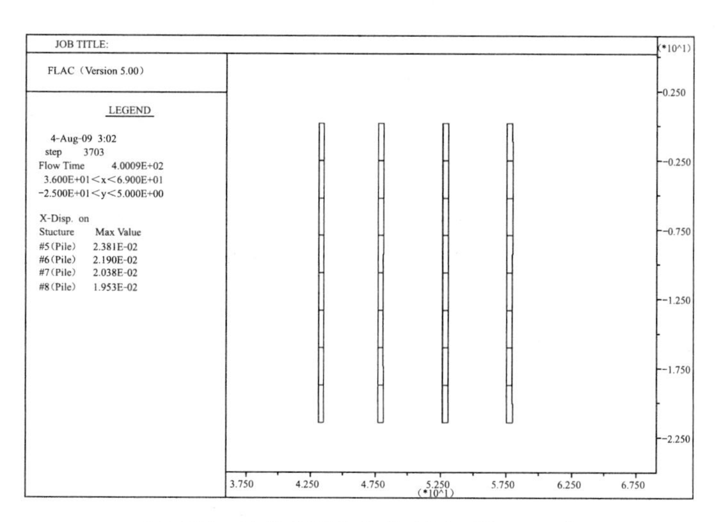

图 5-57 桩身水平位移分布图（第 400 天）

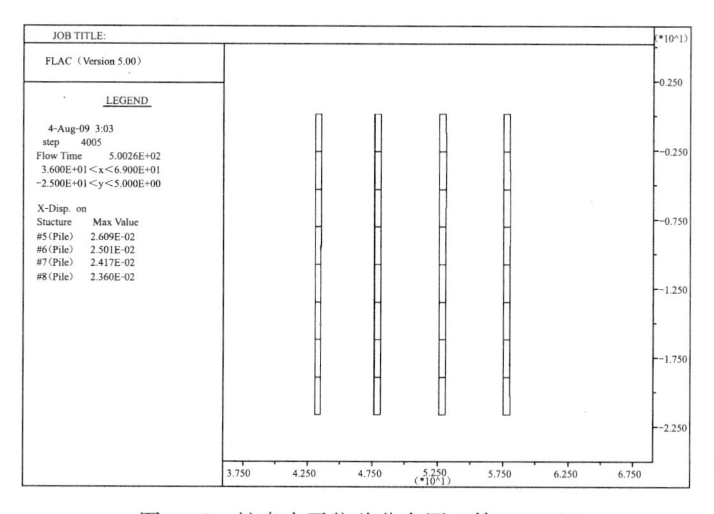

图 5-58 桩身水平位移分布图（第 500 天）

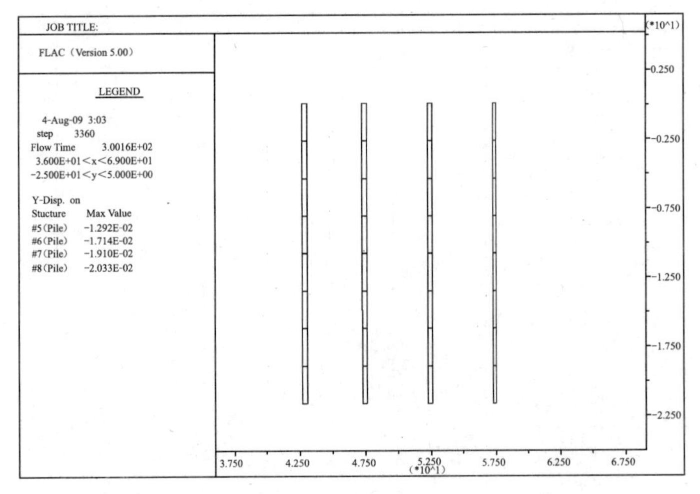

图 5-59　桩身竖向位移分布图（第 300 天）

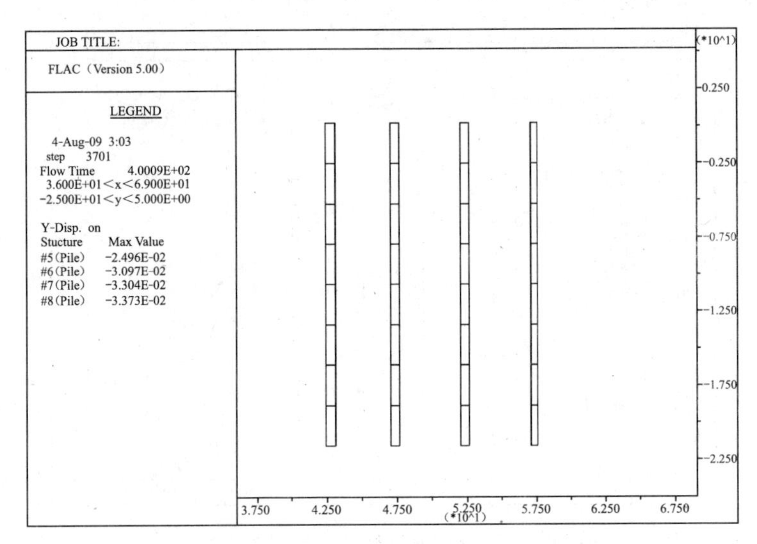

图 5-60　桩身竖向位移分布图（第 400 天）

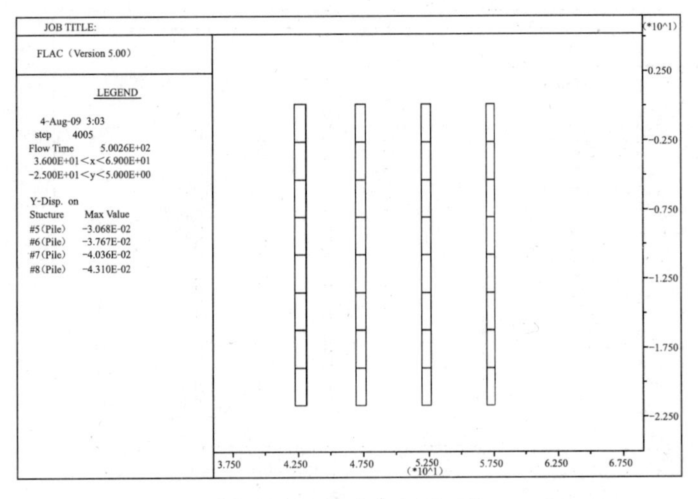

图 5-61　桩身竖向位移分布图（第 500 天）

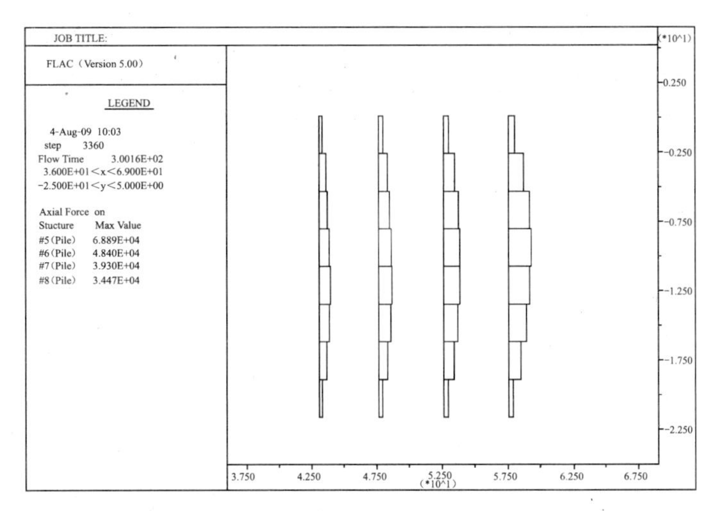

图 5-62 桩身轴力分布图（第 300 天）

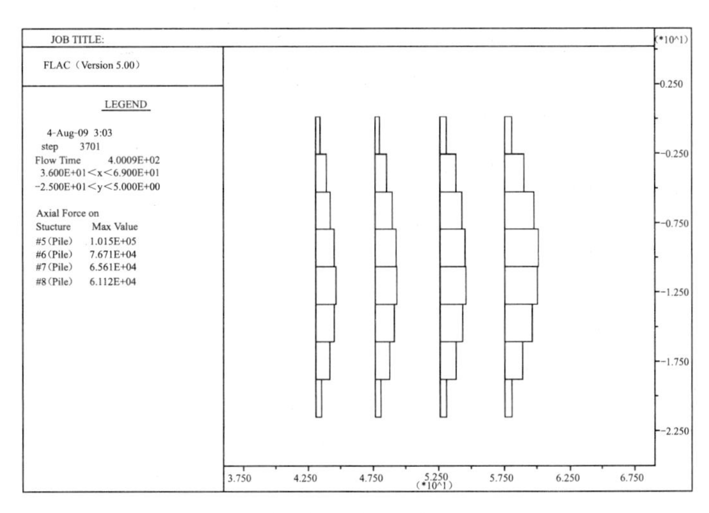

图 5-63 桩身轴力分布图（第 400 天）

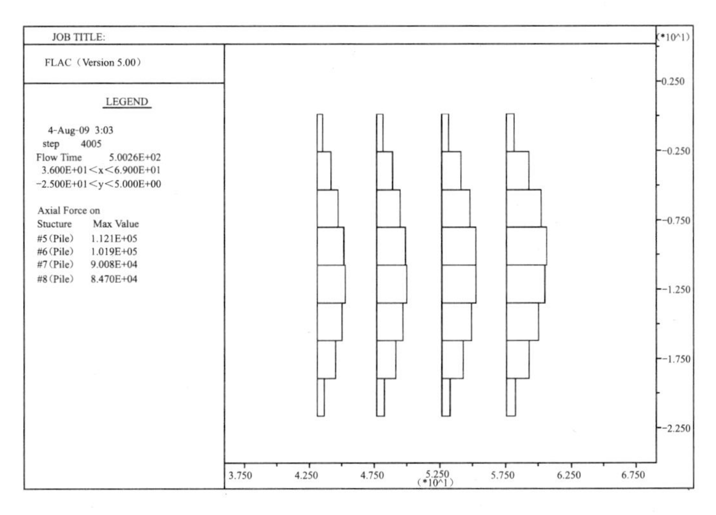

图 5-64 桩身轴力分布图（第 500 天）

图 5-65、图 5-67 分别给出了第 300 天、第 400 天和第 500 天时的桩身弯矩分布图。桩身弯矩随时间增长略有增长，至第 400 天时已基本达到稳定状态。各桩的最大弯矩值为 41.9kN · m，小于桩的开裂弯矩，满足抗弯性能要求。

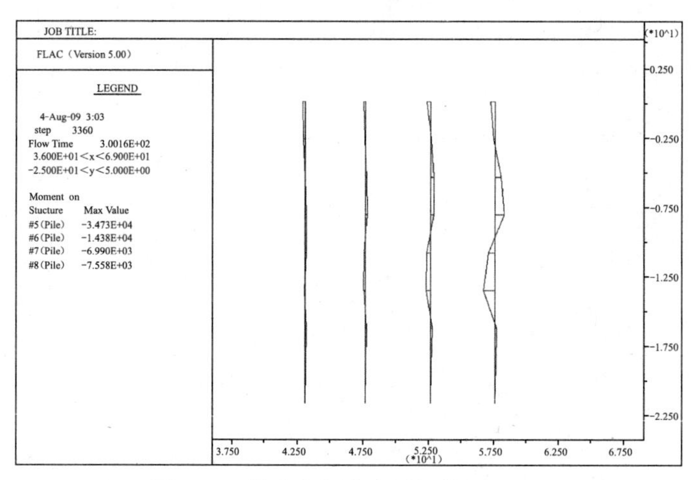

图 5-65　桩身弯矩分布图（第 300 天）

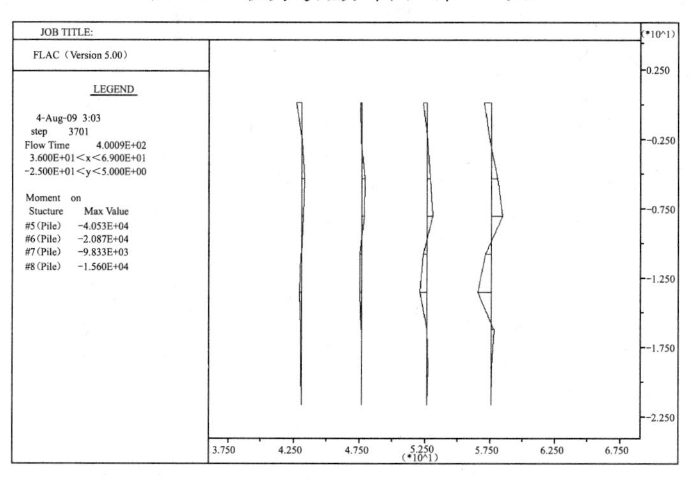

图 5-66　桩身弯矩分布图（第 400 天）

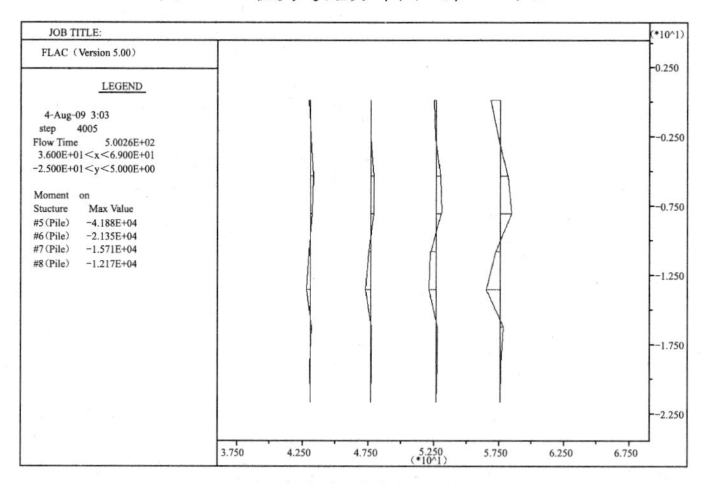

图 5-67　桩身弯矩分布图（第 500 天）

图 5-68、图 5-70 给出了第 300 天、第 400 天和第 500 天时的桩身剪力分布图。第 1 排桩（最靠近路堤桩区的一排桩）的最大剪力达到 18.8kN，没有超过桩的抗剪承载力。

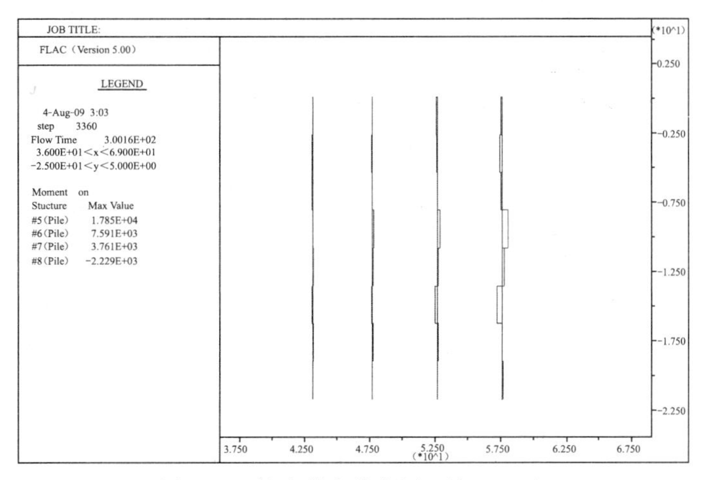

图 5-68 桩身剪力分布图（第 300 天）

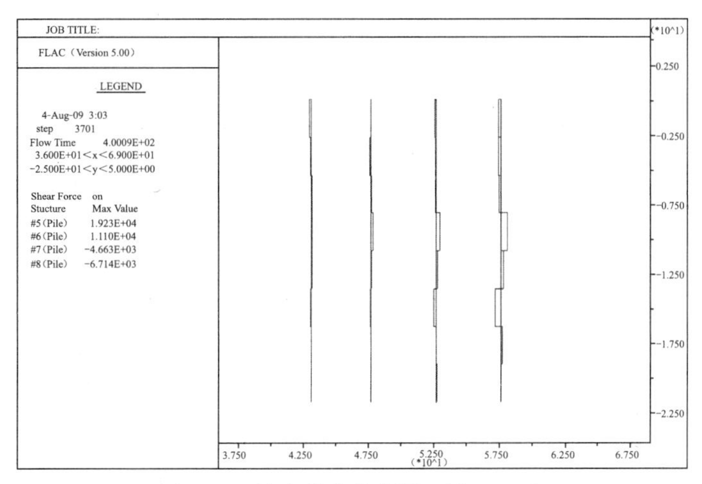

图 5-69 桩身剪力分布图（第 400 天）

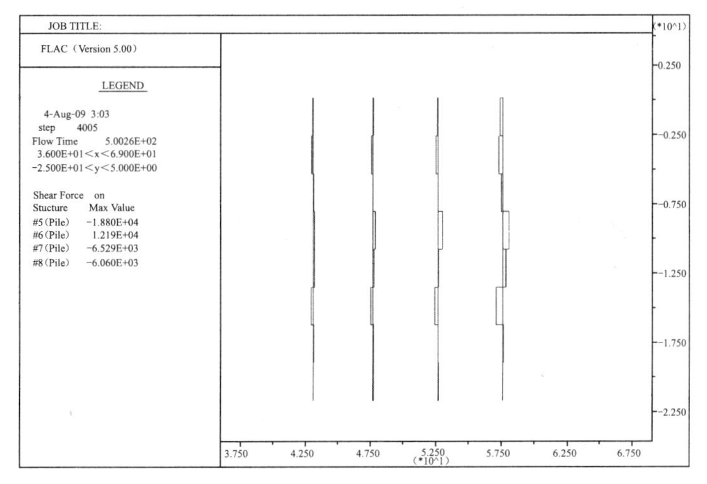

图 5-70 桩身剪力分布图（第 500 天）

综合以上分析，按照本计算工况假定的施工工序进行施工，桩的位移及内力能够满足设计要求。因此，在路堤桩区堆土完成 30 天后，可进行花园桩基的施工。

5.2.3　主入口最终沉降估算

根据主入口建筑区域具体情况，采用 AUTOBASE 分别计算了考虑和不考虑紧邻建筑高填土影响的桩基沉降，如图 5-71、图 5-72 所示。

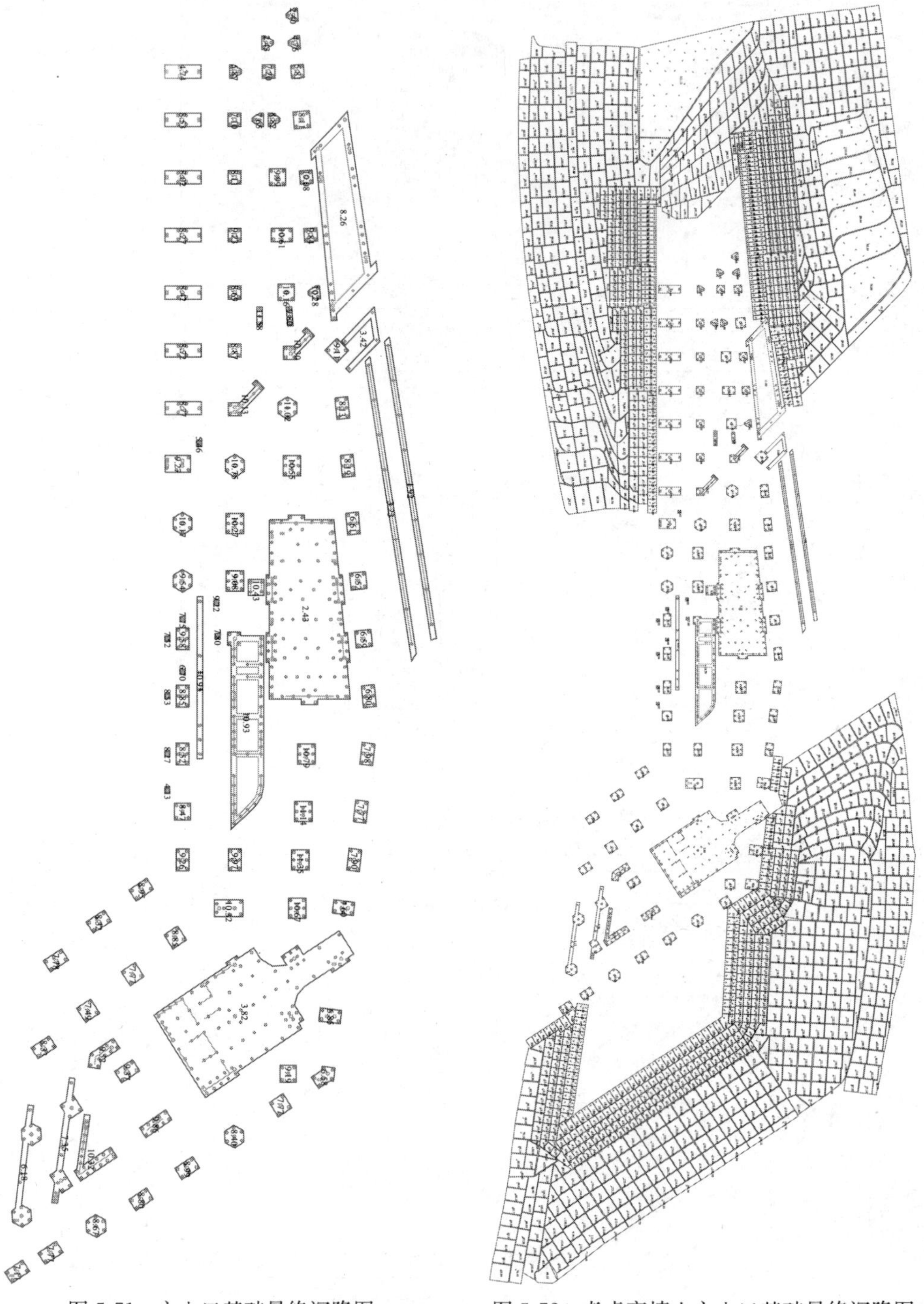

图 5-71　主入口基础最终沉降图　　图 5-72　考虑高填土主入口基础最终沉降图

5.2.4 主入口实测结果

主入口施工严格按照设计的施工工序进行，施工过程中，主要监测填土过程中的路基桩的水平变位及沉降，挡土墙的水平位移及竖向位移，主体结构桩基的沉降。监测时共计布设挡土墙沉降及水平位移点 6 点，路堤桩沉降监测点 28 点，挡土墙顶水平位移监测点 4 点，建筑底板沉降及位移监测点 5 点。图 5-73 为路堤桩典型监测点及竖向位移，图 5-74 为挡土墙水平位移，图 5-75、图 5-76 为主体建筑累计沉降。

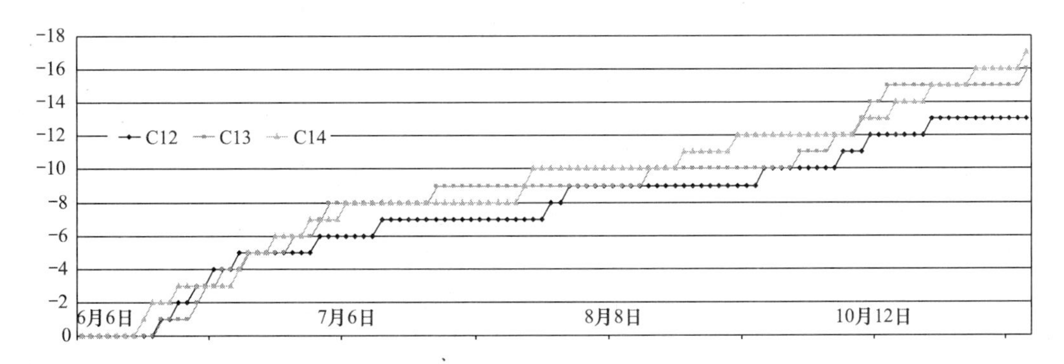

图 5-73　减沉路堤桩区域典型监测点沉降图

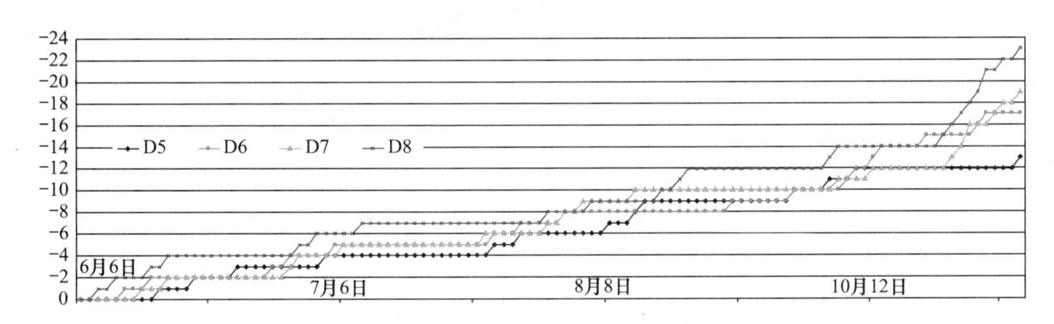

图 5-74　挡土墙典型监测点水平位移图

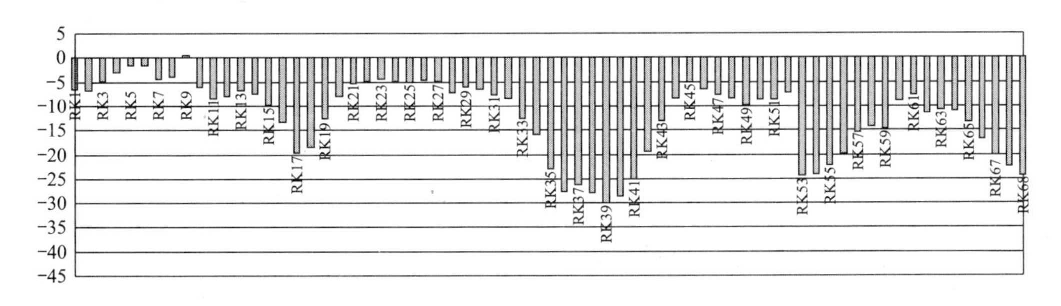

图 5-75　主入口区域沉降图

主入口综合建筑东面区域填土历经 3 个月，已完成填土，累计填土高度为 4.5m。从图中可以看出：路堤桩承台沉降基本稳定，最大沉降为 10mm，挡土墙顶点水平位移也趋于稳定，累计最大值约为 11mm。

主体结构完工近 3 年，沉降趋于稳定，差异沉降较为平滑，最大沉降值约为 30mm。

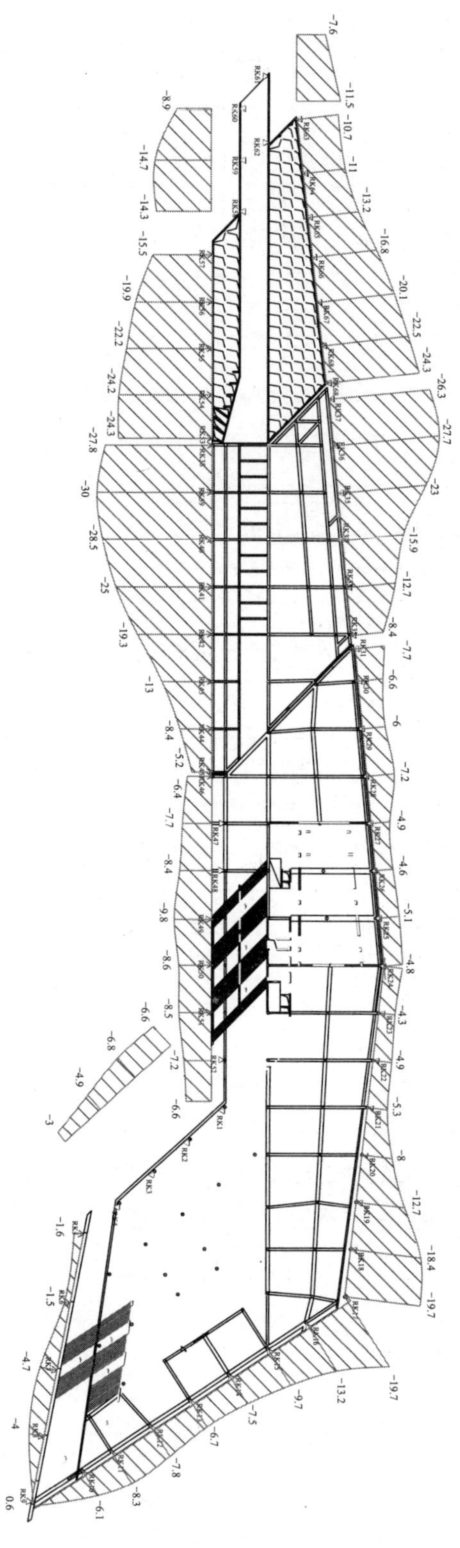

图 5-76　主入口区域沉降图

5.3 高填土对背景工程温室不利影响措施的工程实践研究

根据温室平面布置图，绿环堆筑区都是在邻近结构边线一定范围内的区域采用路堤桩，其他区域采用塑料排水板＋分级加载处理方案。由于温室建筑几何形状复杂，为提高计算效率，本节采用简化三维数值模型对高填土温室路堤桩及建筑桩基的影响研究，经过综合对比分析，选取 1 个典型计算剖面。

温室东北侧堆载较大，对建筑桩基的影响最为显著，如图 5-77 所示。该处分级堆载区宽度 30m，堆土标高 9.000m，路堤桩区域宽度 11m 左右，共设置 7 排路堤桩。

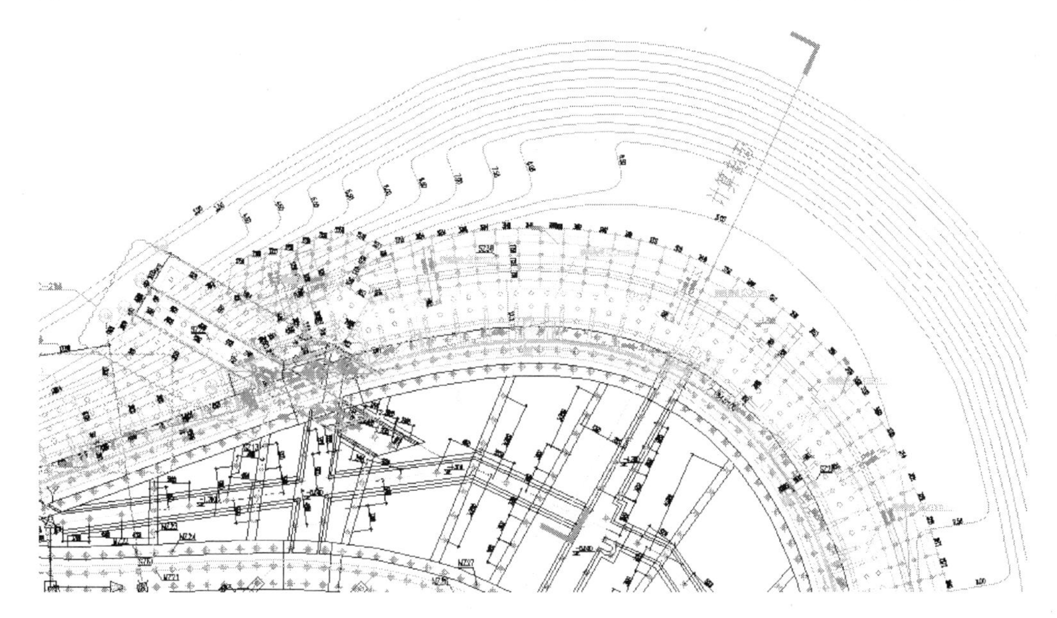

图 5-77 温室计算剖面示意图

5.3.1 高填土对温室路堤桩的影响研究

1. 分级堆载完成后立即施工路堤桩（工况 1）

计算时，取加载完成时（分级加载至标高 9.000m 时）对应加载时间为第 100 天（根据第二期子项报告）。本工况为分级堆载完成瞬时进行路堤桩的施工。图 5-78 给出了该工

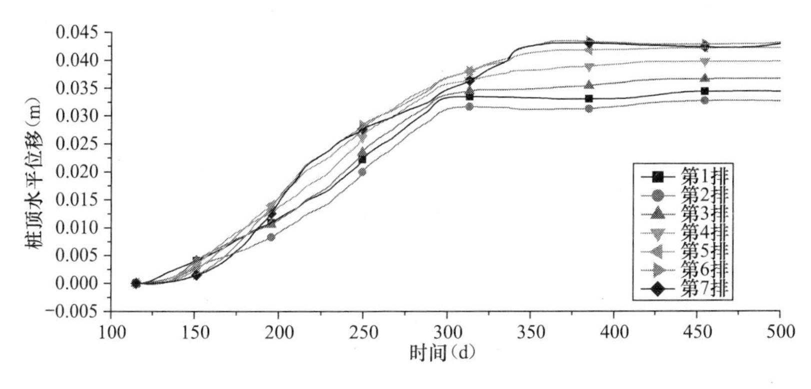

图 5-78 桩顶水平位移时程图

序下路堤桩桩顶水平位移时程图，图中序号的规定如下：距离分级加载区最近的定义为第1排桩，距离最远的为第7排桩。

路堤桩的打入时刻处于地基水平变形开始逐步恢复的时段，因此各桩的水平位移逐步向指向分级加载区的方向发展，桩基打入250d后，变形逐步稳定，桩顶最大水平位移约4.3cm，能够满足位移控制要求。图5-79、图5-82分别给出了第200天、第300天、第400天和第500天时的桩身水平位移分布。图中桩的编号规则为：第1排桩为距离分级堆载区最近的一排桩，第7排桩为距离分级堆载区最远的一排桩。

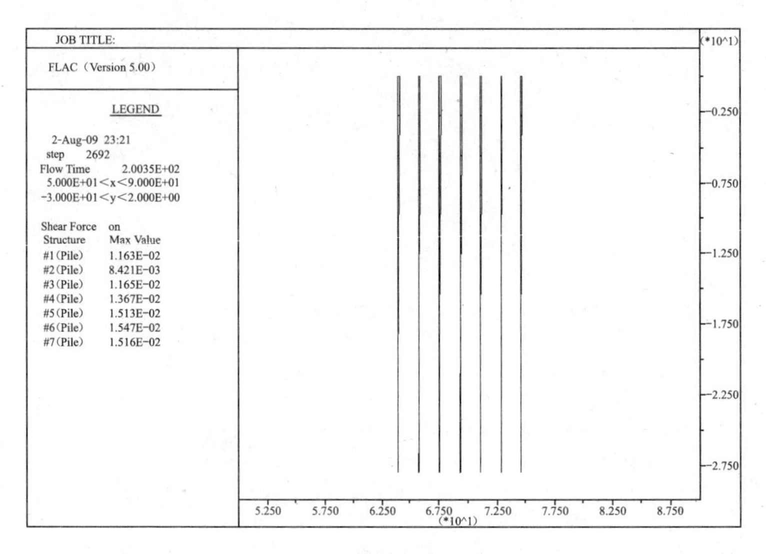

图5-79　桩身位移分布图（第200天）

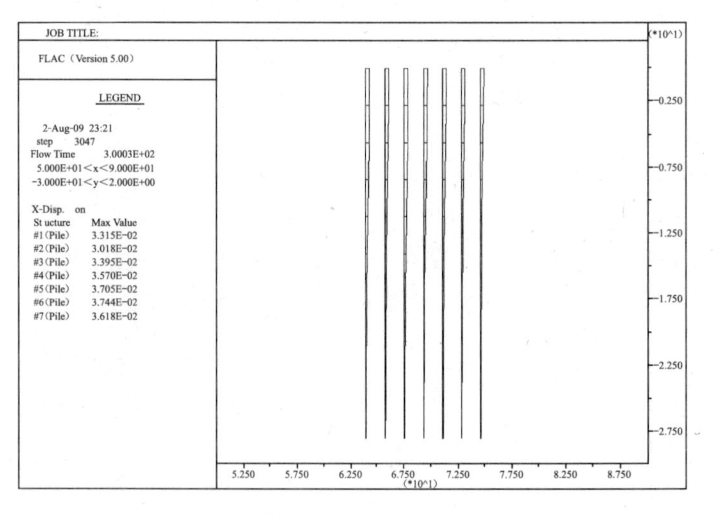

图5-80　桩身位移分布图（第300天）

图5-83、图5-86分别给出了第200天、第300天、第400天和第500天时的桩身弯矩分布图。弯矩以最外侧桩为最大，最大值为134kN·m，大于桩的开裂弯矩（小于极限弯矩，故应判定满足承载力的要求，但会开裂，对桩的耐久性有影响），因此，在这种工况条件下，路堤桩不能够满足承载力的要求。

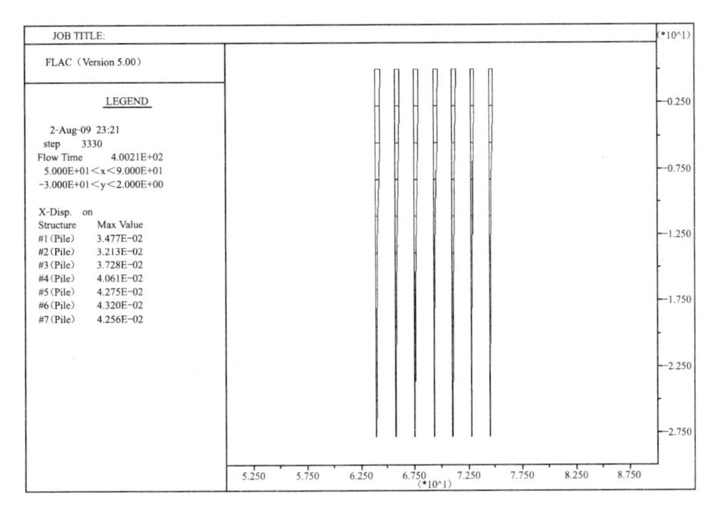

图 5-81 桩身位移分布图（第 400 天）

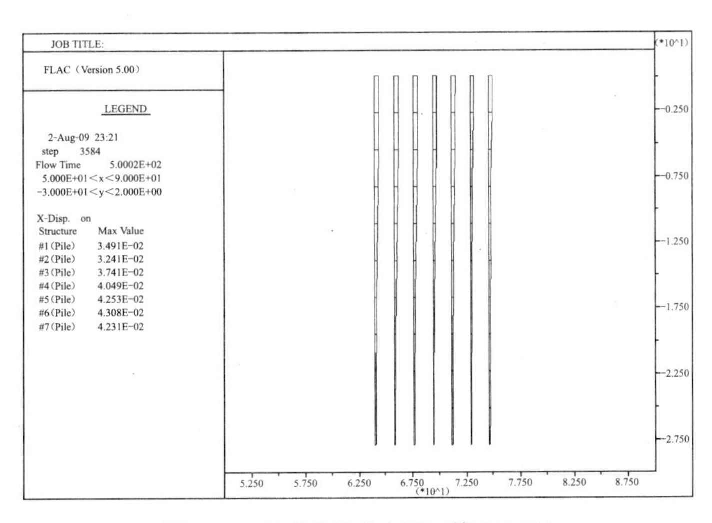

图 5-82 桩身位移分布图（第 500 天）

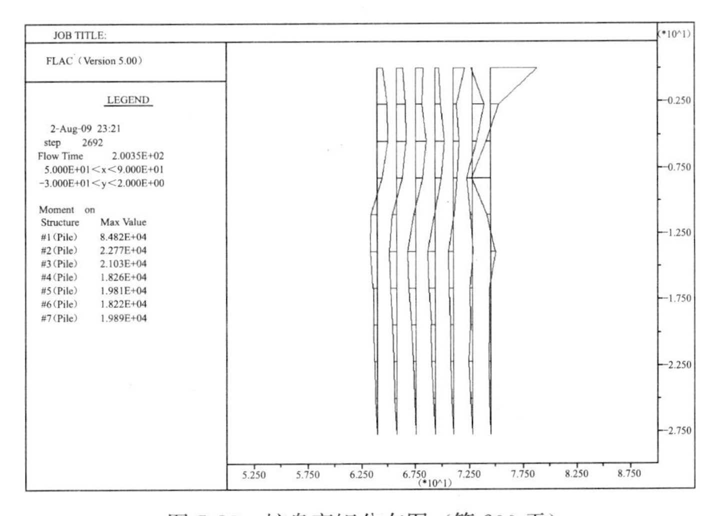

图 5-83 桩身弯矩分布图（第 200 天）

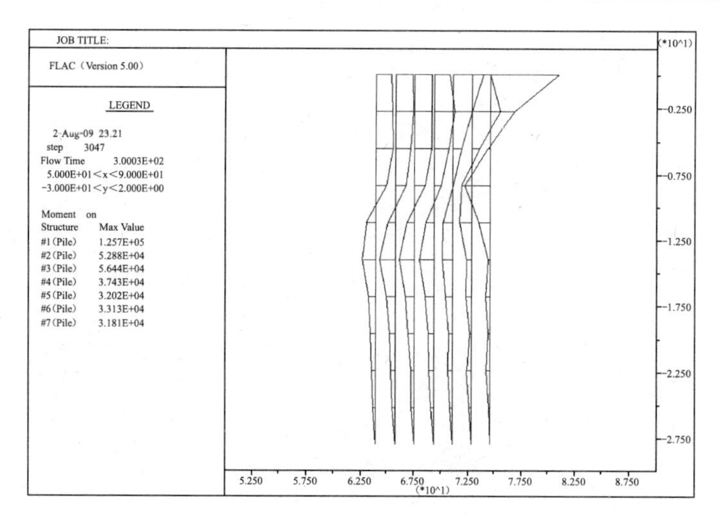

图 5-84　桩身弯矩分布图（第 300 天）

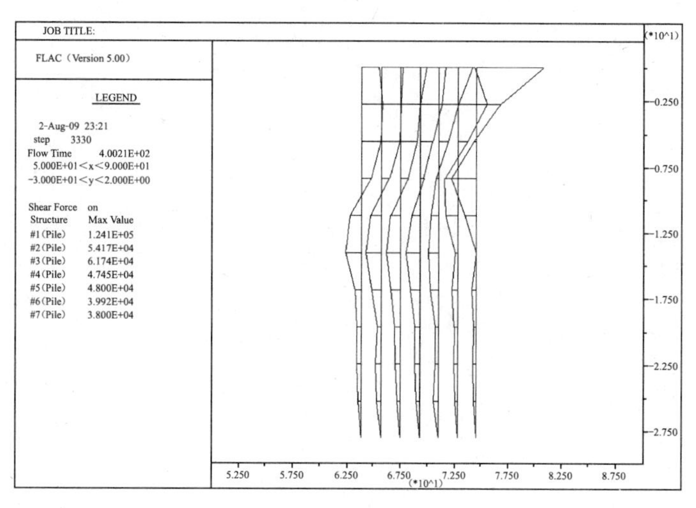

图 5-85　桩身弯矩分布图（第 400 天）

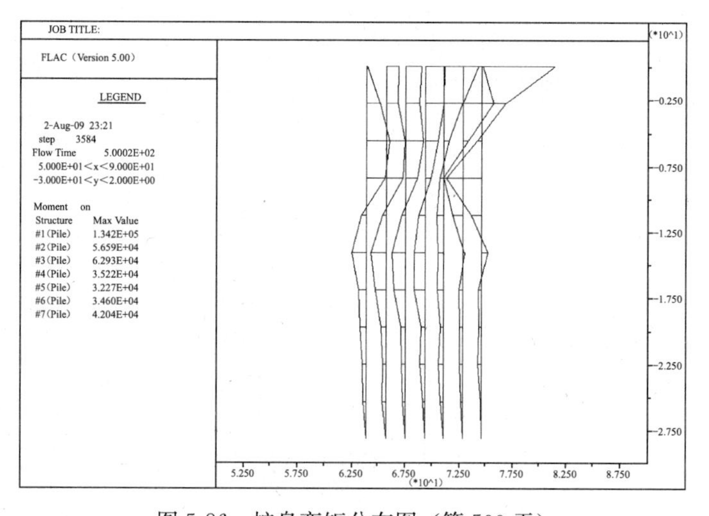

图 5-86　桩身弯矩分布图（第 500 天）

图 5-87、图 5-90 分别给出了第 200 天、第 300 天、第 400 天和第 500 天时的桩身剪力分布图。剪力最大值也发生在靠近堆载区的最外侧桩身，最大值为 32.3kN，小于桩的抗剪承载力，弯矩最大值大于桩的开裂弯矩。

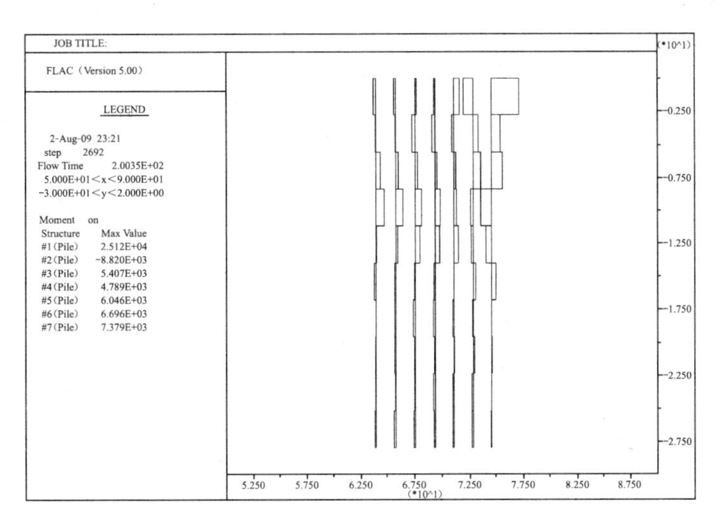

图 5-87 桩身剪力分布图（第 200 天）

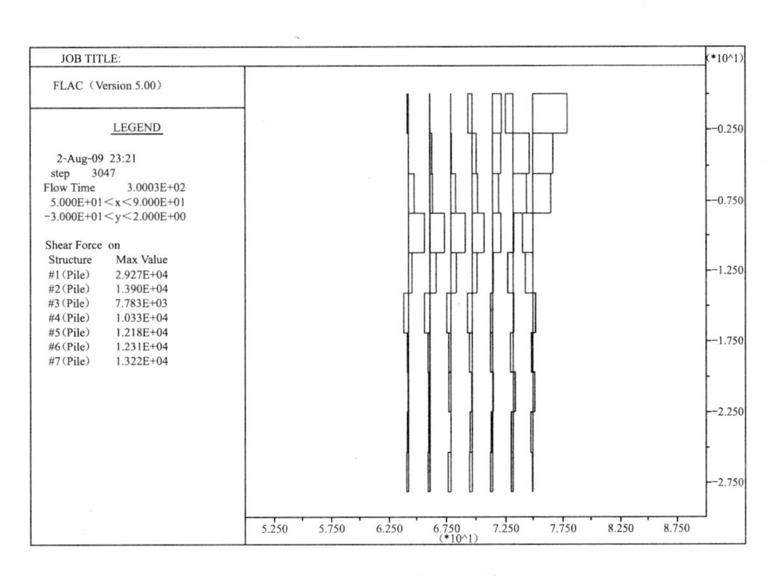

图 5-88 桩身剪力分布图（第 300 天）

2. 分级堆载完成 30 天后立即施工路堤桩（工况 2）

计算时，取加载完成时（分级加载至标高 9.000m 时）对应加载时间为第 100 天（根据第二期子项报告）。通过试算，分级堆载完成后 30 天进行路堤桩的施工即可满足桩身位移和受力的限制条件。图 5-91 给出了该工序下路堤桩桩顶水平位移时程图。图中序号的规定如下：距离分级加载区最近的定义为第 1 排桩，距离最远的为第 7 排桩。

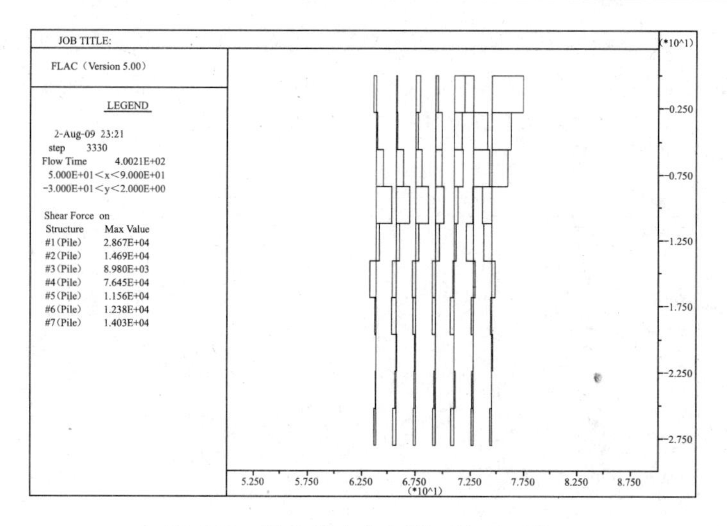

图 5-89　桩身剪力分布图（第 400 天）

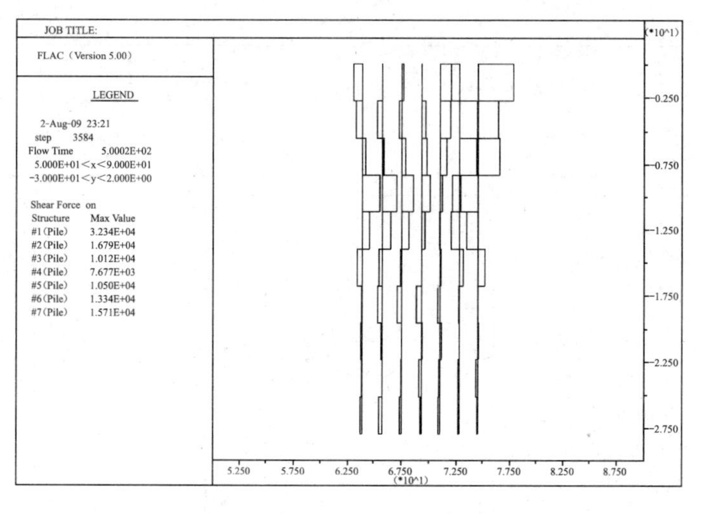

图 5-90　桩身剪力分布图（第 500 天）

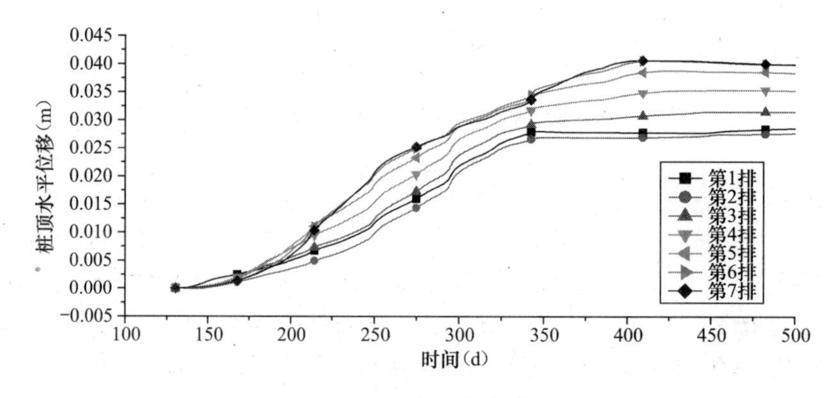

图 5-91　桩顶水平位移时程图

路堤桩的打入时刻处于地基水平变形逐步恢复的时段，因此各桩的水平位移逐步向指向分级加载区的方向发展，桩基打入 270 天后，变形逐步稳定，桩顶最大水平位移约 4cm，能够满足位移控制要求。图 5-92 给出了最终的桩身位移分布图。

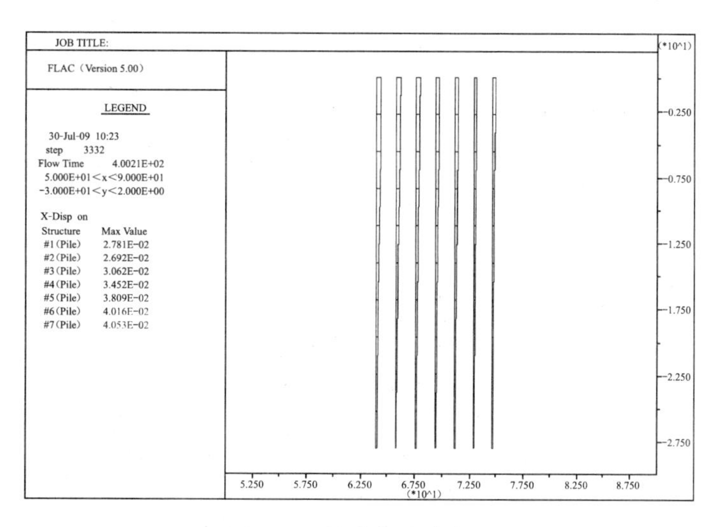

图 5-92 桩身位移分布图

图 5-93、图 5-94 分别给出了稳定后桩基的弯矩及剪力分布图。弯矩以最外侧桩最大，最大值为 77.5kN·m，小于桩的开裂弯矩；剪力最大值也发生在靠近最外侧桩身处，最大值为 17kN，小于桩的抗剪承载力，因此，在这种工况条件下，路堤桩能够满足位移和承载力的要求。

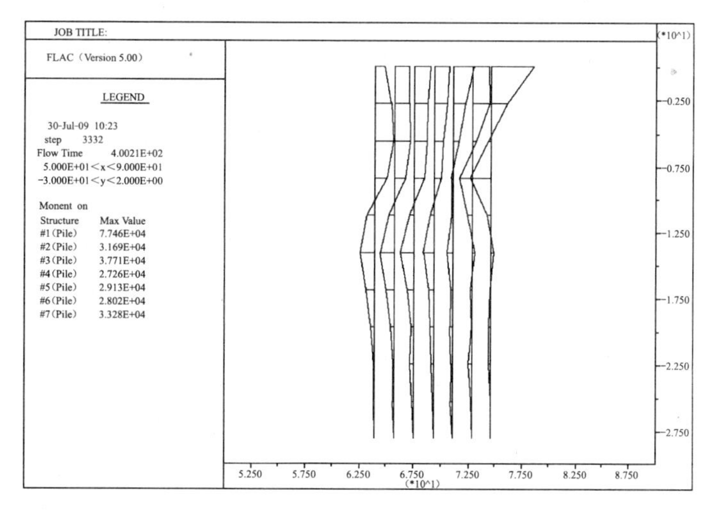

图 5-93 桩身弯矩分布图

5.3.2 施工工序对温室桩基的影响研究

计算时，取加载完成时（分级加载至标高 9.000m 时）对应加载时间为第 100 天（根据第二期子项报告）。通过试算，分级堆载完成后 30 天进行路堤桩的施工即可满足桩身位移和受力的限制条件。这里假设堆载完成后 30 天开始路堤桩的施工并瞬时完成其上的堆

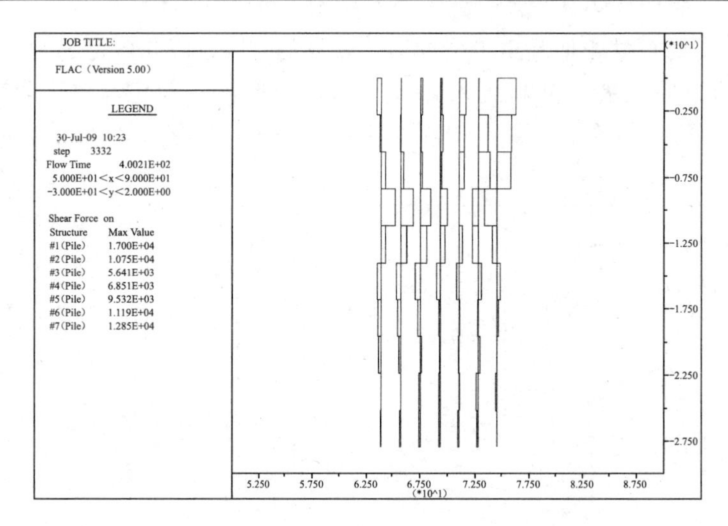

图 5-94　桩身剪力分布图

土（不考虑路堤桩施工及堆土占用的时间）。分析时只考虑靠近路堤桩区的 5 排桩，其余轴线上的桩距离路堤桩区较远，可认为受高填土的影响较小。

下面给出了路堤桩及其上堆土完工后 30 天开始施工温室建筑桩基工况的计算结果。图 5-95、图 5-96 分别给出了各桩桩顶的水平位移及竖向位移变化时程。

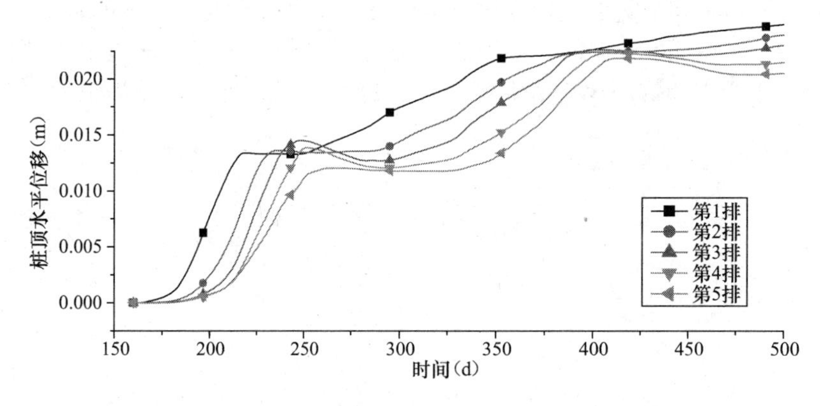

图 5-95　桩顶水平位移变化时程

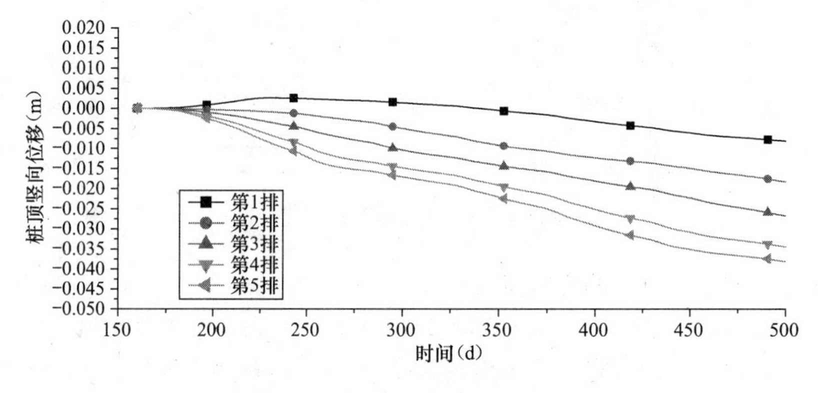

图 5-96　桩顶竖向位移变化时程

桩基的打入时刻处于地基水平变形逐步恢复的时段，因此各桩的水平位移逐步向指向路堤桩区段的方向发展，而桩的竖向位移是先隆起而后逐步下沉，桩基打入 190 天后，水平变形速率逐步稳定，大致为每年水平变形增加 2.5cm，竖向变形增加 3.8cm，能够满足位移控制要求。

图 5-97、图 5-99 分别给出了第 300 天、第 400 天和第 500 天（本工况下花园桩基础施工时间为第 160 天）时的桩身位移分布图。可以看出，各排桩的水平位移增量均是初期较大，随时间的增长略有减小，各图中最右侧的桩距离路堤桩区段最近。

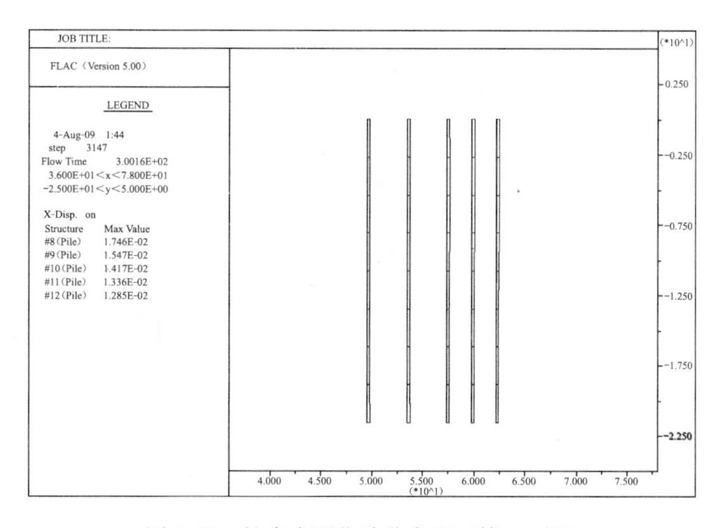

图 5-97　桩身水平位移分布图（第 300 天）

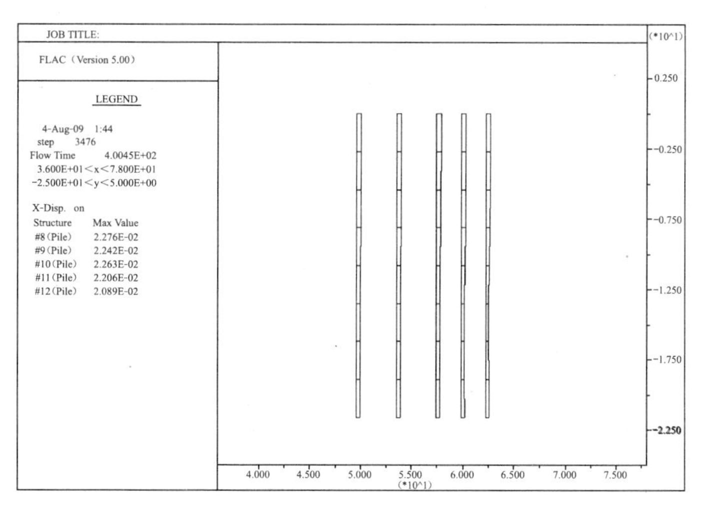

图 5-98　桩身水平位移分布图（第 400 天）

图 5-100、图 5-105 分别给出了第 300 天、400 天和第 500 天各桩的竖向位移及轴力图。邻近填土压力的作用下，由于桩与周围土体间存在摩阻力，靠近路堤桩区的第 1 排桩顶随地基发生隆起现象，随地基中孔压的消散，隆起值逐渐变小并趋于稳定，桩顶最大隆起值为 0.3cm，轴压力最大值为 36kN。

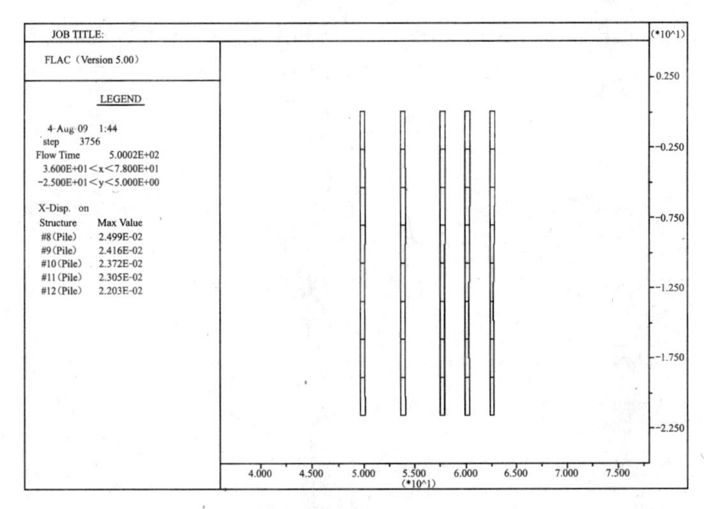

图 5-99　桩身水平位移分布图（第 500 天）

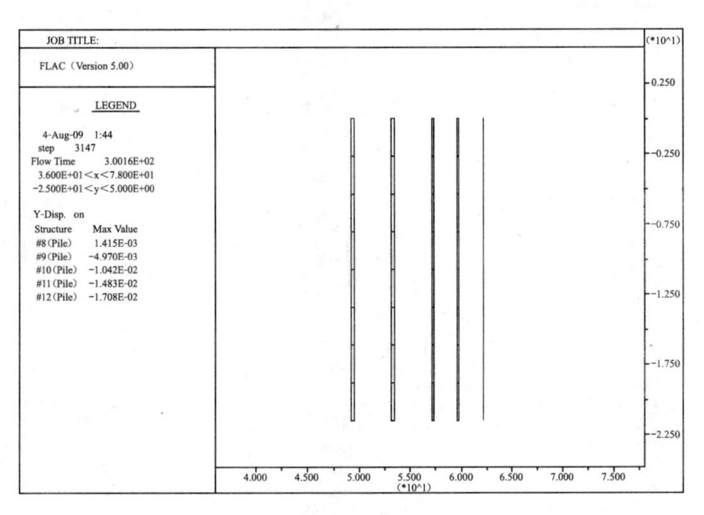

图 5-100　桩身竖向位移分布图（第 300 天）

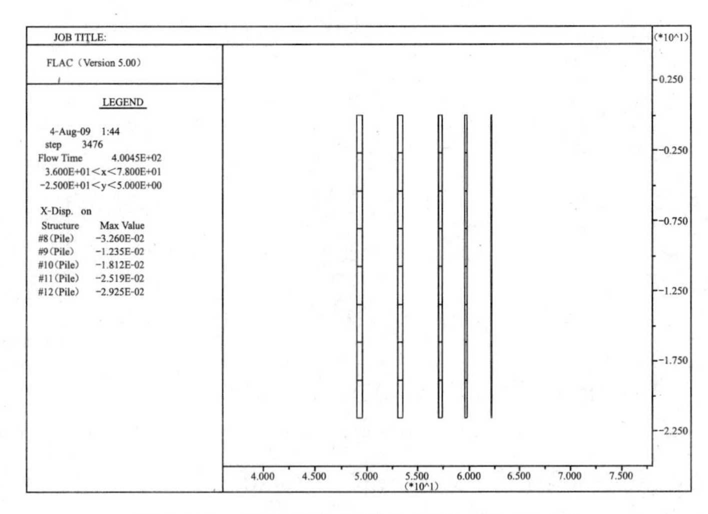

图 5-101　桩身竖向位移分布图（第 400 天）

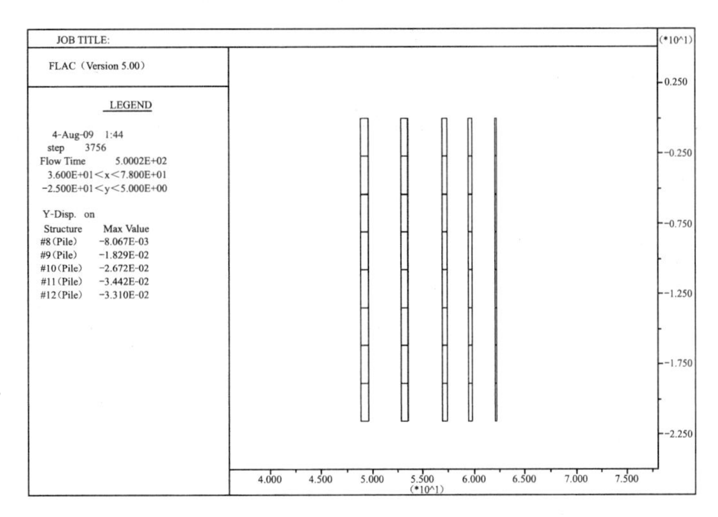

图 5-102　桩身竖向位移分布图（第 500 天）

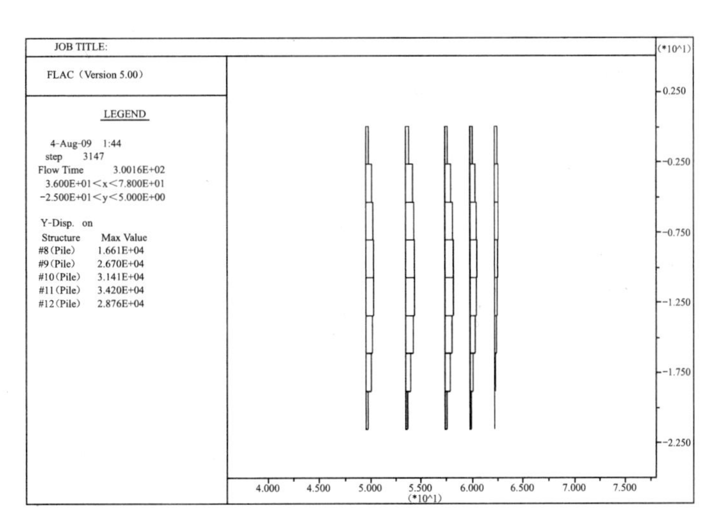

图 5-103　桩身轴力分布图（第 300 天）

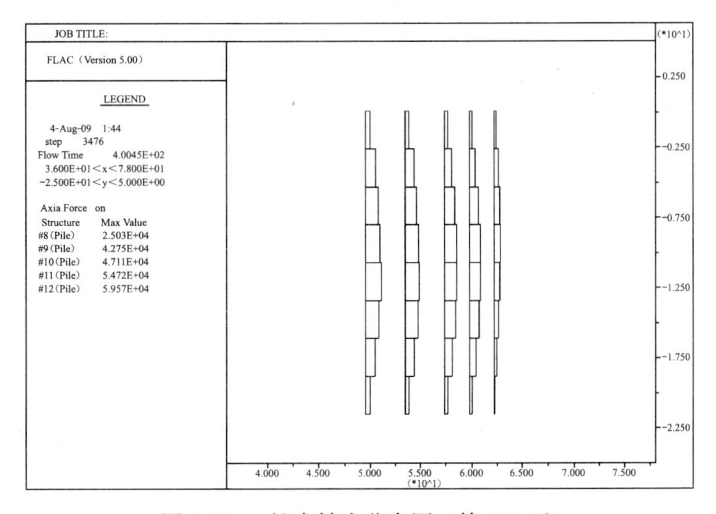

图 5-104　桩身轴力分布图（第 400 天）

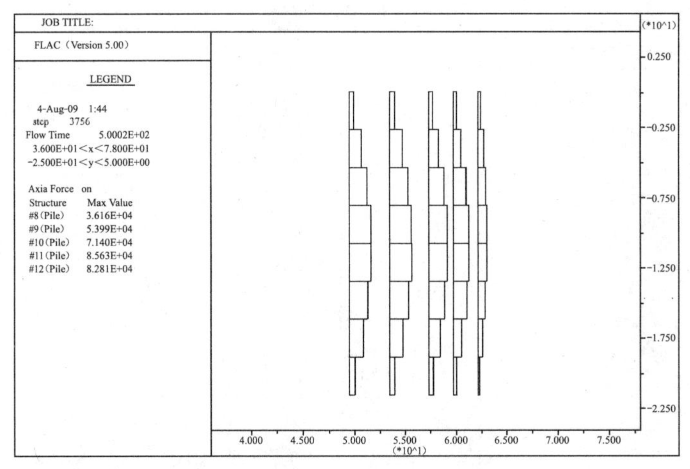

图 5-105　桩身轴力分布图（第 500 天）

图 5-106、图 5-108 分别给出了第 300 天、第 400 天和第 500 天时的桩身弯矩分布图。桩身弯矩随时间增长略有增长，至第 400 天已基本达到稳定状态。各桩的最大弯矩值为 54.2kN・m，小于桩的开裂弯矩，满足抗弯性能要求。

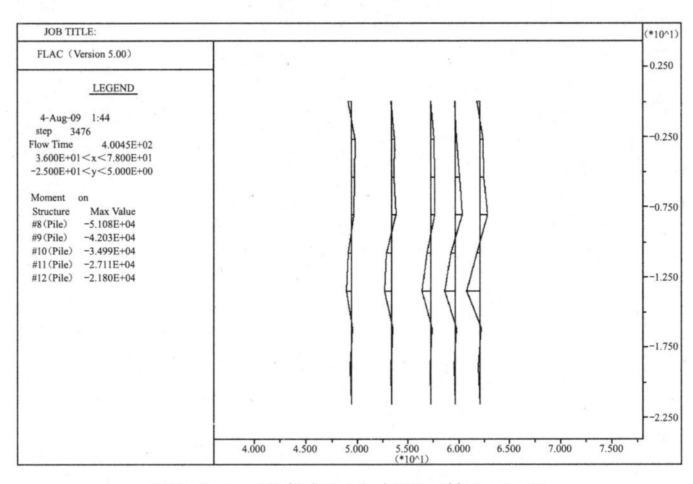

图 5-106　桩身弯矩分布图（第 300 天）

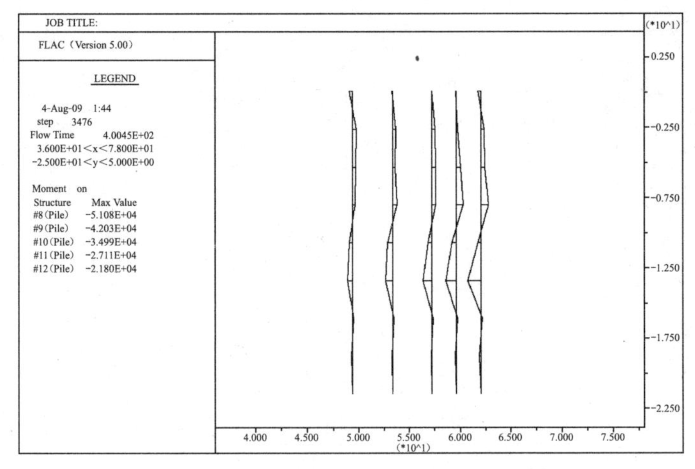

图 5-107　桩身弯矩分布图（第 400 天）

图 5-109、图 5-111 分别给出了第 300 天、第 400 天和第 500 天时的桩身剪力分布图。第 1 排桩的最大剪力达到 22.5kN，没有超过桩的抗剪承载力。

综合以上分析，按照本计算工况假定的施工工序进行施工，桩的位移及内力能够满足设计要求。因此，在路堤桩区堆土完成 30 天后，可进行温室桩基的施工。

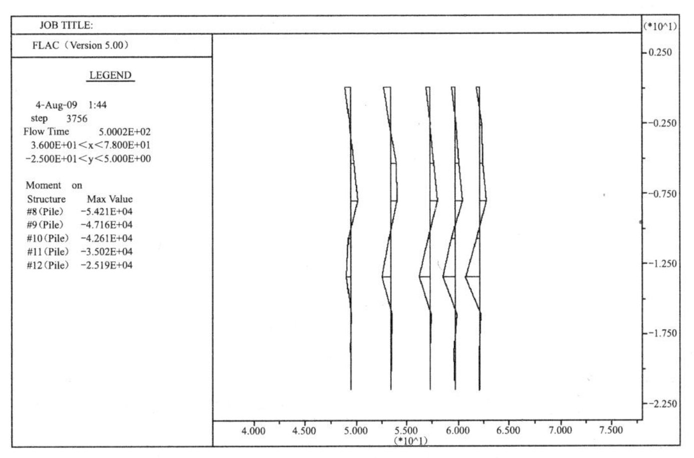

图 5-108 桩身弯矩分布图（第 500 天）

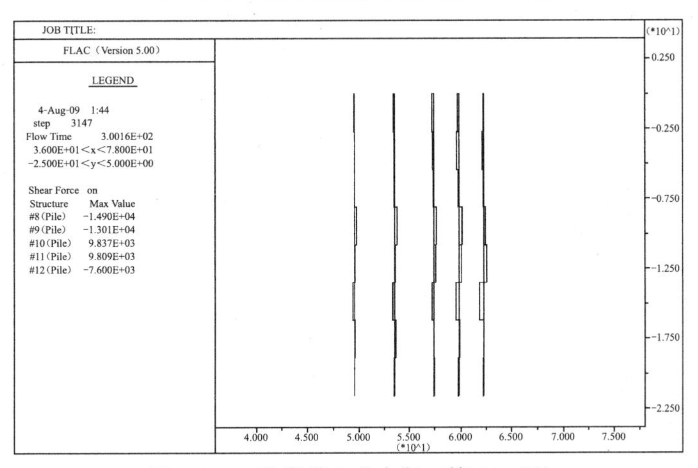

图 5-109 桩身剪力分布图（第 300 天）

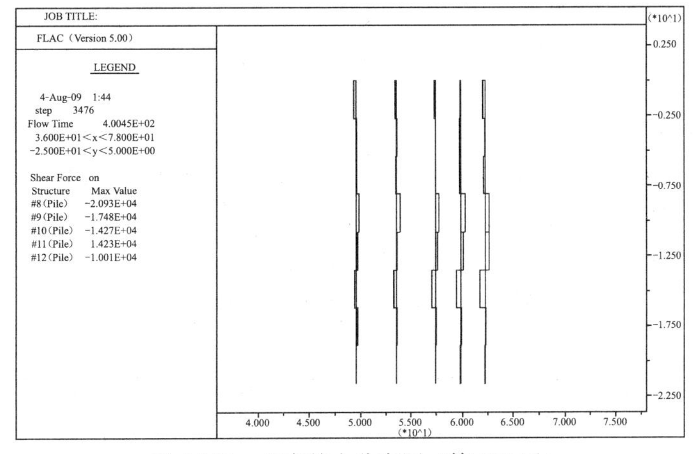

图 5-110 桩身剪力分布图（第 400 天）

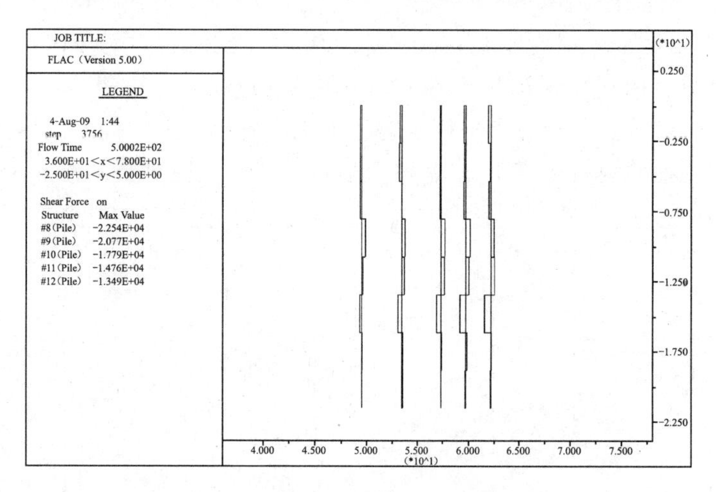

图 5-111　桩身剪力分布图（第 500 天）

5.3.3　温室最终沉降估算

根据温室建筑区域具体情况，采用 AUTOBASE 分别计算了考虑和不考虑紧邻建筑高填土影响的桩基沉降，如图 5-112 所示。

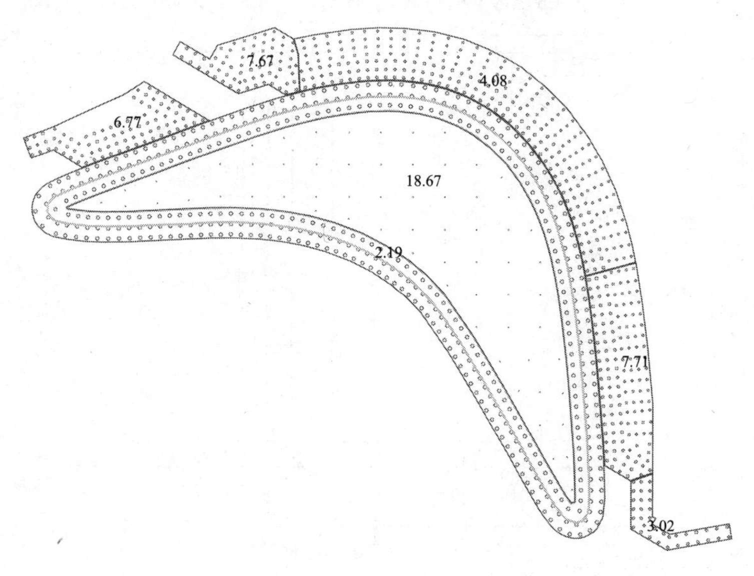

图 5-112　温室区域沉降图

5.3.4　温室实测结果

温室施工严格按照设计的施工工序进行，施工过程中，主要监测填土过程中路基桩的水平变位及沉降；挡土墙的水平位移及竖向位移，主体结构桩基的沉降。温室综合建筑外区域填土历经 5 个月，已完成填土，累计填土高度为 4.5m。从图 5-112 中可以看出：路堤桩承台沉降基本稳定，最大沉降为 30mm，挡土墙顶点水平位移也趋于稳定，累计最大值约为 11mm。

主体结构完工近 2 年，最大沉降值约为 20mm，差异沉降较为平滑，目前沉降趋于稳定。

第六章　高填土对相邻建筑物的不利影响及措施研究与应用总结

6.1　主要完成工作

（1）总体高填土对相邻建筑物的不利影响研究。

（2）高填土稳定及对相邻桩基影响的现场试验研究。

（3）对试验区监测数据进行了整理，并对监测数据的可靠性进行了评价。

（4）高填土对相邻建筑物影响参数反演分析研究。

（5）高填土对相邻建筑物不利影响措施研究，并对路堤桩工程措施进行了评价。

（6）高填土对背景工程科研中心不利影响措施的工程实践研究。

（7）高填土对背景工程主入口不利影响措施的工程实践研究。

（8）高填土对背景工程温室不利影响措施的工程实践研究。

6.2　主要结论

6.2.1　绿环稳定性分析

（1）绿环自然堆土高度不超过5m，堆土整体是安全的；绿环堆土高度超过5m，应采用分级堆土方式施工。

（2）在保证地基土充分固结的条件下，分级堆土，堆土高度可达11m或更高，但地基土固结时间较长。

（3）采用地基处理（砂桩和排水板）方法，可以有效地缩短地基土固结时间，加快堆土施工进度，确保绿环整体稳定。

6.2.2　高填土对桩基不利影响分析

高填土对桩基影响主要表现在以下几个方面：

（1）桩基负摩阻力：桩基的中性点位置在桩身轴力最大处，并且随着地表位移的减小而上升，桩承受荷载较大时，中性点位置会相应地上移。以科研楼为例，桩基的最大负摩擦力分布在7.7～11kPa；桩基的最大桩身轴力分布在340～800kN。

（2）桩的横向和纵向最大水平位移出现在基础纵向端部桩上，水平位移使桩偏位，不利于桩竖向承载。

（3）由于水平变位使得桩受弯和受剪。产生最大弯矩和剪力的桩的位置都位于基础边缘，其中绕强轴（即横向轴线）弯矩最大值的桩位于基础纵向端部左右两侧桩顶；绕弱轴（即纵向轴线）弯矩最大值的桩位于基础纵向端部中间桩的桩顶和桩底处，超过了单桩承载力。纵向轴线方向剪力最大值的桩位于基础纵向端部中心处，横向轴线方向剪力最大值的桩位于基础纵向端部左右两侧桩顶，超过了单桩承载力。

（4）高填土对桩基影响范围约为填土高度的1.5～2.0倍区域。

6.2.3　试验区监测数据分析

（1）各沉降观测数据基本合理可靠，能与理论或经验规律吻合较好；各孔压观测数据离散性较大，后续分析中用沉降数据反演土层特性参数更为可取；为偏于安全考虑，试验Ⅰ区采用FC2的监测数据，试验Ⅱ区采用FC4的监测数据。

（2）对于实际堆土高度小于2.9m的区域，可直接堆至预定标高。对于高于2.9m的区域，第$③_1$层埋深较浅的区域，建议第一级堆载2.5m，恒载25d，然后按每15d以0.5m高的速率施工；对于第$③_1$层埋深较浅的区域，建议第一级堆载2.5m，恒载40d，然后按每15d以0.5m高的速率施工。对于试验区，经过3～4个月堆至预定标高。堆土完成时工后沉降8～9cm，平均固结度可达到约90%。

（3）桩基影响分析。填土对路基桩的桩顶水平位移影响明显，距离填土越近，影响越大，紧邻填土的第一排桩顶累计水平位移最大达72mm，距离填土最远的一排试桩（约15m）桩顶累计水平位移最小为17mm左右。填土对路基桩的深层水平位移影响，从管底到管顶水平位移基本呈线性变化，说明桩身刚度很大，在填土的水平推力的作用下第一节桩整体发生倾斜。填土对路基桩的水平推力，从桩侧土压力的测试结果来看，桩侧10m以上位置的土压力随着填土的增高，土压力逐渐增大，而10m以下随着填土的增高土压力减小，填土达到了设计标高，填土施工结束后后土压力逐渐地恢复。

6.2.4　高填土对相邻建筑物影响参数反演分析

基于太沙基一维固结理论和多目标非线性规划方法，对试验Ⅰ区FC2孔和试验Ⅱ区FC4孔的沉降观测资料进行了反演分析，得到了各土层竖向和水平向固结系数及最终沉降预测值的最优化结果。分析表明，这两个监测孔土层特性参数的反演结果比较接近，且与室内试验成果也较为接近，因此可以认为反演结果是可靠的，同时这也进一步验证了沉降监测资料的可靠性。最后，根据设计资料和前面反演得到的有关参数建立三维有限元模型，并对各土层的变形模量、固结系数进行了反演和优化，考虑了地基应力扩散和实际边界条件的影响等因素，最终得到了各土层的最优化计算参数，为后续分析打下了基础。

6.2.5　减少高填土对相邻建筑物不利影响的措施研究

（1）减少高填土对相邻建筑物不利影响的综合措施为：①主体建筑采用桩基：普通桩基础；②紧邻主体建筑的绿环实施地基处理：减沉路堤桩处理；③远离主体建筑的绿环实施地基处理：预排水固结处理；④路堤桩范围外绿环尽可能先行堆砌，减少工后沉降。通过多种途径使得挡土墙水平力相互平衡，包括采用加筋土直立挡墙。

（2）系统研究了路堤桩数值建模中各结构参数的取值，分析了各基桩的水平位移及桩身弯矩容许值。桩身最大容许弯矩可取抗裂弯矩114.6kN·m；最大容许水平位移为7cm（对应填土标高16.500m处）和2cm（对应填土标高13.500m处）。

（3）高填土在不同施工工序对路堤桩的影响。

当路堤桩与第一级堆载同时施工时，第一排桩桩顶最大水平位移为22.9cm，这与现场试桩监测数据比较接近。第14排桩桩顶最大水平位移为4.4cm，均已超过了桩顶的最大水平位移限值。第1～3排桩的弯矩超过抗裂弯矩，第1、2排桩的最大弯矩超过或接近桩的极限弯矩，可能发生破坏而完全丧失承载力。

分级加载至标高 9.200m（实际堆土高度 5.7m）时再施工路堤桩的工况下，第 1 排桩桩顶位移为 7.89cm，高于桩顶的最大水平位移限值 7cm；第 14 排桩顶位移 1.34cm 左右，能够满足桩顶的最大水平位移限值 2cm。第 1 排桩最大弯矩高于抗裂弯矩，其余桩的最大弯矩均低于抗裂弯矩。最大的桩身剪力发生在第 1 排桩上，为 56.4kN，低于基桩的水平承载力。

分级加载至标高 11.200m（实际堆土高度 7.7m）时再施工路堤桩的工况下，第 1 排桩桩顶位移 4.31cm，第 14 排桩桩顶位移 0.70cm 左右，均能够满足桩顶的最大水平位移限值。桩的最大弯矩随与分级堆载区距离的增大而减小，最大弯矩值为 90.5kN・m，低于抗裂弯矩，桩身受拉区不会发生开裂现象。

在分级加载至标高 12.500m 再打桩的工况下，第 1 排桩桩顶位移为 1.18cm，第 14 排桩桩顶位移在 2mm 左右，能够满足桩顶最大水平位移限值的要求，桩身弯矩均低于开裂弯矩，满足承载力的要求。

综合上述可知：先进行分级堆载施工，待堆土荷载引起的地基固结完成大部分后再进行路堤桩的施工，一方面桩承受的水平作用大大减小；另一方面，地基中的有效应力增大、强度增长，会减小土体的塑性变形，从而降低高填土对桩身承载力的影响。因此，在工期允许的情况下，宜尽量推迟路堤桩施工。分析表明，在按照与本报告一致的进度计划进行堆土施工的前提下，堆土至标高 11.200m 以后再开始施工路堤桩，桩身仍承受部分水平荷载并产生水平变形，但这些荷载和变形均已低于容许值，因此是安全可行的。

（4）减沉路堤桩对于减小地基变形从而降低高填土对结构基础的影响，以及加快施工进度都起到积极的作用，具有显著的工程实用意义。

6.2.6 高填土对紧邻主体建筑不利影响措施的工程实践研究

针对科研中心、主入口和温室建筑工程，采用上面减少高填土对紧邻主体建筑不利影响综合措施进行了工程实践，结果如下：

（1）高填土对科研中心桩基不利影响措施的工程实践

施工工序为：分层堆筑路堤桩区域以外的绿环，待绿环堆筑完成 2 个月后，进行减沉路堤桩施工，路堤桩区堆土完工 2 个月后再施工科研中心桩基，这样桩的位移及内力能够满足设计要求。科研中心主体结构、挡土墙、路堤桩及基础施工完成后，待混凝土结构养护期结束，进行建筑室内外填土，填土完成历经 4 个多月，填土过程中，对挡土墙、路堤桩承台沉降及挡土墙水平位移进行监测，监测结果为路堤桩承台最大沉降为 18mm，挡土墙最大沉降为 6mm，挡土墙顶点水平位移为 6mm，均在正常范围以内，目前已趋于稳定。

（2）高填土对主入口桩基不利影响措施的工程实践

施工工序为：分层堆筑路堤桩区域以外的绿环，待绿环堆筑完成 1 个月后，进行减沉路堤桩施工，路堤桩区堆土完工 1 个月后再施工主入口桩基，这样桩的位移及内力能够满足设计要求。南入口综合建筑主体结构、挡土墙、路堤桩及基础施工完成后，待混凝土结构养护期结束，进行建筑室内外填土，填土完成历经 3 个月，填土过程中，对挡土墙、路堤桩承台沉降及挡土墙水平位移进行监测，监测结果为路堤桩承台沉降基本稳定，最大沉降为 10mm，挡土墙顶点水平位移也趋于稳定，累计最大值约为 11mm。主体结构完工近 3 年，沉降趋于稳定，差异沉降较为平滑，最大沉降值约为 30mm。均在安全范围以内，并已趋于稳定。

（3）高填土对温室桩基不利影响措施的工程实践

施工工序为：分层堆筑路堤桩区域以外的绿环，待绿环堆筑完成 2 个月后，进行减沉路堤桩施工，路堤桩区堆土完工 2 个月后再施工温室桩基，这样桩的位移及内力能够满足设计要求。通过工程监测，温室路堤桩、挡墙及主体建筑的沉降最大值为 50mm；水平位移最大值为 20mm，均在安全范围以内，目前大部分变位已趋于稳定。

6.3　展望

本项目通过现场试验及数值模拟分析，研究和评价上海辰山植物园高填土对路堤桩及紧邻的结构桩基的影响，分析软土地基上不同高度填土与桩基施工工序对减少高填土对路堤桩影响的效果，其中土层参数反演、桩顶容许水平位移和载荷关系的确定及三维分析模型的建立过程，为评估类似工程设计的安全性并为设计提供合理有效的建议提供参考。

参考文献

[1] 建筑边坡工程技术规范 GB 50330—2002.

[2] 建筑地基基础设计规范 GB 50007—2011.

[3] 建筑桩基技术规范 JGJ 94—2008.

[4] 地基基础设计规范 DGJ 08-11—2010.

[5] 刘开富，谢新宇，张继发，朱向荣. 软土地基上路堤填筑的破坏性状分析 [J]. 岩土力学，2009，Vol. 30，No 7：2075-2080.

[6] 曹卫平，陈云敏，陈仁朋. 考虑路堤填筑过程与地基土固结相耦合的桩承式路堤土拱效应分析 [J]. 岩石力学与工程学报，2008，Vol. 27，No 8：1610-1617.

[7] 许峰，陈仁朋，陈云敏，徐立新. 桩承式路堤的工作性状分析 [J]. 浙江大学学报，2005，Vol. 39，No 9：1393-1399.

[8] 易耀林，刘松玉，杜延军. 路堤下钉形搅拌桩复合地基沉降计算方法——广义桩体法 [J]. 岩土工程学报，2009，Vol. 31，No 8：1180-1187.

[9] 阮永芬，潘文，费维水，郝建华. 高填土路堤边坡地震稳定性静动力法比较分析 [J]. 公路交通科技，2006，Vol. 23，No 4：41-45.

[10] 雷金波，徐泽中，姜弘道，许永明. PTC 型控沉疏桩复合地基试验研究 [J]. 岩土工程学报，2005，Vol. 27，No 6：654-656.

[11] 郑俊杰，赵建斌，陈保国. 高路堤下涵洞垂直土压力研究 [J]. 岩土工程学报，2009，Vol. 31，No 7：1009-1013.

[12] 徐兵，杜占鹏，曹国福. 空箱扶壁式翼墙铅直墙背加筋填土受力研究 [J]. 人民长江，2004，(9).

[13] 徐兵，曹国福，和再良. 太浦河泵站内部观测工作总结报告 [R]. 上海：上海勘测设计研究院科研所，2003.

[14] 赵晓中，潘东兴，刘福臣，等. 刚性挡土墙主动土压力的计算通式及影响因素分析 [J]. 山东农业大学学报（自然科学版），2003，(4).

[15] 李永刚，白鸿莉. 垂直墙背挡土墙土压力分布 [J]. 水利学报，2003，(2).

[16] 王元战，李新国，陈楠楠. 挡土墙主动土压力分布与侧压力系数 [J]. 岩土力学，2005，(7).

[17] 陈希哲. 土力学地基基础（第三版）[M]. 北京：清华大学出版社，1998.

[18] 蔡超英，藏光文，徐兵. 高填土空箱扶壁式翼墙铅直墙背受力测试研究 [J]. 人民黄河，2006，Vol. 28，No 3：67-68.

[19] LOW B K，TANG S K，CHOA V. Arching in Piled Embankments [J]. Journal of Geotechnical Engineering，1993，120 (11)：1917-1938.

[20] HEWLETT W J，RANDOLPH M F. Analysis of Piled Embankments [J]. Ground Engineering，1998，21 (3)：12-18.

[21] CHEW S H，PHOON H L. Geotextile Reinforced Piled Embankment-full-scale Model Tests [C] //SHIM J B，YOO C，JEON H Y. Proceeding of the 3rd Asian Regional Conference on Geosynthetics. Seoul：Hotel Seoul Education and Culture Center，2004：661-668.

[22] CHEN Yun-min, JIA Ning, CHEN Ren-peng. Analysis of Arching in Pile-supported Embankments [J]. China Journal of Highway and Transport, 2004, 17 (4): 1-6.

[23] LIU Ji-fu. Analysis on Pile-soil Stress Ratio for Composite Ground Under Embankment [J]. Chinese Journal of Rock Mechanics and Engineering, 2003, 22 (4): 674-677.

[24] JONES C J F P, LAWSON C R, AYRES D J. Geotextile Reinforced Piled Embankments [C] // DEN H. Proc. 4th Int. Conf. on Geotextiles: Geomembranes and Related Products. Balkema: Rotterdam, 1990: 155-160.

[25] CHEN Ren-peng, XU Feng, CHEN Yun-min, et al. Study on Behavior of Rigid Pile-supported Embankment in Soft Soil [J]. China Journal of Highway and Transport, 2005, 18 (3): 7-13.

[26] 阙云，凌建明，曾四平. 加筋土路堤内部稳定的可靠指标分析 [J]. 交通运输工程学报，2006，6 (3): 37-41.

[27] 罗其青. 路基 CFG 桩处理软基工艺及沉降与稳定观测 [J]. 筑路机械与施工机械化，2005，22 (2): 26-28.

[28] 张生录，惠会清. 钢筋混凝土灌注桩试桩静载试验 [J]. 建筑科学与工程学报，2005，22 (2): 66-68.

[29] 曹卫平，陈仁朋，陈云敏. 桩承式加筋路堤桩体荷载分担比计算 [J]. 中国公路学报，2006，19 (6): 1-6.

[30] 王亚玲，张尚昆，颜祖兴，等. 土工格栅加筋水泥稳定碎石材料的疲劳试验 [J]. 长安大学学报：自然科学版，2006，26 (2): 18-21.

[31] 姜蓉，李昌宁. 软土地基 CFG 桩加固技术 [J]. 交通运输工程学报，2004，4 (3): 4-7.

[32] 陈小庭，夏元友，芮瑞，等. 管桩加固软土路基桩土应力现场试验 [J]. 中国公路学报，2006，19 (3): 12-18.

[33] 王亚玲，周玉利. 土工格栅加筋半刚性基层材料的抗弯拉强度试验 [J]. 长安大学学报：自然科学版，2006，26 (5): 26-29.

[34] 石坚，武莹，贺建辉. 上部结构、筏板基础和地基共同作用的有限元分析 [J]. 建筑科学与工程学报，2006，23 (2): 72-75.

[35] GEDDES J D. Stresses in Foundation Soils Due to Vertical Subsurface Loading [J]. Geotechnique, 1966, 16 (6): 231-255.

[36] 林宗元. 岩土工程治理手册 [M]. 沈阳：辽宁科学技术出版社，1993.

[37] 叶书麟. 地基处理与托换技术 [M]. 北京：中国建筑工业出版社，1992.

[38] 雷金波，殷宗泽，黄玲，郑云扬，李茂林. 路堤下带帽控沉疏桩复合地基沉降计算及方法分析 [J]，煤炭工程，2006，(1).

[39] 王建华，高绍武，陆建飞. 表面堆载作用下群桩负摩擦研究 [J]，计算力学学报，2003 年 02 期.

[40] 刘吉福. 路堤下复合地基桩、土应力比分析 [J]. 岩石力学与工程学报，2003 年 04 期.

[41] 赵刚，欧阳仲春. 桩承加筋土垫层复合地基的原理与计算 [J]，城市道桥与防洪，2004 年 05 期.

[42] 周德培，肖世国，夏雄. 边坡工程中抗滑桩合理桩间距的探讨 [J]. 岩土工程学报，2004 年 01 期.

[43] 夏元友，芮瑞，刚性桩加固软土路基竖向土拱效应的试验分析 [J]. 岩土工程学报，2006 年 03 期.

[44] 池跃君，沈伟，宋二祥. 桩体复合地基桩、土相互作用的解析法 [J]. 岩土力学，2002 年 05 期.

[45] 陈仁朋，许峰，陈云敏，贾宁. 软土地基上刚性桩—路堤共同作用分析 [J]. 中国公路学报，2005 年 03 期.

[46] 陈福全，李大勇. 桩承加筋路堤性状的有限元分析 [J]. 山东科技大学学报（自然科学版），2006

年 02 期.
[47] 张建勋，陈福全，黄建华. 受堆载超载影响下的桩基性状分析研究 [J]. 福建工程学院学报；2003 年 04 期.
[48] 王年香. 被动桩与土体相互作用研究综述 [J]. 水利水运科学研究，2000 年 03 期.
[49] 杜红志. 单根嵌岩桩在水平荷载作用下原型测试分析 [J]. 土工基础，1999 年 03 期.
[50] 杨敏，朱碧堂. 堆载下土体侧移及对邻桩作用的有限元分析 [J]. 同济大学学报（自然科学版）；2003 年 07 期.
[51] 邱青云，张小敏. 对桩的负摩阻力的研究 [J]；石家庄铁路工程职业技术学院学报；2003 年 04 期.
[52] 吴恒立. 推力桩计算方法的研究 [J]. 土木工程学报，1995 年 02 期.
[53] 茜平一，陈晓平. 无黏性土中水平荷载桩的地基土极限水平反力研究 [J]. 土木工程学报，1998 年 02 期.
[54] 赵明华. 轴向和横向荷载同时作用下的桩基计算 [J]. 湖南大学学报（自然科学版），1987 年 02 期.
[55] 戴自航，沈蒲生，张建伟. 水平梯形分布荷载桩双参数法的数值解 [J]. 岩石力学与工程学报，2004 年 15 期.
[56] 李微哲，赵明华，单远铭，杨明辉. 倾斜偏心荷载下基桩内力位移分析 [J]. 中南公路工程，2005 年 03 期.
[57] KARTHIGEYAN S，RAMAKRISHNA V V G S T，RAJAGOPAL K. Numerical investigation of the effect of vertical load on the lateral response of piles [J]. Journal of Geotechnical and Geoenvironmental Engineering. 2007，133 (5)：512-521.
[58] ANAGNOSTOPOULOS Christos，GEORGIADIS Michael. Interaction of axial and lateral pile responses [J]. Journal of Geotechnical Engineering，1993，119 (4)：793-79.
[59] GUO W D，GHEE E H. Behavior of axially loaded pile groups subjected to lateral soil movement [M] //Foundation Analysis and Design：Innovative Methods，2006：174-181.
[60] SASTRY V V R N，MEYERHOF G G. Flexible piles in layered soil under eccentric and inclined loads [J]. Soils and Foundations，1999，39 (1)：11-20.
[61] SASTRY V V R N，MEYERHOF G G. Behaviour of flexible piles under inclined loads [J]. Canadian Geotechnical Journal，1990，27：19-28.
[62] MEYERHOF G G SASTRY V V R N. Bearing capacity of rigid piles under eccentric and inclined loads [J]. Canadian Geotechnical Journal，1984，21：267-276.
[63] 赵明华，侯运秋. 倾斜荷载下桥梁桩基的计算与试验研究 [J]. 湖南大学学报，自然科学版.
[64] 赵明华，侯运秋，曹喜仁. 倾斜荷载下基桩的受力研究 [J]. 湖南大学学报，1997，24 (2)：98-109.
[65] 赵明华，邹新军，邹银生，郭玉荣. 倾斜荷载下基桩的改进有限元-有限层分析方法 [J]. 工程力学，2004，21 (3)：129-130.

后　　记

为本书提供大量的第一手资料的背景工程是上海辰山植物园，工程高填方设计难度较大；所幸整个工程的进行中，依托建设方领导方岩先生、胡永红先生的大力支持与关照，得到现代集团专家黄绍铭先生、同济大学周健教授、申元岩土公司水伟厚博士的悉心指导；在此谨向以上各位以及曾经给予本书帮助的所有朋友们表示衷心的感谢。

笔　者

2013年11月